JN200915

生産性倍増をめざす林業機械実践ガイド

世界水準の
オペレータになるための
22の法則

上

ペル-エリック・ペルソン 著

解説／酒井秀夫　吉田美佳
訳／本多孝法

全国林業改良普及協会

本書出版にあたって

本書は、スウェーデンの車両系機械オペレータ出身の林業工学技術者で林業教育者でもあるペル-エリック・ペルソン氏著作の翻訳、酒井秀夫先生（東京大学名誉教授）、吉田美佳氏（秋田県立大学木材高度加工研究所、特任助教）の書き下ろし解説という構成で、ハーベスタ、フォワーダのオペレータなど現場従事者、林業大学校学生など就業前の学生や就業後の研修生、林業事業体役職員、計画担当者（森林施業プランナー等）、木質バイオマス関係者向けに編集された本です。

林業機械操作を題材としつつ、本書は林業生産の新しい概念を打ち出しています。効率よく生産するための機械化という従来の位置づけに加え、もう一歩先の進化系ステージである価値重視の林業へレベルアップするための具体的手法が記述された、非常にユニークな内容となっています。

本書で描かれる価値とは、経営の価値（付加価値）、オペレータ等従事者の労働価値（安全・健康に裏付けられた仕事の価値）、そして生産の土台である森林生態環境価値、木質バイオマス等森林資源の社会インフラへの安定供給という循環型社会の実現価値の4分野です。4価値の追求・向上が持続的林業を実現させるという考え方であり、持続する林業こそが社会的価値を高めていく姿に目標を描いています。これらの価値の実践が生産性の向上を支えるとの視点から、本書のタイトルを「生産性倍増をめざす」としました。

本書の土台となる持続的林業理念の原点は、酒井先生の解説1にある通り、スウェーデンで1995年以降進められてきた様々な議論・検討にあります。その成果を具現化した現場実践エッセンスをとりまとめたのが、ペル-エリック・ペルソン氏による本書の技術解説です。林業機械はもはや単に効率よく量を生産する装置ではなく、付加価値向上を実現するツールと位置づけられます。

様々な仕様・品質の材を最適造材・採材し、売り上げ最大化を実現するための機械操作、伐採計画、伐倒、集材、土場の配置・設営、さらには売り上げ増に直結する材の規格･品質にそれぞれ1章を割いています。労働の価値では、安全の基本、安全衛生、チームワーク、情報共有のコミュニケーションに各1章を当て、生態系価値では水資源・水質保全、土壌、丸太道による路面補強に各1章を割いています。木質バイオマスとしての林地残材利用は3章にわたって実践手法が紹介されます。

上記全22章の各章を世界水準の法則として、本書の副題としました。
そして、経営価値を飛躍させるサプライチェーン・マネジメントの将来像が酒井先生・吉田氏によって描かれます。

以上の通り、本書はスウェーデン（の技術）を単に紹介するのではなく、林業生産技術、経営飛躍への具体的道筋を読者に読んでいただきたい本であり、タイトルにある「世界水準」の意味も、そして弊会が出版する理由もそこにあります。

翻訳についてはペル-エリック・ペルソン氏に快諾頂き、日本で出版することが可能になりました。本書翻訳は英語版『Working in Harvesting Teams－work environment, quality, production』(2013)を原典としています。また「世界水準」の意味、背景、将来像について酒井先生、吉田氏の筆によってここに紹介することができました。
読者それぞれの立場で、林業の飛躍に向け、本書を活用いただければ幸いです。

2019年9月　一般社団法人　全国林業改良普及協会

著者まえがき

ペル-エリック・ペルソン

伐採班という「チーム」には、多種膨大な知識が求められる

私や、本書の多数の協力者が林業界で培った長年の経験に基づけば、林業現場における仕事が、その他の業界同様、近年急速な変化の波にもまれていることは明白である。

伐採作業の管理上の負担が軽くなる一方で、作業を行う素材生産業者(欧州では「contractor(契約業者)」と呼ぶことが多い)に対する要求は、いくつかの意味で増しつつある。したがって今日では、素材生産に関連する技能に関して、より高度な専門性がオペレータに求められている。

ここで言う(林業の)専門性とは、特殊な専門知識を必要とするその他大多数の業界とは幾分異なっている。例えば、妥当な生産性をキープしながら、安定した操作で機械を動かすことは、求められる一連の技能のほんの一端でしかなく、伐採班という「チーム」での仕事は、林業現場の実践的観点において多種膨大な知識を要するものと位置づけられる。

私はこれまで、様々な方面(講義やセミナーなど)から林業労働の教育に長年携わってきた。この時に気づかされたのは、解説のための適切な教材がないという明白な事実であり、これを契機に、可能な限りわかりやすく理解しやすい実践的知識を本という形で伝えるべく、本書が生まれたのである。

2冊が密接に結びついた内容

当初は1冊の本として刊行する計画であったが、結果として章立てを構成し、持ち運びしやすい2冊の本、すなわち「上巻」と「下巻」に分けることとなった。

この2冊の本では、伐採班が効率的に作業を進めるための多様なポイントについて要約・説明をしている。本文の内容は、林業機械のオペレータが知っておくべきすべてを網羅するには至っていないものの、重要なポイントおよびディテールの大部分は表現したと自負している。また、他の書籍・文献ですでに明らかにされているポイントには、あえて本書で扱っていないものもある。本書はあくまで現場の視点に立ち、これまで数多くのオペレータ等関係者が林業現場で長年培ったプロとしての経験から導き出した知識から書き下ろしたものである。本書で記した記述はそのような経験・背景を慎重に精査・分析した結果であり、すべての記述は具体的な現場の状況を想定したものである。

環境保全と文化財保護については深く言及していない

伐採計画と関連して、環境保全と文化財保護の問題は考慮しなければならない要素であるが、その詳細について本書では深く触れていない。

というのも、このテーマについてはすでに書籍やウェブサイト等で十分な情報が蓄積されているからであり、したがって本書では、総合的に理解する目的ではなく、林業現場で作業を行うための基礎となる要点・ヒントを提供するに留めた。

写真やイラストが豊富な理由

「１枚の絵は一千語に匹敵する（百聞は一見にしかず）」ということわざは、誰もが認める事実であろう。また、絵で容易に伝えられることを、文章だけで説明するのが非常に難しいケースもある。さらに、画像等のイメージは極めて明確かつシンプルに情報を伝えるのに対して、文章には誤解を招きやすいという特徴がある。

林業のプロたちは、目で見た事物を解釈するのに長けていることが多く、例えば以下のようなことが挙げられる。

- ハーベスタで伐倒する前の立木の形状
- 送材時にハーベスタヘッドを通過する幹の形状
- 伐採現場の中で路網を計画するルートの斜面形状

ベテランの現場技能者は、状況を判断し正しい決断に至るために、現場にある様々な事物の印象・イメージを活用している。

この点において、大多数の人にとって、写真やイラストが学習の手助けとなることに加えて、知識がイメージの形で入ることでより記憶しやすくなるというメリットがある。そして、後年になって本書の内容と類似した現場に行き当たった時に、頭の中のイメージ（記憶から引っ張り出してきたもの）は、作業風景から得られる視覚的印象と比較しやすい点も期待される。

以上のような理由から、本書では写真やイラストを多用した。

経験の少ない「初心者」の成長を加速するために

上述の通り、本書は初心者を念頭に置いて書かれたものであり、本書の大部分は、素材生産に従事する者として知っておかなければならない内容である。すなわち、本書の主要な目的は、できる限り普段の現場作業での負担を減らし、無理なく行えるよう、初心者が基礎的な知識・技能を習得することである。願わくは、本書がなければ何年もの現場作業を経てようやく身に着けられるような知識を、初心者がショートカットして習得できるのであれば、著者として嬉しい限りである。

また、未来の林業機械オペレータである学生諸子にとっても、本書が長年手元に保管する価値のある教材であることは間違いないであろう。

「林業のプロ」を支えるサポートとして

初心者向けだけではなく、本書は長年の経験を重ねたプロたちにとっても役立つよう書かれており、これはすなわち、学ぶべきことは常にあり、林業のプロほど複雑な現場条件に対処する必要に迫られるという現実に基づいている。このため、十分と言えるほどの経験と技能を備えていたとしてもなお、現場で起こりうる問題や困難な状況に関する情報収集を継続する意義があると言えるであろう。

「経営者」へ―知識のふりかえり、現場への的確な指示、判断力アップのために

高度な専門的スキルを有していても、同僚や従業員へ指示を出すためには根拠となる資料やデータが必要であろう。この点で本書は、特定のガイドラインや指示の基礎として有用である。

明確な指示が頻繁に得られないことや厳密な許容誤差（例：造材作業）という点において、林業とその他多くの生産活動の間には大きな違いがある。本書は、普段の現場作業のガイドラインづくりのために組織内で行う議論・話し合いの素材となりうるという意味でも、従業員の役に立つことができるであろう。例えば組織内で、造材作業において特定の数値を許容誤差として定めてみることもできるだろう。

また、本書の内容が、読者の置かれた特定の状況に対してしっかりと対処できないケースも考えられるが、そのような場合でも、本書の豊富な事例を応用して解決の糸口を探し出すことができるであろう。何事につけ、解決の可能性があるということの価値は、過少に評価するべきではない。

「現場管理者」としての洞察を養うためにも

現場管理者は、伐採班が行った作業に対する優れた洞察力が要求される。現場作業に対する知識が深いほど、現場管理者としての業務を的確に遂行できるほか、班とのコミュニケーションも効率よく行えるであろう。

本書は、現場管理者にとって必要な伐採作業の知識を得るための良書であり、伐採計画や管理面の改善を通じて、伐採作業の生産性および収益性の向上が期待される。

「森林所有者」が持ち山での伐採作業を判断する手助けとして

施業を委託する森林所有者にとっても、本書は実に価値のある情報を提供するであろう。というのも、非常に複雑な伐採作業プロセスの全体像を把握できるだけでなく、伐採班が直面することのある困難な状況（地形・地質条件など）についても知ることができるのである。

他方、自伐林家にとっては、上記に加えて、原木の計測規則（第13章参照）といった情報が有益な内容であろう。

本書の構成

本書は論理的な順序で上巻と下巻に整理されている。上巻は林業機械を操作して伐採現場で作業を「始める前」に有しておくべき知識・技能の大部分について解説している。対して下巻では、林業機械を「扱う前」、もしくは「扱いだしてから」必要となるであろう知識について解説している。その中には、実践的な作業法や現場で役立つヒントを数多く盛り込んでいる。

作業内容を詳細に説明するため、一部の項では径級・長級等の実例（数値）を用いて解説している。

多様な人間が企業に活力を生む

著者の考えでは、異なる性別や人種、文化的特徴等が組織内で混ざり合うことで、組織が生き残っていくための原動力が生まれる。ただし、組織の目標（継続すること）に対して人間（従業員）の多様性が有効に働くためには、多様性の許容やあらゆる人間が持つ価値の承認といったプロセスを経ることが欠かせない。

男性と女性—性別による特徴

男性と女性は、林業機械のオペレータとして全く同じ可能性を持っており、いずれも優秀なオペレータとなり得るのは間違いないことである。この議論において、機械を慎重かつ適切に操作できる技能は女性のほうにやや分があるのではという意見もある。とはいえ、優秀なオペレータになる可能性と性別には何ら関連性はなく、求められるものはただ、モチベーションとプロ意識に対する関心だけである。

“he” and “him” と表記した理由

本書を書き始めるにあたり、機械オペレータをシンプルに“he”もしくは“him”で表現することとした。

もちろん、“he/she”や“him/her”としてもよかったのであるが、かえってまどろっこしく、不自然なイメージを与えるため不採用とした。ただし、だからといって男性しかオペレータになり得ないという極端な意見に賛成しているのでは決してないことを強調しておく。

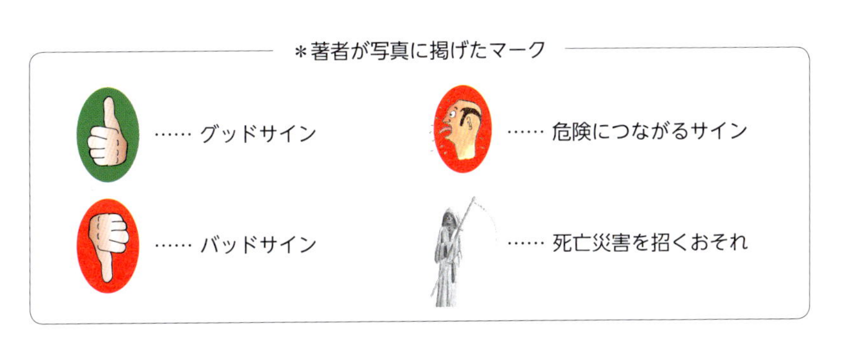

本書の協力者

本書は、林業分野での長年の経験と輝かしい経歴を備えた多数の方々による協力があったからこそ完成したものである。

全協力者へ著者より、心からの感謝の意を表する。

氏名	所属等	協力内容
Joakim Hermelin	Swedish National Board of Forestry（スウェーデン森林管理局）などを歴任	英訳版翻訳
John Blackwell	Sees-editing Ltd., UK	英訳版編集
Lena Klarström		スウェーデン語版編集
Mats Johansson	Vest Valley Logging AB	素材提供
Anna-Lena		著者アシスタント
Linnéa	著者の愛娘	著者アシスタント
Mats Holknekt	MHT Virkes analys AB	「原木価格表」の内容部分
Erik Anens		初版の技術的側面の校正
Kenneth Tomasson	Torsby construction AB	「伐採作業の請負契約」の内容部分
Kjell Gustafsson	check scaler, VMF Qbera	第13章
Tonny Kubénka	check scaler, VMF Qbera	第13章
Mariell Mattison	Fickla	レイアウト・デザイン
Ulf Ormestad	Firma Skog & Utbildning i Dalarna	第8章
Lars Gunnarsson	Stora Enso Skog AB	第8章
Conny Andersson	Alfta skogstransport AB	素材提供

氏名	所属等	協力内容
Arne Öberg	Skogsstyrelsen（スウェーデン林野庁）	第８章のうち「路網計画・作設」の内容部分
Jenny Anderson	Jenny Maskin AB	「搬出用の路網」の内容部分
Mats Ekengren	environment inspector, Arbesmiljöverket（スウェーデン労働環境局）	「労働安全」と「作業環境」の内容部分
Sven Åke Lust		挿絵制作
Lillemor Kjellin		挿絵制作
Klas Edqvist	Länsförsäkringar（保険会社）	第７章
Torbjörn Valund	teacher, The School for Forest Management (Skinnskatteberg) 及び Vreta college (Vreta Kloster)（いずれも教育機関）	第９章
Per-Olof Sjödin	Tyrén's consultancy（コンサルティング会社）	第９章のうち「土壌分類」の内容部分
Robert Jonasson	SWECO（コンサルティング会社）	第９章のうち「土壌分類」の内容部分
Prof. Ivar Samset	ノルウェーの林学者（故人）	第12章での素材提供
Jacob Staland	Skogsåkaren AB	第19章
Lars Ivan Mattson	著者の旧友	第20～22章（バイオマス）
Stefan Lindberg	Kvinnersta Agricultural College	第20～22章（バイオマス）
Tomas Johannesson	Skogforsk（スウェーデン森林研究所）	第20～22章（バイオマス）
Thomas Håkanson	ベテランのGROT収穫技能者	第20～22章（バイオマス）
Anders Kronholm	フィンランド人	第20～22章（バイオマス）
Ulf Eriksson	GROT coordinator, Stora Enso Bioenergy AB	第20～22章（バイオマス）
Thomas Forsell	T. F Flis AB	第20～22章（バイオマス）

※ 主に原著の掲載順。
※ 所属等の欄に頻出するABは、スウェーデン語で株式会社（Aktiebolag）を意味する。

目次 上巻

第2章　安全衛生──作業環境の改善

第3章　オペレータは会社の顔である

第4章　プロとしての責任、班員の相互サポート関係、チームワークづくり

第5章　組織・伐出チーム内のコミュニケーション

第6章　車両系林業機械のメンテナンス

第7章　車両系林業機械の火災時対応

第8章　水資源の保全、水質の保全

第9章　地形、土壌を読む

第10章　走行技術の基礎

第11章　スタック時の対応

第12章　伐採作業の計画

第13章　最適採材のための規格、品質のルール

下巻

解説3　本書をより理解するために
木質バイオマス生産の前提条件

酒井秀夫

第14章　ハーベスタによる伐採

第15章　フォワーダによる集材

第16章　土場作業

第17章　フォワーダの搬出システム

第18章　路網の補強
――路面の補修・補強、丸太道の敷設

第19章　土場の配置計画

第20章　木質バイオマスとしての林地残材
（枝葉・梢端）――導入・取り扱い編

第21章　木質バイオマスとしての林地残材（枝葉・梢端）──作業計画と生産

第22章　木質バイオマスとしての林地残材（枝葉・梢端）──搬出と輸送

解説1　本書をより理解するために

スウェーデンの持続的森林経営の理念と目標

酒井秀夫

技術背景となるスウェーデンの伐採作業

本書は、スウェーデンの林業学校の講師経験があり、現場を熟知したペル-エリック・ペルソン氏によって著された。多数の関係者の協力によって、安全に始まり、林業機械の操作、スウェーデンに多い湿地や軟弱地での作業や環境保護など、豊富な図版を用いて、初心者からベテランまで参考になる。

安全作業は本人や会社のみならず、最愛の家族のためにも最も重要な基本的事項である。スウェーデンは、今では高性能林業機械に特化して高い生産性を上げているが、機械の故障による作業の中断と高額の修理代の発生は直ちに収益に響く。したがって、機械の丁寧な扱いとオペレータ自身が担うメンテナンスは重要で、機械の操作に紙数が割かれている。

寒冷なスウェーデンでは、現場に移動式休憩室を持っていくことが多いが、油圧ホースなどのスペア部品やハーベスタのソーチェーン自動目立て機などを備え、小さな整備工場になっている。また、日本では土場に関する教科書が少ないが、土場作業の安全確保に関する記述も詳細である。これから山元土場から製材工場、合板工場などへの直送が増えるようになると、土場の経営、管理が重要になってくる。なお、土場で椪（はい）の木口を見ることにより、年輪幅や枝の巻き込み跡などから施業の履歴がわかる。土場は施業のチェックの場でもあり、森林所有者にはぜひ足を運んでいただきたい。

本書の内容はスウェーデンに限定されたものではないが、内容を理解するうえで、背景となるスウェーデン林業の取り組みを説明しておかなければならない。このことにより、本書が単なるハウツーものではなく、実践的で極めてすぐれた技術指南書であることがわかる。

スウェーデンの持続的森林経営の取り組み

環境と生産─2つのゴールを描く森林政策

1992年のブラジル・リオデジャネイロの地球サミット以降、世界の発展のパラダイムは大きく変わった。これを受けて、北欧では、デンマーク、フィンランド、アイスランド、ノルウェー、スウェーデンの持続的森林経営（Sustainable Forestry Management、以下SFM）の取り組みに関するパンフが北欧閣僚会議（Nordic Council of Ministers）から刊行され、リオで採択された森林に関する原則の声明および森林に関する政府間パネル（IPF、The Intergovernmental Panel on Forests）（1995-97）の勧告に関する政策、プログラム、プロジェクトの実行に関して、各国の取り組みを啓蒙している（酒井2004）。

上記の国際的義務にしたがって、森林率が高いフィンランド（78%）、スウェーデン（57%）、37%のノルウェー、森林率が低いデンマーク（10%）、アイスランド（1.2%）の両極端の諸国の中でSFMのかなりの進歩が見られた（筆者注：森林率の数値は原文による）。

スウェーデンの森林政策は1993年に改訂された。バルト海周辺11カ国のアジェンダ21と森林原則（Forest Principles）に基づくゴールに対応している。アジェンダ21のアクションプログラムは、リオデジャネイロの地球サミットの決定以外に、ヨーロッパにおける森林保護に関する閣僚間会議（ヘルシンキ1993、リスボン1998）、汎ヨーロッパおよびヨーロッパプロセスの環境などの広い範囲の政府間委員会に基づいている。新しい森林政策は、環境と生産に対する２つのゴールからなり、このゴールは同じ優先順位である。

「豊かな森林」—国の研修、インフォメーションキャンペーン

スウェーデンでは、林業国家委員会（National Board of Forestry、NBF）が、1995年に「生物多様性と持続的林業のための実行計画」を作成し、森林資源の持続的利用に関する測定を求めている。1999年、NBFは、Greener Forests（豊かな森林）と呼ばれる国の研修およびインフォメーションキャンペーンを始めた。

キャンペーンは森林所有者や森林関係者、一般、学校、国際社会に対して、例えばどうしたら林業が自然保護地域で高い経済的生産性に効果的に結びつけることができるかなどのSFMの実行条件を示している。森林政策の最小限の事項は林業法で定められているが、国のインベントリー（資源調査）、環境に対する助成、生態的管理計画、外部へのサービス強化、森林所有者や職業集団の研修が盛られている。

生物的ホットスポット（重要生息地）は生物多様性を保護、強化するに当たって重要である。スウェーデンでは、野外調査とGIS分析により、湿地林と小規模森林所有者の重要生息地のインベントリーが1998年に完成し、NBFは1.3百万haの湿地林における生産と保護価値について、および12万haに及ぶ４万の重要な生息地の保護価値について詳細な情報を収集している。大規模森林事業体も同様のインベントリーを完備している。

自然のプロセスに則った生態的管理計画

スウェーデン議会は、国の環境の質に関する15部門の目標を採用した。森林部門に関しては、生きている森林（Living Forests）として、NBFによって、森林の生息地、生態的プロセス、文化遺産、多目的林業、森林エコシステムの閉じた系に関する５つの目標が設けられ、アセスメントが一定間隔で実行される。

林業によって実行される環境的な仕事は、生産から更新まで林業活動のすべての範囲を包含し、自然のプロセスに則った生態的管理計画とその経営モデルである。重要な生息地、高齢林、傷つきやすい種の地域など、伐採できない例外が設けられている。

森林認証も1996年から行われている。スウェーデン森林所有者連盟（The Swedish Federation of Forest Owners）は、地域別標準を作成し、PEFC（Pan European Forest Certification、現在Programme for the Endorsement of Forest Certification）の傘のもとに製材業の団体と一緒に活動している。森林認証は森林政策の目標を達成する上で非常に重要視されている。

持続的林業における森林作業

では、持続的林業において、森林作業は具体的にどうあるべきなのか。1999年11月10日、デンマーク王立獣医農科大学で、このワークショップが開催された。この時の発表をたどることにより、持続的林業における森林作業の姿が見えてくる。以下にその時の講演内容の一部を紹介する（酒井2005）。極めて科学的、哲学的、戦略的である。

持続的林業における森林作業
（スウェーデン農科大学Bo Dahlin）

持続的林業の定義は、Brundtland報告書（筆者注：ノルウェーの首相Brundtlandが1987年に国連世界委員会から提出した「Our Common Future（未来の子どもたちへ）」と題した報告書。はじめてsustainable development（持続可能な開発・発展）の概念が定義されたとされる）、リオデジャネイロ会議によれば、天然資源の持続的利用は３つの原理にしたがう。すなわち、生態、社会、経済の諸相における持続性である。

生態的には、生物多様性を維持することは、種を生存可能な個体数に維持することを意味する。スウェーデンでは、景観が多くの種にとってふさわしいスケールである。

社会的側面には、人々が安全で健康を害さない職に就く権利が含まれる。先住民の権利も含まれる。森林は、レクリエーションや、キノコや果実、狩猟などの重要な場である。

林業は、森林所有者、森林作業者、地域、社会にとって収入源である。助成された林業が利益的でないということを意味するものではない。林業を助成することは、共通のものを生み出すことに対する社会から林業への支払いと見なすことができる。

多くの林業は、多目的であり、いくつかの目標がある。多目的林業の大きな課題は、異なる目標のウェイトである。皆自分の森林経営の意見を有しており、多くの衝突は情報交換（筆者注：コミュニケーション）によって避けることができる。

オペレータの技量、知識、モチベーションが重要

森林作業は林業の批判のターゲットとなることがある。しかし、林業機械自体は必ずしも悪者ではない。間伐における損傷の研究によれば、オペレータとその力量が損傷のレベルの主な原因となっており、オペレータの技量、知識、モチベーションが最終的な結果をもたらす。

地表に損傷を与えそうなときは、作業道に枝条を敷いたり、小形機械や接地面積の大きいタイヤを使うことによって損傷を小さくすることができる。しかし、土壌の支持力が小さい場所ではどうしてもトラブルが起きてしまう。機械の伝達機構もスリップや地表の損傷に影響を与える。森林作業計画が正しく、オペレータに技術が備わっていれば、機械の最適な選択は、どこで最適に使いこなせるかということになる。

森林作業はできるだけ低コストで高収入でなければならない。変動費を小さくするために、高い生産性を得るよう努力する。高価でない機械と高い稼働率によって固定費を低くしようとする。しかし、高い生産性の機械は往々にして高価である。シフト制によって機械の利用時間を増やし（筆者注：夜間作業も含む）、償却することができる。

間接費を小さくするために、高価でない機械と円滑な管理をうまく選択することによって、コストを最小にすることができる。維持修理が低コストで信頼性のある機械化にしなければならない。しかし、オペレータの技量、知識、モチベーションなどの個人に帰属する事項も、生産性を上げ、林業を利益あるものにするために最も重要である。

低コスト化に向けた研究テーマ

低コストにしなければ儲けはない。製品の価値を上げようとするならば、顧客に尋ねなければならない。製品の価値は顧客によって決まるからである。価値を高める方法は、顧客と密接に仕事をすることである。新しい林業機械はコンピュータを備え、毎木のデータを記録し、上記の目的に重要な役割を果たす。次の研究テーマが興味深い。

- 林業機械の固定費を下げるために、特殊な機械はなるべく避けなければならない。特殊な作業も一般の機械を使って行う（筆者注：スウェーデンの作業システムは今やハーベスタとフォワーダに収れんしている）。
- 林業機械の生産台数は少ないので、機械費用を下げるのは難しい。安価なベースマシンでなければならない（筆者注：ホイール式に統一され、軟弱地では、土壌にあわせてチェーンやクローラバンドを履かせている）。
- オペレータの個人の能力を最大にする組織化が必要である。
- 木材の供給、有効利用において、顧客が林業に大きな影響力をもつ（筆者注：木材のマーケティングの重要性を説いている）。
- 今後も情報技術は進歩していく。GISやGPSも情報源となる。情報を通じて、木を伐った段階で販売につなげることができる。
- 植林、下刈り、除伐などの造林作業は機械化が遅れている。そのため、造林の相対コストが増大しており、大きな改善の余地がある。

科学的研究は、概念とアイデアの開発である。発明者になることではない。しかし、発明者と協力して新しい技術を評価することはできる。新技術と方法を評価しながら、生産性だけでなく、広い展望をもって造林や生態なども考慮に入れなければならない。

森林作業は持続的林業の阻害か構築か？（ベクショー大学Rolf Björheden）

持続性３原則は等しく満たされなければならない。しかし、持続的林業は地域によって異なる。経済システムは今やグローバルであるが、持続的林業はエコシステムが同じであっても多様である。受容できる社会的概念も時間や経済とともに変化する。さらに、林業は世論を積極的にモニターし、対応していかなければならない。

「持続的林業」を定義することによって、森林作業研究（Forest Operations Research、FOR）の目的も明確になってくる。

機械の導入により、森林作業が工学的になってきた。しかし、もう１つ重要なことは仕事をしている人間である。林業が筋力労働であったときは、生理学的なことが重要であった。今日、人間に関する研究は、生理学的、社会的、行動科学的にも興味深い。作業測定のデータ採集技術も処理技術に追いついている。大事なことは、森林作業者や機械オペレータにとって作業の負担を小さくし、長く働けるように林業を魅力的な仕事にすることである。このこと自体が持続性に関わることであり、林業を社会的に受容させることでもある。

林業における労働管理は複雑である。組織の改善や、活動が細分化される過程で、合理化が唱えられる。林業に対する世間の要求が増大する中で、より持続的な方法で木材を生産することは、林業経営と経営技術を複雑にしている。

「林業の効率」の向上による森林経営の改善

FORは、「林業の効率（efficiency of forestry）」、すなわち、出力／入力の割合の向上を目指してきた。FORのゴールは作業能率（operational efficiency）である。森林、労働力、テクノロジーなどの資源を組み合わせて、最小の資源の消費で求める出力が得られるようにする。

FORは森林経営の改善を目指し、林業の手段や森林作業の要求されている実行方法の評価と開発に焦点を置き、スマートな道具、よりよい機械、合理的方法、戦術的改善に用いられている。ロジスティクス、計画、工業工学、組織化、経済学などがこの仕事を支え、レベルは作業から戦略にわたる。

作業能率の向上に関しては、機械化によって20世紀後半非常に成功した。経営、組織の合理化、作業システムなどは、機械化の進歩にもよる。今まで、合理化の仕事は作業システムの能率向上においてなされてきたが、今は、林業そのものに焦点を置いた効率の向上にある。

評価の重み

効率は一般に収入とコストの比で測定され、金額がすべての情報を与える。しかし、金額だけではなく、生物多様性、生態的安定性、景観美なども出力結果に加わる。経済分析はいろいろな評価基準の中の１つである。だまされやすいのは、「評価の重み」である。すべての結果を同じ尺度で比較することは難しい。持続性を経営評価の基準とするならば、効率の向上追求は持続性にとって障害ではなく、持続的林業に到達する手助けとなる。

明日の機械化はもっとエネルギー効率が良くなり、土壌や製品、残存立木の損傷も少なくなるだろう。さらに人工知能がオペレータの決定を助け、心理的負担を軽減するだろう。ソーラーパネルをつけた小形で、のろいが虫のようなロボットが下刈りなどに働くだろう。同時にコンピュータによって森林を監視し、森林経営にとって必要な正確なデータをとらえるだろう。機械の柔軟性と多機能化を組み合わせることにより、持続的林業の要求に応える作業を開発することができる。

作業条件のコントロール

林業は、天候、地形や土壌、立木、立地など、生産条件が常に変化し、作業を複雑にする。この複雑性を克服し、作業環境や作業条件を安定化、最適化させるためには、人工的手段による「作業条件のコントロール（control variation）」が必要である。キャブによって、オペレータの作業環境をコントロールし、環境ストレスを少なくする。立木構成のコントロールや生態的に異なる地域の取り扱いも作業条件のコントロールの対象となる。

しかし、持続性の観点からは、森林のエコシステムにおける多様性の平準化は好ましくない。広く対応できる作業を受け入れるようにしなければならない。多方面にわたって多様な作業条件をこなすことのできるテクノロジーが求められる。この技術の柔軟性と受容性は、持続的林業における森林作業にとって非常に重要である。

テクノロジーとは解への手段を与える方法

本質的なことは、新しいテクノロジーによって与えられる選択肢を自分のものにすることである。しかし、テクノロジーの発達に解決の糸口を求めるのは危険である。テクノロジー自体は答えではない。新しいテクノロジーは別の側面が十分評価されていないこともあり、危険も伴う。テクノロジーを答えと見ないで、林業の経営問題に対する一つの解に達する手段を与える方法とみなすべきである。森林経営を理解することによって、新しいテクノロジーを評価しなければならない。

目標達成を測る方法が必要

FORにはいくつかの落とし穴がある。展望が明確にされていないと、多くの仕事は生産的ではなくなる。作業能率を最終目標においた場合、どこまで目標に達したかを測る方法が求められる。理論を公式化しないと、あるいは他の研究分野の理論を受け入れないと、新しいテクノロジーを導入するときに、いつもゼロからの出発となってしまう。

多くの研究は経験的なデータを示すことに専念

してしまうので、理論は一般化する座標を示してくれる。目標に沿った研究活動と野外実験でのしばしば矛盾した観察結果に対する批評眼は有益である。

森林の機能のための道具と技術（スウェーデン農科大学Dag Fjeld）

造林の柔軟性と作業能率のバランス

ここ10年の人々の要求は、林業作業は自然の撹乱サイクルをまねるべきだというものであった。北欧諸国では集約的地拵えを伴う大面積皆伐を、中欧では択伐を示唆するようになった。北欧諸国が生物多様性の維持に力点を置いているのに対して、中欧では林分成長を本来最初にあった森林に誘導しようとしている。しかし、より重要な論争は、森林の物理的な保護機能である(筆者注：日本の保安林制度はこれに該当する)。

これらのことは、気候改善、山岳地域の傾斜安定性、人口が多い地域の水質などの住民への直接的な機能に関わる。これらの機能管理は、造林の柔軟性と作業能率のバランスを必要とする。

技術基準を指標に使い、研究開発ペースを早める

森林作業研究(FOR)の多くは、他の分野で一般化されたテクノロジーの洗練からなる。例えば、造林作業では、処理効果は生物的基礎と技術応用の相互作用の結果である。このため、造林作業は集材作業よりもはるかにコストが増大する。更新研究の結果は4、5年経たないと有効にならないので、造林機械の開発のペースを遅くしている。この待ち時間を減らすために、簡単な技術基準が指標として使われている。

例えば、耕運の研究では、土壌の鉱物成分の掘り返しによる露出や耕運の度合いなどである。さらに技術の応用が進むと、生物学の知識が要求され、基礎条件をより数量的にしなければならない。耕運を例にとると、土壌含水率、有効な栄養分、根系の温度や貫入抵抗のような物理的指標である。これらの指標によって、苗木の生育に対する効果を確かめることが可能となる。一度目標値が設定されると、開発はお互い平行して行われるようになり、試行期間を短縮し、機械開発が促進される。

残存木損傷の最も重要な要因

実生の木、保護樹帯、異齢林(筆者注：扱いに関して択伐林とほぼ同義)は、下層木が密生しているところで大径木を伐採することになり、特別な収穫作業を必要とする。

これらの作業を行った後でしばしば目にするのは、高い割合の残存木の損傷である。この高い割合は、おもに作業時の移動における残存木との接触に起因するとされている。残存木の損傷に対する最も重要な要因は、造林方法や、森林の状態、作業システムではなく、これらの相互作用であるという報告がある。接触確率が高い、高蓄積の森林における高伐採率において、収穫システム間の違いを見出すことができる。

もうひとつ重要なことは、残存木の損傷の評価である。天然更新している林分では、密度ではなく、将来の生産を担う若木の分布間隔である。生物学と技術的側面を関連させなければならない。

データが可能にするジャストインタイムの木材供給

機械の高い稼働率からなる作業システムは、変化する市場の需要に応え、さらに柔軟性を有することが要求される。情報技術はこの解決に主要な役割を果たす。運材施設の高度なデータベースは、より正確な位置データを利用することを可能にする。GISの中のGPS位置データによって、ジャストインタイムが大規模林業だけでなく、木材供給において現実のものとなる。市場対応計画の開発は、低インパクトの車両の開発によって支えられる。

GPSを使った自動化の可能性や、知能をもったナビゲーション、テレビを通じた操舵、立木位

置図を利用した伐採が将来考えられるが(筆者注:現在、実用化の段階に入ってきている)、機械がどんなに技術的に進んでも、接地圧は林地の支持力を超えてはならないという要求はすべてに優先する。

「自然に近い林業」は「ハイテク林業」を求める

企業と市場における開発のペースがダウンするならば、林業における予算と人員を改善する要求も増え続けるであろう。この要求に応えるためには、投資リスクが増大する傾向の中で、請負業者を育てることが注目されている。

自然の中で働くことは、生物学の基礎知識を要求される。生物学と技術の応用の相互作用が林業にとって最も重要な事項である。「自然に近い林業(close-to-nature forestry)」は「ハイテク林業(high-tech forestry)」へと駆り立てる。

森林作業研究の今後(スウェーデン農科大学Tomas Nordfjell)

フォワーダ集材コスト25%削減に必要なこと

収穫作業の生産性が40年前に比べて格段に高くなったことはよく知られているが、同じくらいエネルギーも使っているということは知られていない。

ハーベスタとフォワーダのLCA(ライフサイクルアセスメント)分析では、LCAを改善するためにエネルギー消費が重要である。森林機械の設計は、生産性だけでなく、エネルギー消費にも重点を置くべきである。

フォワーダの積載量に対する機械重量の比は、30年以上前に比べても改善されていない。最大積載量は機械重量と同じくらいである。フォワーダの重量を30%、価格を40%、維持修理費を20%、燃料消費を30%に縮減し、同時に生産性を10%向上させれば、集材コストは25%減少するだろう。さらに、土壌の撹乱も減る。

このことを可能にするためには、林業機械メーカーの構造改革を続け、全幹から短幹集材に変えることが必要である。

スウェーデン森林技術クラスターとスウェーデン森林研究所の貢献

林業機械メーカーなど11社が加盟

スウェーデンの林業機械化を強力に推進している背景として、森林技術クラスター(The Cluster of Forest Technology、Skogstekniska Klustret)も紹介しておかなければならない。林業機械メーカーなど11社がスウェーデン森林技術クラスターに加盟し、国際的なパートナーとも協調しながら、森林基盤構築を成功させている。総売上高の過半数は輸出による。

過去100年間にスウェーデンは価値の低い土地を豊かな森林に変えてきた。森林は国家産業の基盤であり、石油から出来るものはすべて森林からの生産も可能である(筆者注:現在、バイオエコノミーのうねりとなっている)。森林からのエネルギー供給は原発と水力発電の合計を超え、さらに森林は木材やパルプ、紙なども生産している。

森林に対する興味を若い世代に抱かせ、森林の可能性を示すためにも、今の社会を理解させる必要がある。スウェーデンが環境と調和した文明社会のリーダーとしての立場を保ち続けるためには、研究機関と協力して、組織や資金調達の継続的な開発が必要である。当クラスターは林業機械の開発を目的とし、接地圧の減少や、生産性の向上、労働環境の改善など、研究機関と密接な連携をとりながら、顧客を念頭に独自の開発モデルを築いてきた。

スウェーデン森林研究所の役割

研究機関として、スウェーデン森林研究所(Skogforsk)の存在と役割も大きい(酒井・吉田2018)。スウェーデン森林研究所はスウェーデン家族森林所有者連盟(LRF Skogsägarna、The

Federation of Swedish Family Forest Owners）と森林経営大企業、その他の森林経営企業や個人所有者などによって組織基盤が築かれている。運営資金としてそれら組合連合や企業から、所有・取扱森林面積に応じた固定会費と、伐採量・取扱量に0.6 SEK/㎥（1SEKは約12円）を乗じた変動会費が提供され、研究と実践のフィードバックが機能するように動機づけがされている。この額と同等額の資金が政府からも提供されており、民間と政府の共同出資の形で運営されている。プロジェクトを組んで目標を設定している。

伐採・路網・需要予測データを元に木材流通の最適化

例えば、トラック輸送に研究の力を入れており、スウェーデンのトラックは全重量60tトラックが主体であったが、スウェーデン内のヨーロッパ高速道路（Eと番号で表されるヨーロッパ諸国の幹線道路）については橋梁も含めて74tトラックの使用に耐えうるとされることから、74tトラックの利用が一般的になりつつあり、既設路網の高規格化が図られている。路網の高規格化と同時に伐採予定も適宜最適化していくことで最も効率的な伐採を行うことができ、企業にとっては経費節減になる。

このような大規模な解析を行うには正確な伐採・路網・需要予測データが必要であるが、研究所では、木材の直送システムという条件下で年間の木材流通の最適化に取り組んでおり、合理的な意思決定の構造を提示している。

トラック燃料消費の調査

一方、木材運搬トラックにおける燃料消費量は、1998年に0.6ℓ/kmであったのに対して2008年と2013年の調査では0.58ℓ/kmという調査結果となり、ほとんど改善がなされていないことがわかった。大きいエンジンサイズにすることによって、長い坂や凍結道路などの事態にも対応できるというメリットがあるが、一方で高い燃料消費という代償を払わされている。

その他に、バイオディーゼル（菜種メチルエステル、rapeseed methyl ester）のガソリンへの混合や90tトラックの導入などが試みられている。

以上のように、スウェーデンにおける伐採量を増やしながら蓄積量を増やすことができた背景として、政策的な指導、適切な研究と実践、小規模森林所有者の生産能力を上げるような所有者自身の協力体制の確立などがあった。

解説２　本書をより理解するために

スウェーデンの林業生産の前提条件

酒井秀夫・吉田美佳

スウェーデン王国(Kingdom of Sweden)の概要(酒井・吉田 2018)

スウェーデンの森林資源

国土面積45万km²(日本の約1.2倍)、森林面積2,807万ha、森林率68.4%、人口は約1,000万人である。森林率は日本とほぼ同じで、フィンランドの73.1%に次いでお互いに高い位置にランクされる。高い緯度に関わらず、長い海岸線を流れる暖流の影響で、多様な気候区分が成立しており、世界でも最も北方にある森林地帯と言える。

4,080万haの国土面積の内58%が生産林、18%が非生産林とその他森林であり、年間成長量はおよそ1億1,000万m³(皮付き)である。2014年にはおよそ9,500万m³の伐採を行っているが、蓄積量は順調に増えており、2014年でおよそ32億m³となっていた。

樹種は少なく、38%がヨーロッパアカマツ(スコッチパイン)、40%がドイツトウヒ(ノルウェースプルース)、12%がブナ、残りの10%がカバなどその他の樹種とされている。生産林の主な樹種は、ヨーロッパアカマツやドイツトウヒであり、南方では60年伐期、北方では100年から最長120年伐期(樹種はドイツトウヒ)の施業計画である。

森林所有形態

スウェーデンの森林所有形態は、所有権と使用権を組み合わせた使用権授与(land tenure)に特徴がある。多くは国有林において家族経営会社や企業が所有権を得ており、いろいろな形態がある。背景として国王が国を豊かにし、一方で課税基盤を増やそうとしたためである。私有地や先住民のサーメ民族の土地においても行われている。これが約半数を占め、次いで多いのはHolmen社、Stra Enso社、SCA社等大企業による会社有林25%である。スウェーデンには50の製紙会社と115の製材所があり、主に上記私有林からの立木購入に依っている。国営企業(Sveaskog)所有林14%、私的所有３%、その他公的所有２%、その他私的所有６%である。

私有林が生産林として重要な役割を果たしており、持続的経営が重要視されている。森林所有者の意向を尊重しながら私有林の持続的経営を行うため、所有者と施業者間の協調と対話が不可欠とされている。

森林所有者が自ら伐採したり、請負業者に搬出を依頼したりする場合と、林業事業体が自らの所有林を伐採して直接工場に搬入する場合がある。

スウェーデンの伐出技術の歴史と林道網（酒井・吉田 2018）

現在は、ハーベスタとフォワーダによるCTL（短幹集材）が一般的

スウェーデンの伐採搬出は、1960年まではほとんど馬搬であった。これは日本も同様である。馬は夏期は畑で使われ、冬期に雪を利用した馬橇運材が行われていた。搬出技術は林業会社も個人の森林所有者もほとんど同じであった（酒井2004）。年配の作業者や森林所有者は鋸を使い、若い人はチェーンソーを使った。1960年からトラクタによる全幹・全木集材が試みられ始めた。

多くの森林所有者は、小径木や間伐木、更新伐（皆伐）後の天然更新のために残された母樹、風倒木などの搬出は自分でする必要があったが、トラクタが会社で使われ始めると、林業会社や請負業者の大規模技術と、私有林の小規模技術に分かれ始めた。

1970年代に入ると、フェラーバンチャ（伐倒機）やデリマ（枝払い・玉切り機）が急速に普及し始めた。80年代半ばにはハーベスタはシングルグリップハーベスタとツーグリップハーベスタに二分されていたが、90年代後半からシングルグリップハーベスタとフォワーダによるCTL（Cut to Length、短幹集材）に収れんしている（筆者注：北欧のCTLは林内走行を前提とするが、日本のCTLは、平坦地を除いてハーベスタもフォワーダも作業道の走行を前提とする）。

林道網はすでに完成

車両大形化に対応したアップグレードへ

スウェーデンの林道は、40～50年前の木材生産量が多かったときに、林業事業体が中心となってつくられ始めた。林道は林業用に建設された道路であり、ほとんど無補助の私道である。スウェーデンの道路網は、1997年の値で42万2,677km、2014年で42万5,000kmである。2014年時点で、総延長の半分にあたる21万kmが私有林道、約20%の7万6,000kmが補助金ありの私道、国道が9万8,000km、地方自治体の道が4万1,000kmである。1997年の時点で林道は21万kmあり、林道網がすでに完成していたと言える。補助金ありの私道の中には林業的な利用も含まれているものと推測できる。

現在、林道の新規開設も行われているが、林道が建設され始めた40～50年前に比べてトラックは格段に大形化してきており、メンテナンスとアップグレードに重点が置かれている。

環境に配慮した河川横断指針

スウェーデンの領土内にはおよそ40万kmの河川が流れているとされ、河川の3kmに一度は道路が横断するとされている。この頻度の河川横断は、水生生物の生息を妨げる原因になり得るため、河川の横断および排水設備の設置には適切な指針が不可欠であり、同時にこれらの構造物の経済性を担保するため、Skogsstyrelsen:『Ecologically Adopted Water Crossings for Forest Roads - A Guide for Planning and Construction（林道のための生態的に受け入れられる河川横断の計画と施工指針）』（2014）が著されている。

この指針には、河川を横断する際に気をつけるべき事項、河川横断計画と計画書、河川横断方法、施工方法、土壌材料の侵食防止、各種河川横断方法のメンテナンス、河川横断によって影響を受ける生物たちが記載されている。環境配慮についてのより詳しい情報は『Environmental Code（環境規程）』や『The Swedish Environmental Protection Agency's (Naturvårdsverket) Manual 2009:5（環境保護庁マニュアル）』に詳しい。

河川横断に欠かせない地質検査

河川を横断するとき、横断場所の選択が重要であり、母岩が出ている場所やモレーン（筆者注：氷河の流動によって削られて発達した地形・堆積物）堆積物の場所、もしくは粘着性のある土壌の場所を選択することが推奨されている。橋梁で河川横断をする場合には、地質検査が欠かせない。短区間の場合は目視による検査と基本的な地質検査でもよいが、問題のある土質では、TRVK Bro (TRV 2011:085) と TK Geo (TRV 2011:047) に基づく検査が必要となる。

影響を受けるサケ、川真珠貝

渓流を横断するときに影響を受ける種として、産卵のために海から川を遡上するサケがあるが、川真珠貝（freshwater pearl mussel（*Margaritifera margaritifera*））が特筆される。

川真珠貝はブラウンマスを宿主とする生活史を有し、北半球の清流に生息する。まれに真珠を持っていることから、捕獲の対象となっている。20世紀に入って激減し、スウェーデンの河川の1／3から姿を消した。スウェーデンの400の河川で生息しているが、繁殖できているのはそのうちの1／3であり、スウェーデンではレッドリストに載っている。

道路工事や、林業活動、側溝によって、渓床にシルトが溜まったりすると、生息地に影響を与える。水力発電や不適切な暗渠も宿主の魚の移動を妨げ、川真珠貝の分断と減少の原因となっている。

林業サプライチェーンマネジメントにおける情報技術（吉田 2017）

ハーベスタはサプライチェーンマネジメントの司令塔

IoTによるデータ収集

高性能林業機械は、作業の効率化、身体への負担の軽減、安全性の向上等をもたらすが、近年のICT革命により、インテリジェンスを備えるようになった。ハーベスタのキャビン内のコンピュータディスプレイには、製品ごとの生産量や生産性などの生産レポートが表示される。種々のセンサーとICTを活用した現場での情報収集および処理能力、IoT（モノのインターネット）技術によって、伐採現場で、製品に関する情報を需給の最適マッチングに生かすことができ、サプライチェーンマネジメント（Supply Chain Management、SCM）の司令塔としての進化を遂げている。

最適採材とリアルタイムの木材トレーサビリティ

採材は林業において重要な知的作業であり、誰がどこで採材するかは売り上げを大きく左右する。ハーベスタによる玉切りにおいて、センサーを使った電子キャリパー（輪尺）による電子検知とMaxi Xplorerと呼ばれる最適採材のソフトウェアシステムをハーベスタに組み込むことで、オペレータはボタンを押すだけで、自動で採材を決定することができ、経験が浅いオペレータでも熟練オペレータ並みの成果を出すことができる。

最適採材の方法は、価格表を機械に入力し、1本の木の価値を最大化する方法や、選択した品質の丸太をできるだけ多く採材する方法など、種々用意されている。データはフォーマット化された形式でWi-Fiを通じて転送したりすることができる。

機械にはGISの地図情報や立木の位置情報も入力されており、オペレータは林分境界や水辺や遺跡などの保全地区境界、送電線の位置などを認識することができ、様々なリスクを回避することができる。管理者も機械の動きをリアルタイムで把握し、木材のトレーサビリティを担保することができる。

このシステムにより、需要側も正確な検知と直送によって、市況情報に応じて利益を最大化する販売戦略を立てることができる。

木の形状と丸太材積を予測した最適採材

1つの区画の伐採開始時に、最初の5本の立木は、該当区画の立木の径と長さのほそり形状予測式を立てるために使われる。ハーベスタで送材しながら長さに対して10㎝ごとに直径を測定する。精度を高めるならば1㎝ごとでも可能である。

5本の測定が終わると、ハーベスタのコンピュータが立木形状の予測式を回帰計算し、材積表を作成する。以降は材を掴んで3mの材送りをしただけでその木の形状と丸太材積が予測されるようになり、採材仕様の指示に応じた最適採材が自動的に行われ、スマリアン式や末口二乗法など機械使用者の求めに応じて材積計算がなされる。

樹皮についても、樹皮上材積測定と樹皮下材積測定の選択が可能で、樹皮の厚さについては2㎝など一定とする設定と、樹種ごとに知られている幹の位置ごとの樹皮厚予測式を用いる設定がある。

あとは5～6m/秒で高速送材しながら、約8秒で次の木に取り掛かる（皆伐の場合）。生産性は80～180本/時、20～40㎥/時となる。オペレータの仕事は立木を掴むだけである。なお、全木材をそのまま工場に持っていくことができれば、より正確な計測のために工場でスキャナーにかけて自動採材するという方法もある。これはニュージーランドなどで行われている。

ほそり形状式の精度較正

ほそり形状式の較正も、1日1回程度、ランダムに選ばれた林木について行われる。人力で測った値を較正に用いることも可能である。機械の予測値と実測値のずれについては、ほとんどがセンサー類の不調によって引き起こされる。よくあるのは材を掴むナイフの圧力が弱く、直径を過大評価してしまうことである。

カラーリングでフォワーダ集材との連携

ハーベスタは、造材時に例えば赤と青のカラースプレーを噴射し、色なしと合わせて4通りまでマーキングすることにより、次工程のフォワーダの作業をやりやすくする。

このように連携作業によって、全体最適化を図ることも重要である。

林地残材は半年～1年間乾燥

林地残材（スウェーデン語の略称でGROTと呼ばれる。下巻「第20～22章」参照）はフォワーダに積載してトラック土場まで運搬し、半年～1年間乾燥させた後、チッパーでチップ化、トラックで運搬される。フォワーダのクレーンには重量計が取り付けられており、±2％の精度で重量を測定することができる。

トラックへの荷物の積載時にも重量を計測できるため、過積載を防止することができ、走行時の安全の確保につながっている。過積載は林道や橋梁を傷めるので、結局は不経済とされている。

第三者機関による素材検知

これら計測の標準値となるものは第三者機関によって測定されている。スウェーデンでは林業業界の様々な標準検知を行うVMF Qbera economic associationがその役割を担う。

この機関が重視しているのは売買の公平性で、需要者側からはStra Enso社やHolmen社など、供給者側からは森林組合、スウェーデン、フィンランド、エストニア、ラトビア、リトアニアの森林所有者の森林経営のサービスを行うSkogssällskapet、Sveaskogなど、両方の側から出資を受けている。

フィンランドでは、林業業界だけではなく、運送業や建設業なども含むあらゆる業界での標準検知を行うInspecta社がこの役割を担っている。同社はもともとは1975年に設立されたフィンランド国営の技術検知センターであり、1990年代に様々な国で検知に対する規制がやわらげられ、競争市場となったため、民営化して検知市場に乗り出した。現在は北欧と東欧の国々にまたがって、安全かつ安心で持続可能な社会の実現をモットーにしている。

林業機械の稼働データを共有

林業機械のエンジンの稼働具合、ブーム動作の有無で、実際に働いている時間や、燃料消費量を測定、記録することができ、故障が起きやすい部分の損耗具合などを推測することができる。コマツフォレスト社では、これらの情報に機械所有者がインターネットを通じてアクセスできるMaxi Fleetシステムを構築している。

製品の稼働状況はカスタマー・センターに集められ、作業の見える化が図られている。作業班をいくつも持つような事業体の場合、過剰な労働が行われていないか、また、機械が安全な状態になっているかなどをこれらのデータから判定することができる。燃料を浪費するような無駄な時間があるかどうか、生産性を上げる余地があるかどうかなど、オペレータの技量も客観的な数値データに基づいて分析することができる。メーカーと所有者の間でデータ共有の合意がなされれば、メーカーも機械損耗の具合を事前に予測してメンテナンスの手配ができるほか（筆者注：現在、ProAct 2.0が開発されている）、現場での使用状況が直にわかるため、次の機械開発などに反映させることができる。

IoTによるリアルタイム最適化、需給マッチングが可能

林業機械による自動情報収集は、サプライチェーンの起点において、IoTの活用が可能になったということを意味する。このデータに基づいて、下流の輸送、加工、利用においてリアルタイムの最適システムを組むことができる。

情報収集のシステムやデータ加工方法などはメーカーによって独自の開発が続けられているが、データの形式は、スウェーデン森林研究所が中心となって開発したStanForD規格（Standard for Forest Machine Data and Communication、林業機械データと通信基準。北欧5カ国でデータ交換がされているデータフォーマット形式）に統一されており、異なるメーカー間でも情報のやり取りが可能である。現在10社のメジャーな林業機械メーカーが参加している。StanForD規格以外の規格も取り扱うことができ、円滑なサプライチェーンマネジメント実現に取り組んでいる。

情報透明化により、需給のマッチングが可能になり、無駄なコストを省き、木材価格の安定化をもたらす。オペレータと管理者の間には信頼関係が築かれ、情報透明化によるこの信頼関係が産業全体のコストダウンにつながる（椎野2017）。

現場の情報の見える化は今後の林業にとって重要であり、高性能林業機械は、林業サプライチェーンを構成する物流、金流、情報流を透明化し、チェーンが円滑に回るために寄与している。

スウェーデンの1人親方—伐採現場での聞き取り

南スウェーデンの1人親方の事例では（酒井2012）、林業学校で3カ月の講習を受けてハーベスタを購入。このような新規参入者を支援する金融機関もある。

パルプ会社が購入した間伐林の伐木造材を請け負い、森林所有者には例えば一律5ドル/㎥を支払い、請け負いのトラック業者に材を引き渡し、パルプ会社からトラック渡しの金額をもらう。後続作業の別のフォワーダ業者や自分のハーベスタ費用に15ドル/㎥かかるが、工場納入価格から諸経費、木代金を差し引いた残りが手元に残るので、1日の生産量を高める強いインセンティブが働く。生産性は10㎥/時、ハーベスタの借金を早く返すために、16時間/日働くこともあり、300日/年働くとのこと。働き方次第で若いときに高収入を得て、将来の生活基盤を築いている。

北スウェーデンの伐採会社での就業形態は、6

時間が伐採作業、2時間が整備や木材のマーキング等の別作業、そして1時間の休憩から成っていた。3人でシフトを組めば1日18時間の伐採が可能(24時間は働いてはいけないことになっている)。

スウェーデン林野庁(Swedish Forest Agency、Skogsstyrelsen)の統計資料によれば、直営作業は年々減少し、請負作業のAWU(Annual Working Unit、年間作業単位。労働者の年間労働時間合計を1,800で割ったもの)が2000年の5,000に対して現在倍増している。

引用文献

酒井秀夫(抄訳)(2004):持続的林業における森林作業. 森林利用学会誌19巻2号:147 ~ 152
(原著 Kjell Suadicani(Ed)(2000)Forestry Operations in a Sustainable Forestry. Skov & Landskab Proceedings No.5. 56p.)

酒井秀夫(抄訳)(2005):北欧各国の持続的森林経営の取り組み. 森林利用学会誌20巻1号:29 ~ 33.
(原著 Nordic Council of Ministers: Nordic Implementation of Sustainable Forest Management.)

酒井秀夫(2012)林業生産技術ゼミナール－伐出・路網からサプライチェーンまで. 352p. 全国林業改良普及協会

酒井秀夫・吉田美佳(2018)世界の林道下巻. 224p. 全国林業改良普及協会

椎野潤(2017)ロジスティクスから考える林業サプライチェーン構築. 184p. 全国林業改良普及協会

吉田美佳(2017)林業サプライチェーンマネジメントにおける情報処理と情報透明化. 山林1952号:32 ~ 40

第1章

作業安全の基本

安全作業を心掛けることで余裕が生まれる

綿密な作業計画のもと、注意深く作業を行ったとしても、予期しない事故で作業班の仲間や自分がケガをする可能性は常に存在します。しかし、安全な作業を心掛けることで生まれる余裕が、作業の危険から自らの身を守ることになります。これは同時に、自らが操作する車両系林業機械の周辺に、偶然居合わせた人たちに対するリスクを減らすことにもつながります。

どんな作業であっても安全規則を常に守らなければなりません。安全作業に対する取り組みが、自身にも、また他者にも影響を与えます。安全規則から外れた不適切な動作によって、同僚やその家族に深刻な影響が及ぶことを肝に銘じましょう。

写真1-1 林業機械回りの移動では、常に「三点支持」を確保すること。

事故を招いてしまう要因とは

事故が起こるのには、様々な要因があります。労働災害の一番の原因は、林業機械の転倒やその類だけではありません。

それよりも、オペレータが林業機械回りで動いているときや、林業機械の運転中、キャビンから降りるとき、さらには現場の行き帰りでも事故は起こります。

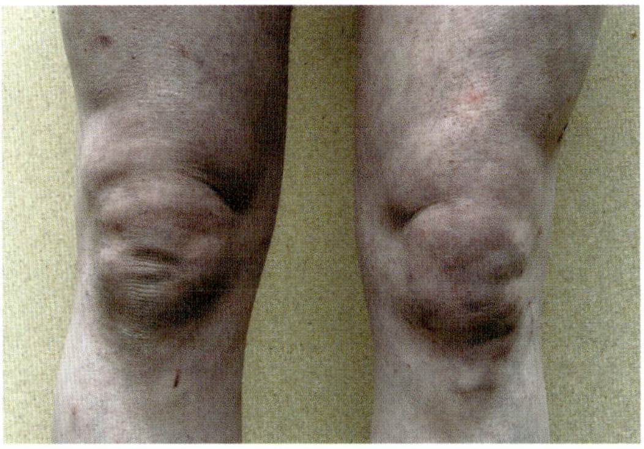

写真1-2　キャビンからの飛び降りによってオペレータに起きた膝の故障。

林業機械回りを動く際の安全

林業機械に登るときは注意しましょう。必ず「三点支持」を基本とします(**写真1-1**)。つまり、２本の足と１本の手、または２本の手と１本の足で林業機械にしっかりと掴まります。そして、手か足を１本ずつ動かすことで安全を保持します(**写真1-4**)！

- 林業機械から飛び降りてはいけません(**写真1-3**)！　キャビンにしばらくいると、関節回りや筋肉が冷えてくることを覚えておきましょう。そのような冷えた体でいきなり器械体操の

写真1-3　不適切で危険の多いキャビンからの降り方。

写真1-4　適切なキャビンの乗り降りの方法。

ような動作をするべきではありません（心臓への負担リスク、関節や筋肉のダメージが心配されます）！

- 林業機械に登る際に、靴底にオイルが付いていると危険です。
- 木製の靴底で林業機械を操作するのは快適かもしれません。しかし、木製ソールの靴で林業機械回りを歩くのは事故につながるおそれがあります。

安全衛生に関する労働規則

訳注：安全衛生に関する労働規則については、日本では厚生労働省が管轄し、労働安全衛生法、労働安全衛生規則、関連通達など、様々な法令・通達が定められています。林業機械については、木材伐出機械等として、次の機械が労働安全衛生規則によって規制対象となっています。

［規制対象機種］

・伐木等機械：フェラーバンチャ、ハーベスタ、プロセッサ、木材グラップル機、グラップルソー

・走行集材機械：フォワーダ、スキッダ、集材車、集材用トラクター

このうち、車両系木材伐出機械（ハーベスタ、プロセッサ等の伐木等機械、フォワーダ、スキッダ等の走行集材機械）についての規制内容ポイントは以下の通りです。

［労働安全衛生規則］

Ⅰ　構造関係

1．前照灯（安衛則第151条の85）
2．ヘッドガード（安衛則第151条の86）
3．防護柵等（安衛則第151条の87）
4．転倒時保護構造及びシートベルト（安衛則第151条の93）〈努力義務〉
5．ワイヤロープ（安衛則第151条の114、115、120、121）

Ⅱ　使用関係

1．作業場所の地形等、伐倒する立木等の調査及び記録（安衛則第151条の88）
2．作業計画（安衛則第151条の89）
3．作業指揮者（安衛則第151条の90）
4．制限速度（安衛則第151条の91）
5．運行経路の幅員保持、路肩崩壊防止、障害物除去等（安衛則第151条の92第1項）
6．誘導者及び合図（安衛則第151条の92第2項及び第3項、安衛則第151条の94）
7．立入禁止（安衛則第151条の95、96、97）
8．運転位置から離れる場合の措置（安衛則第151条の98、99）
9．移送時の措置（安衛則第151条の100）
10．搭乗の制限（安衛則第151条の101、105）
11．使用の制限（安衛則第151条の102）
12．主たる用途以外の使用の制限（安衛則第151条の103）
13．修理、アタッチメント交換時の措置（作業指揮者）（安衛則第151条の104）
14．悪天候時の作業禁止（安衛則第151条の106）
15．保護帽の着用（安衛則第151条の107）
16．検査、点検、補修（安衛則第151条の108、109、110、111、116、122）

Ⅲ　伐木等機械関係

1．伐木作業における危険の防止（安衛則第151条の112）
2．造材作業における危険の防止（安衛則第151条の113）

Ⅳ　走行集材機械関係

1．ウインチの運転の合図（安衛則第151条の117）
2．原木等の積載（安衛則第151条の118）
3．荷台への乗車制限（安衛則第151条の119）

［参考情報サイト］
「安全衛生関係総合情報」（厚生労働省安全衛部サイト）
「厚生労働省法令等データベースサービス」（厚生労働省サイト）
「安全衛生情報センター　法令・通達、労災事例等総合情報」（中央労働災害防止協会サイト）

林業機械の操作

訳注：日本では、労働安全衛生規則により車両系林業機械を含めた「木材伐出機械等」の運転の業務に就かせるときに特別教育実施が必要とされます。
安全衛生特別教育規定の教育科目（学科教育、実技教育）、範囲、時間に基づく特別教育を実施して、従事者の修了が規定されています。
（安衛則第36条第６の２号、６の３号、７の２号）

車による現場通勤時の運転注意

車で伐出現場へ通勤する際にも、もちろん注意が必要です。夕方や夜間の家路への運転は、仕事で行う多くの作業よりも実際に危険です。道路から外れたり、野生動物と衝突したり、果ては居眠りしたりといったことです。したがって、あなたが終業後に帰路についた後、目的地（家）に着いたことを確認・共有することは、非常に重要なことです。会社側は、オペレータが車で現場へ向かう場合に、現場到着の確認を日常業務とするべきです。道路から転落したりといった様々な事故の可能性があるからです。

車は出口方向前向きに駐車する

林内では車を常に利用できる状態にしておくとともに、現場の出口方向に前向きに駐車するようにしましょう。こうしておけば、緊急時にすぐに発進させることができます。オペレータはケガをした場合に自分の力で運転せざるを得ないリスクを常に抱えており、その対策としての単純かつ大事なルールは、急いで戻れるように前もって出口に向けて前向きに駐車しておくことです（**写真1-31**）。

総合的な安全性

事故現場の正確な把握が人命救助につながる

訳注：車両系林業機械の作業計画書（安衛則第151条の89）には、作業場所をできるだけ正確に記載し、関係作業者全員に周知しておくことが必要です。
また、労働災害発生時等の緊急時における連絡体制の整備・確立等を図り、被災労働者の早急な救護等を促進するため、「林業の作業現場における緊急連絡体制等の整備のためのガイドライン」が策定されています。
根拠資料：「林業の作業現場における緊急連絡体制の整備等のためのガイドライン（平成６年７月18日付け基発第461号の３）」

緊急事態が発生した際に、正確な位置情報は救助の現場到着を速やかにする決め手となります。GNSS位置座標があれば、現場にいる従業員が容易に救急車を事故現場へ誘導することができます。

訳注：GNSS、全球測位衛星システムは、GPSやGLONASS、準天頂衛星（QZSS）等の衛星測位システムの総称であり、GPSは米国が開発・運営しているシステムです。
参考：国土地理院

現場にはわかりやすい地名があるとは限りません。また、地名があったとしても同一、もしくはよく似た地名であることがあります。GNSS位置座標は正確な位置を特定するため、多くの状況で

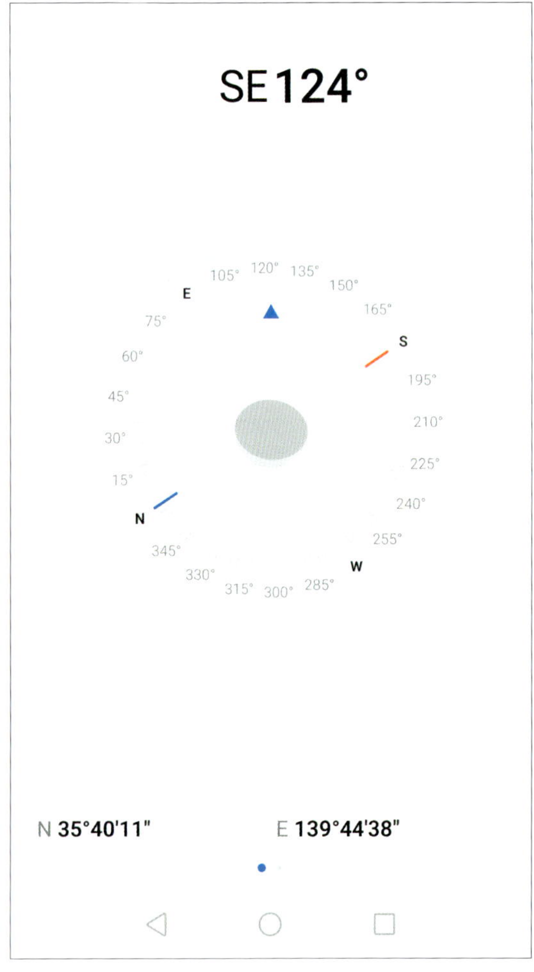

写真1-5　スマートフォンに搭載されるのGNSSの位置情報表示画面の例（日本）
スマホ（GNSS機能をonに）の他に、腕時計、タブレット、カーナビ、ハンドヘルドGNSS端末などでGNSS位置情報を表示させることができる機種がある。

は人命救助に欠かせない情報となります。したがって、救急隊へ伝えられるように全員が位置座標の取り扱いに習熟することが求められます。

現場の図面上で位置座標の警報信号と一致している図面上のポイントはすべて図示されているのが望ましいと言えますが、これらの記号はメーカーによって異なる点に留意しましょう（**写真1-5**）。

事故が起きたら119番

日本では緊急通報番号は、119番です（訳注）。緊急コールセンターは事故の説明を聞いて、救急車と他の緊急車両またはその一方を派遣するかどうかを判断します。救急隊はまた、必要に応じて、オフロード車両も保有しています。救急隊の事故現場における最優先課題は、つぶれたキャビンを切断もしくは分解したり、林業機械を持ち上げたりして閉じ込められた人員を救出し、公道へ運ぶことです。

電話の相手と話し続け自分の位置を伝える

119番へ通報したものの、救助要請の正確な位置を伝えられない場合は、通話を切らずに話し続けることが重要です！　これによって、救急センターはあなたがどこから電話をかけているか、つまりあなたがどの辺にいるかを正確に特定できる可能性があります。状況（事故）を説明し終えたら、場所や位置関係についてできる限りの説明をします。例えば、付近の道路標識や、現場の近くに湖や川、山などがあればそれらについても説明します。

訳注：119番通報による位置情報通知システム…日本では、携帯電話・IP電話等（IP電話、直収電話*のうち050で電話番号が始まる電話サービスを除く）からの119番緊急通報に関しては、位置情報通知システムの運用が行われています。
このシステムでは、携帯電話・IP電話等から119番通報すると、音声通話と併せて通報者の発信位置に関する情報が、自動的に消防本部（非常備消防の場合は町村役場等）に通知され、指令台において電子地図上に表示されます。
特に屋外からの通報で住所不案内の場合も多い携帯電話からの119番通報では、通報者の発信位置を迅速に把握することが可能となるシステムです。

＊直収電話：NTT東日本・NTT西日本以外の電話会社が提供する固定電話サービス。直加入電話、地域系電話事業者とも称する。

1人作業時の留意事項

- 管理者や家族などに常に自分がどこで作業しているかを伝えておくことで、相手が自分の仕事中の所在を知ることができます。
- 作業現場の図面に自分の場所の印を付けて、そこまでの往路の経路とその手段について明らかにします。自分の所在を伝えた者が、地図の読み方とこれから作業する予定箇所を理解していることを確認した上で、図面を渡します。
- 自分の所在を知る者と、緊急時の手順について点検します。
- 無線や携帯電話、または個人間による連絡手段を決めておきます。
- 自分の所在を伝えた者と、仕事中は最低でも3時間に1度は連絡を取り、そして1日の仕事を終える時に再度連絡します。

連絡を受ける側は、現場就業者が帰宅したことを確認するべきです。現場就業者と携帯電話やその他の連絡手段で随時連絡できる状態にあることを確認します。現場就業者の所在を知っている者は、現場からの連絡を受ける時刻に現場就業者から連絡がなかった場合、通報を出してすぐに捜索を開始しなければなりません。

事故対応の手順を決める

ひとたび事故が起こると、初めて経験する状況に直面することになるでしょう。そのため、おそらくストレスや不快感を感じます。また、かえって不適切な行動をとってしまうということもあります。

事故に対処するいくつかの手順を考えて準備しておき、事前に試してみるとよいでしょう。想定される数種類の事故と、それに対してチームがどのように対応すべきかについて、管理者や同僚と話し合ってみましょう。いくつかの対応策を立て、気持ちの面で事故に備えることは、いざ事故が起きたときにプラスに影響するでしょう。

訳注：前述の通り、日本では労働災害発生時等の緊急時における連絡体制の整備・確立等を図り、被災労働者の早急な救護等を促進す

図1-1　1人作業には厳格な規則と正しい行動が欠かせない。

るため、「林業の作業現場における緊急連絡体制等の整備のためのガイドライン」が策定されています。
根拠資料：「林業の作業現場における緊急連絡体制の整備等のためのガイドライン（平成6年7月18日付け基発第461号の3）」

適切なコミュニケーションで安全性を確保

作業班員同士の良好なコミュニケーションは、安全確保の土台となります。例えば、ハーベスタに近づく際は、そのオペレータと常に話をするようにしましょう。以下に重要ポイントを整理します。

- 無線や携帯電話を使って、ハーベスタに接近中であることをオペレータに伝えます。
- 無線がない場合は、腕を大きく振るなどして自分が近づいていることをオペレータへ知らせます。
- 夕暮れ時や夜間の場合は懐中電灯を必ず携行し、光を使ってオペレータへ伝えます（**写真1-6**）。
- オペレータがあなたを視認したことが確認できない限り、林業機械に近づいてはいけません。オペレータは、あなたが近づいてきたらエンジンの回転数を落とすはずです！

林業機械でオペレータが作業しているとき、アイコンタクトでコミュニケーションするのはちょっとした職業上のマナーと言えます。これは効率

写真1-6　懐中電灯があれば、オペレータは誰かが近づいて来るのを認識しやすい。

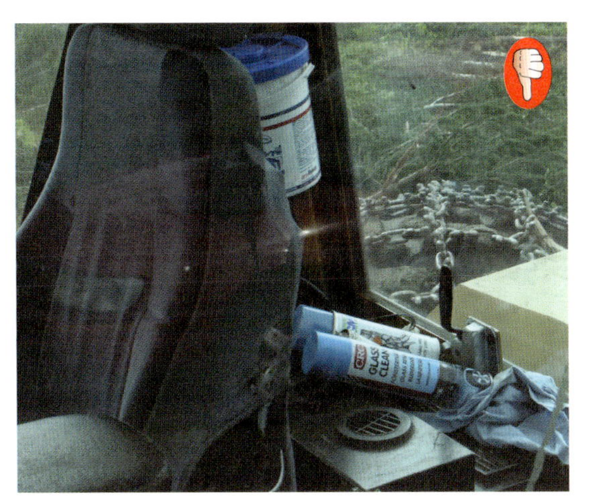

写真1-7 スプレー缶は、ブタンやプロパンを含有していることがあるため爆発の危険があり、決して熱にさらしてはならない。

的な素材生産と安全性の両方で重要なポイントです。

1年のうちで暗い時季は懐中電灯を使う

1年のうちで暗い時季には、キャビンに懐中電灯を常備しておきましょう。**定期的に電池を点検し、スペアを用意しておきます。**エンジンの故障やスタックした場合、公道まで戻らなければなりません。真っ暗な夜間では、懐中電灯がなければ不可能です！　これまでに多くのオペレータが、懐中電灯の明かりがつかないのを後悔しながら、暗がりの中を公道まで歩かざるを得ない状況を経験してきました。

スプレー缶の扱いに注意する

スプレー缶はどんな種類であれ高温にさらされると危険であり、その限度はおよそ50℃です。そのため、スプレー缶は直射日光や暖房の吹き出し口を避けて保管します。スプレー缶には、噴射ガスとしてブタンやプロパンが含有されていることがあり、不適切な使用によっては爆発の危険があります。

車両系林業機械操作の共通安全ルール

機種を問わず、林業機械操作の安全を確保するルールは以下の通りです。

- エンジンが作業速度で動いている場合、いかなる林業機械とも安全な距離を保ちます。
- 休憩所や林業機械のキャビンには、保温用の毛布を常備しておきます。脚の骨折などのケガの際には、毛布が負傷者の身を助けることがあります。現場に人手がない場合など、負傷者を担架で運ぶことが難しい場合は、毛布でしっかりと負傷者を保温し、救助を待つという可能性があります。
- キャビンには救急キットを保管しておきます。
- キャビン内には固定されていない道具は置かないようにします。固定されていない状態で機体が転倒すると、道具が散乱してオペレータのケガにつながります。
- 林業機械が滑るリスクを最小限に抑えるため、グリースやオイルの漏れ、雪や氷はできるだけ避けます。
- 林業機械が転倒してドアが開かなくなった場合に備えて、非常口の使用方法に習熟しておきましょう。非常口から実際に出てみて、脱出の動作を必ず確認します。
- 子供がいたずらに林業機械を始動させるリスクがあれば、イグニッションにキーを挿したままにしてはいけません。
- どのような理由であれ、作業中に急に仕事を続けられない状態になったら、近くにいる管理者に報告します。
- どのような仕事においても、酒に全く酔っていない状態で臨むことが必須です。アルコール同様、薬物やドラッグなどは論外です。
- 常識を働かせましょう！
- 同僚と同じことをしなければいけないという同

調圧力は事故に結びつくことがあります。決して屈しないように！

- 自己管理をしっかり行い、自身と仲間に対する責任を負いましょう！　林内では、自分以外に助けてくれる人は誰もいないと肝に命じて作業すべきです。
- 自分自身を大切に。オペレータとしてのあなたに交代要員はいますが、個人としてのあなたに代わりはいません！

林業機械の取り扱いに関する安全性

基本ルールは、エンジンが回っているときに林業機械に決して触ってはいけないということです。

エンジンがオンの状態では、ヘッド、玉切り装置、送材装置などをオペレータが操作していない

写真1-8　林業機械回りに人間がいてエンジンが回っている状態では、オペレータはレバーとボタンから手を放すこと。「何も触るな！」

写真1-9　エンジンが作動している状態でこうした作業を行うのは絶対に禁止である。下の写真のような作業に取りかかる前にとるべき最善の策は、メインのパワースイッチを切ってキーを抜き、ポケットに収めることである。

写真1-10 決してオイルが漏れている配管やホースに素手で触らないこと！

としても、油圧バルブが故障したり、少し開いたりするということが絶対ないとは言いきれません。エンジンがオン状態では、決して触ってはいけません(**写真1-8、1-10**)。

林業機械を扱う作業に関連して起こる事故には、様々な要因があります。例えば、ハーベスタヘッドに潜り込んで、溶接、シリンダーの取り外しといった作業をしなければならないときがたまにあります。そのようなときには、メインのパワースイッチをオフにして、キーを抜いてポケットに入れておくようにします(**写真1-9**)。これによって、意思のすれ違いによる悲劇が起こるリスクを最大限なくすことができます。

例えば、1人がヘッドを溶接している間に、もう1人が林業機械に乗って潤滑のためにエンジンを始動させるといった状況を避けることができます。このような事故が実際に起こっています！

椪積みされた丸太に印を付けるために

椪の上部にある丸太に印を付けるために機体に登ってはいけません。**現場で1人のときに、転落のリスクがある方法で椪積み丸太に印を付ける作業は厳禁です。**

丸太へのマーキング(ラベリング)は必ず地上で行います。地面からは届かない高さにある丸太は、次の方法でマークします(**写真1-29**)。

- グラップルで椪から丸太の束を掴み、地面から1.5m程の高さで、キャビンの昇降口から適当な距離に保持します。
- エンジンを停止します。
- キャビンから出て、昇降口を降りて道路に面する側(積み込み時に見える側)の丸太の木口に印を付けます。
- エンジンをかけて、丸太の束を椪の適当な位置に積み直します。

この方法で、丸太に印を付ける作業でケガをするリスクを最小限にすることができます。

バッテリー爆発の危険性

林業機械を扱う作業の中でも最も危険な部類に入るのが、バッテリーに関するものです。バッテリー回りのリスクとは、バッテリー内部に溜まっている水素ガスに引火し、爆発するというものです。バッテリーの液量不足が水素ガスを多量に溜め、爆発が大きくなると言われます。火器やタバコの火、わずかな火花で発火することがありま

図1-2　バッテリーの電極やクランプ、ブースターケーブルに何かをつなぐ際は、防護メガネを着用すること！

す。バッテリーが爆発すると、その上部が吹き飛ぶほどの勢いがあり、重篤なケガにつながるおそれがあります。

バッテリーにブースターケーブルを使用する場合は、第6章（129頁）の解説に従って火花が出ないように細心の注意を払うべきです。ただし、バッテリーのポールクランプや充電クランプを付け外しする際に、火花が発生する可能性があります。バッテリー液が目に入った場合は、すぐに流水で洗い流し、完全に除去できるよう15分間続けるようにしましょう。その後に医師の診察を受けましょう。

オイルや燃料との接触を避ける

燃料や作動油、潤滑油、チェーンオイルに直に触れることは避けましょう。これらの物質はすべて強いアレルギー反応を引き起こします。

「油圧作動油の人体への流入」を避ける

訳注：油圧作動油に関する労働安全衛生法（以下「安衛法」と言う）による規制について。

油圧作動油には、安衛法の規制対象物質が含まれる場合があります。

職場で化学物質を取り扱う際に、その危険有害性、適切な取り扱い方法等を知らなかったことで、中毒等の労働災害が発生した事例がしばしば報告されています。このような労働

写真1-11　可能であればセーフティボルトを使用する。

写真1-12 林業機械の力と重量に比べたら、人間は小さくて壊れやすい。

災害を防止するためには、化学物質の危険有害性などの情報が確実に伝達され、情報を入手した事業者が、情報を活用してリスクアセスメントを実施し、リスクに基づく合理的な化学物質管理を行うことが重要です。安衛法では、労働者に危険や健康障害を及ぼすおそれのある物質について、ラベル・安全データシート(SDS)による情報伝達を行うべきことを規定しています。

・安衛法に基づくラベル表示・SDS交付制度の対象物質

(1) 労働安全衛生法施行令別表第3第1号で定める製造許可物質(7物質)

(2) 労働安全衛生法施行令別表第9で定める表示・通知義務対象物質(666物質)

(3) 上記物質を含有する混合物(表示・通知義務対象物質ごとに裾切値*が定められています)

＊当該物質の含有量がその値未満の場合、ラベル表示・SDS交付の義務の対象とならない

圧力のかかっているホースや配管に素手で触れることは、危険ですから避けなければなりません。具体的には、エンジンが回っているとホースにある極小の穴からいわゆる「作動油の注射」、つまり作動油が注射されるような状態が発生し、人体へ注入されます。エンジンが回転している状態でオイル漏れの箇所を探している場合、素手で配管やホースに触れるようなことはしてはいけません。

作動油の人体流入は極めて危険です。オイルが体内に入ると著しく気分が悪くなり、注入された身体の部位を切断しなければならない可能性もあります。場合によっては死に至ります！

作動油の人体流入の被害を受けた場合は、緊急医療センターの処置を受けなければなりません。そして、通常のケガとは処置が異なるため、センターの職員に作動油の注射にかかったことを伝える必要があります。**適切に処置が行われることで、後遺症をかなり軽減し、時には命をとりとめることができます。**

照明灯キセノンバルブの交換

電球関係の装置を扱う際、ライトの発熱により手を火傷する可能性があります。取り扱いには十分注意して、適切な防護手袋を装着しましょう。

照明灯のキセノンバルブの修理作業における基本ルールは、メーカーの認定を受けた者に限るという点です。さらに、林業機械の取扱説明書の安全事項も確認しましょう。

爆発のリスク

キセノンバルブにはガスが封入されているため、爆発によりガラス片が飛び散るリスクがあります。そのため、キセノンバルブを扱う際には防護手袋を着用しましょう。

5,000～10,000ボルトキセノンライトの動作電圧は5,000～10,000ボルトと高電圧のため、メインのパワースイッチを必ずオフにした状態で扱いましょう。

訳注：日本では、車両系林業機械や作業用の屋外照明機器でのキセノンライト使用の該当例は見られない。

アキュムレータが付属する林業機械の取り扱い

林業機械には、アキュムレータ(訳注)が付いていることがあります。そのような林業機械のメンテナンスや修理を行う場合、アキュムレータに圧力がかかっていないことを確認しましょう。また、整備士や修理士からアキュムレータの様々な機能に関するアドバイスを得ることも重要です。油圧システムの構成部品やハーベスタヘッドの修理等を行うときは、アキュムレータに圧力がかかっていないことを確認しましょう。

訳注：アキュムレータ…油圧系に使われる機器。高圧流体を蓄える装置で、蓄圧器とも呼ばれる。

林業機械の取り扱いに関する共通ルール

林業機械の取り扱いにおいて留意すべきその他のルールには、以下のようなことがあります。

- 吊り荷の下で作業しないこと。宙に浮いた状態のグラップルやヘッドの下に留まってはいけません(**写真1-20**)。
- ヘッドと機体(例えば、ホイールなど)の間は退避ルートがふさがれてしまうので、留まってはいけません。

林業機械の近くで作業するときの安全確保

林業機械で人を傷付けないためには、当然のことながら誰も林業機械に近寄らないことです。例えば、人は作業中のハーベスタから70m以内に近づいてはいけないことになっています(**写真1-21**)。しかし、このルールがあるにもかかわらず、林業機械に近寄りすぎてケガをするリスクがあります。

訳注：日本の車両系林業機械作業中の立ち入り禁止に関する規制について。
・安衛則151条の95
「事業者は、車両系木材伐出機械を用いて作業を行うときは、運転中の車両系木材伐出機械又は取り扱う原木等に接触することにより労働者に危険が生ずるおそれのある箇所に労働者を立ち入らせてはならない」
・安衛則151条の96
「事業者は、車両系木材伐出機械を用いて作業を行うときは、物体の飛来等により労働者に危険が生ずるおそれのある箇所(当該作業を行っている場所の下方で、原木等が転落し、又は滑ることによる危険を生ずるおそれのある箇所を含む。)に労働者を立ち入らせてはならない」

業界団体の規程(林業・木材製造業労働災害防止規程)では、97条に
「会員は、伐木等機械(フェラーバンチャ、ハーベスタ、プロセッサ、木材グラップル機等をいう。以下同じ。)による作業を行う場合には、次に掲げる場所に、作業者を立ち入らせてはならない。

(1) 伐木等機械による作業を行っている場所の下方で、原木の転落又は滑りによる危険を生ずるおそれのある場所
(2) 作業中の伐木等機械又は扱っている原木に接触するおそれのある箇所
(3) 伐倒作業中は、運転席から伐倒する立木の高さの2倍以上を半径とする円の範囲内
(4) 造材作業中は、運転席からブーム、アームを最大に伸ばした距離の2倍以上を半径とする円の範囲内と原木を送る方向」

が立ち入り禁止と規定。

風倒木処理でチェーンソーを使う場合

訳注：以下に関する日本の法令は、安衛則151条の94に「合図」、災防規定83条に「作業の合図」、98条に「合図」として規定しています。

林業機械のごく近くで人が作業する際には、特別なルールが適用されます。労働環境局は、そのルールを以下のように定めています。「地上の作業員とオペレータとのコミュニケーションが正常に機能していることを管理者が徹底させている状態であること」。無線による交信は安全性が高く、活用前に決めたサインを目視で確認することは最低要件です。わずかでも疑問があれば、すぐに作業を停止しましょう！

「効率第一」の考えを捨てる

オペレータは通常、生産性を最大限高めることに集中しています。一方、作業班員など人が林業機械の近くにいて、林業機械が原因でケガをする可能性がある場合、オペレータは自分の中の優先順位をガラッと切り替える必要があります。つまり、誰も自分の命や手足を失う心配をしないで済むことを、第一の目標とするべきです。

こうした状況で留意すべきルールがいくつかあります。

- ハーベスタまたはフォワーダのオペレータは、人が近づいてきたらエンジンの回転数をアイドリング状態まで下げて、すべての作業を停止させます(**写真1-13**)。
- 人が林業機械の近くにいる可能性がわずかでもあれば、林業機械を動かしてはいけません。

とりわけ、人が近くにいるかもしれない状態で荷を積んだフォワーダを後進させる動作は絶対に行ってはなりません(**写真1-14**)。

- 林業機械後方にカメラが取り付けられていれば、本来の機能を果たせるよう保守管理を行いましょう。カメラがあったことで人命をとりとめるということもあります。
- どんな理由であれ林業機械に近寄る際には、視認性の高い衣類(できれば反射材の付いたもの)を着用しなければなりません。蛍光ベストも適しています。

林業機械の近くでチェーンソー作業を行う際のルール

地上にいる作業員が、林業機械の近くで風倒木を玉切りするときに適用されるルールには、以下のようなことがあります。

- 風倒木を扱う者は、この作業の訓練を十分に受けなければなりません！
- チェーンソー作業に適した防護衣の着用は必須

写真1-13　林業機械と作業者が近くで作業することは全くとんでもないことだが、残念ながら台風の後処理では珍しくない光景である（2005年にスウェーデンを襲った台風Gudrunの後の様子）。

写真1-14　後方に誰もいないことが確実でなければ、荷を積んだフォワーダを路上で後進させてはならない。

写真1-15　窓はこうした力に耐えられるよう設計されているが、積み込み時に窓の強度を信用してはならない。下り走行時は、ゲート上端を超えて荷を積まないこと。

写真1-16　この事故は、経験豊かなオペレータに起こったことである。この時点で林業機械は使用開始から４年が経過していて、下り斜面の現場であった。オペレータはグラップルで３本の丸太を掴んでゲートの上まで持ち上げたところ、１本の丸太がグラップルから滑り出してリアウィンドーに直撃した。このオペレータが命を失わなかったことはラッキーであったが、この事故で受けたケガは彼の残りの人生で忘れがたい記憶となるだろう。

写真1-17　危険な状況。元口を前にして丸太を積み込むと、グラップルから丸太が滑り出すリスクが高まる。

写真1-18　林業機械が下り斜面に向いている状態で積み込みを行う場合、テレスコピックゲートはトップまで上げておくこと。

写真1-19　このような状況では「グラップルを閉じる」状態のままにすること！

写真1-20 素材生産に詳しい者であれば誰でも知っていることに、「吊り荷の下を歩くな！」がある。写真の作業では、それと共通点がある。枯れ木を放置することは、死の罠をしかけることを意味し、そのため枯れ木には高い切り株を作るのである。

です！

- 事故が起こった際にすぐに気付ける程度に同僚との距離を保つのがよいでしょう。**同僚が近くにいるときのみ、チェーンソー作業を行いましょう。**
- 椪の中の丸太に付いた根張りを落とす作業などでは、丸太の位置が高すぎないかを確認しましょう。肩よりも上の高さでチェーンソーを使ってはいけません。
- 現場での作業分担は、チェーンソーのメンテナンスや作業上の安全に対する責任の配分でもあります。そして、この中には、「チェーンソーのキックバック防止機能」や「チェーンキャッチャーの点検」などが含まれます。このような責任を持つ者は、必ずチェーンソーの特性に習熟するか、関連する講習を受けていなければなりません。

訳注：上記の記述に関して。

・「チェーンソーのキックバック防止機能」：チェーンブレーキ（ハンドガードで作動）を指します。キックバックはバー先端上部で伐ると発生するので、キックバックが起きたときにチェーンの回転が止まるようにブレーキ機構が備わっています（キックバック自体を防止する機能はない）。

・チェーンキャッチャー：作動中に切れたチェーンが体を直撃しないように止めるための、チェーンソー本体下部に設けられたパーツ。いずれもチェーンソーマンには馴染みある単語、機構。

危険木の見極め

枯れ木は自然生態系にとって多くの昆虫の助けとなる重要なものです。

一方、視点を変えれば、人命は昆虫よりもずっと価値のあるものと言えます。林業に当てはめてみると、枯れた立木は林業技能者の間で「ウィドーメーカー」として知られています（伐倒時に落下する枝や幹のことで、元来は「未亡人をつくるもの」の意）。名前が示す通り、ウィドーメーカーは大きな事故につながるおそれがあります。ある状況では、枯れ木はかすかな風で倒れてくることがあります。さらに、枯れ木はかなり速く、そして音もなく地面に倒れます。

地上で作業する者は、伐採現場でこの知識を覚えておかなければなりません！　また、植え付けや除伐、野外活動などで、この現場に将来誰かが来るかもしれないということも意識しておきましょう。リスクを最小にするため、枯れ木はすべて高い位置で伐り、丸太を切り株の脇に寄せ、さらに可能であればスカリファイヤー（土壌掻き起こし機）が走ると思われる方向へ並べます（例えば、傾斜地であれば斜面方向に）。

休憩所での安全性

休憩所が火事になったときの安全性

休憩所が火事になったら、爆発の可能性があるガス製品の有無を判断しなければなりません。火災が起きているキャビンの中にガス容器があれば、自身の安全確保のためにその場所からすぐに離れましょう。ガス容器は引火すると爆発の危険があります。

休憩所を移動させるときの安全性

休憩所には、ガスを動力とした装置が付属していることがあります。そのため、休憩所自体を移動させるときは、ガスの元栓を閉じましょう。

安全運転

パーキングブレーキ

オペレータが林業機械に乗り降りする際は、必ずパーキングブレーキをかけておきます。パーキングブレーキは、連動して他の装置をオフにする機能が付いていることもあるため、この操作は極めて重要です。

ブレーキの点検

運転の前にブレーキの利きを確認してみましょう。可能であれば、急斜面でもブレーキをテストします。フォワーダが急斜面にあるとき、ブレーキを利かせて静止できるか、さらには荷を満載にしている状態でも同様かを見ておくべきです。

頭上の電線に注意

どんな種類でも、頭上の電線には注意すること！　高電圧電線のそばで作業を始めるときは、関連する安全規則について、あらかじめ送電網の所有者に確認を取りましょう。

片勾配の斜面は走行しない

斜面走行が可能な際に必ず遵守するべき基本ルールは、斜面をまっすぐに登り下りすることです。作業計画の時点で、斜面に沿って（等高線方向に）林業機械を走行する状況をできるだけ避けましょう。

キャビンの脇で丸太を高く積まない

フォワーダから積み下ろしをする際、キャビン中央、すなわち窓の高さまで丸太を積み上げるのは非常に危険です。丸太が林業機械のほうへ滑ってきてキャビンに突き刺さると、オペレータのケガにつながり、場合によっては致命傷になります。

ゲートを超えて荷を積み込まない

フォワーダのゲートよりも高く積込みをしてはいけません。キャビンのリアウィンドーは、ゲートを通り越して滑り込んでくる丸太の衝撃を受けきれるほど強度が高いとは言い切れません。

極めて急な斜面での走行

極めて急な斜面を走行する場合は、事前にしっかりとした計画を立て、日中に限り行うようにするべきです。初心者は、急斜面でフォワーダを走

写真1-21　様々な理由から、作業中の林業機械の70ｍ圏内には立ち入ってはならない。

行しないほうがよいでしょう。

機体のスタビライザーシステム（ミドルセクションロック）を意識する

ハーベスタは、転倒時にエンジンとキャビン部分の両方が連結される設計がなされていることがあります。しかし、フォワーダの設計は若干異なっているため、フォワーダに乗る際はスタビライザーのタイプを確認しましょう。ある種のフォワーダでは、トレーラーが転倒してもキャビン部分が巻き込まれないようにスタビライザーが設計されていますが、別のタイプではキャビンがトレーラーと一緒に転倒してしまいます。林業機械に乗る際は、スタビライザーの特徴や設計を頭に入れておかなければなりません。

転倒したときは

林業機械のキャビン部分が転倒する瞬間は、必ずその中に留まることです。決して外に飛び出そうとはせずに、掴めるものがあれば何でもよいのでしがみつくことです。この状況では、シートベルトには大きな効果があります。キャビンの中にいる限り、オペレータは比較的安全と言えます。

車両系林業機械作業中の立入禁止区域

訳注：日本の法令については、36頁訳注を参照。

ハーベスタの70ｍルールは、チェーンショットのリスクを考えれば決して過剰ではありません（**写真1-21**）。つまり、鋸断中にチェーンが切れると、鋭利なチェーンリンクは銃弾と同じ速さで飛んでいきます（**写真1-22**）！　もっと悪いことに、この種の切れたチェーンは空中で急に向きを変えることもあります！

他方、フォワーダがグラップルローダーを使用しているときの立入禁止区域は、30ｍの範囲です。

キャビンの方向に材を送らない

造材時に幹を林業機械方向へ送るのは、時には非常に合理的な方法でもあります。しかし、誤ってキャビンの窓を破るほどに材を送りすぎないよう、十分に注意する必要があります。窓は材を止めるほど強靭な作りではありません（**写真1-16、1-23**）。

木の方向が何かの拍子にずれることも頭に入れ

写真1-22　林業機械の鉄製シャーシに0.2㎜食い込んだチェーンリンク。

写真1-23　キャビン方向への造材は、木口がキャビンに向かってくる点で常にリスクのある作業である。

写真1-24　写真では、オペレータが大きくアームを伸ばしているため、伐倒木を自分のほうに寄せようとすると、ヘッドがキャビンにぶつかりかねない。

ておきましょう。木の梢端が何かに当たると、オペレータの想像以上に元口側がキャビンの窓のそばまで接近することがあります。例えば、造材している木の梢が二股のシラカバの幹に当たった場合、結果として元口がかなり方向を変えることがあります。

ハーベスタのアームは、時に意外な動きをする

種類を問わず、ローダーというものは設計された構造に起因した固有の力学的作用を受けます。また、このことはローダーが特定の作業範囲内でのみ十分な働きができることを意味しています。

一方、ローダーの設計と特徴は、不本意な結果を引き起こすこともあります。

アームが急にキャビンに向かってくる

パラレルクレーン（ブームとアームで構成され、ブームの下にアームを格納できるタイプ。ハーベスタなどに組み込まれる）でもグラップルローダーでも、思いもよらない動きを見せることがあります。

どちらのアームでも、ある特定の角度でキャビン近くで操作していると、わずかなジョイスティックの操作でキャビン方向にかなりの速さで動くことがあります。これは主に（テレスコピック型の）アームをかなり伸ばしている状態で起こります。ローダーの操作は、ヘッドをブームやキャビンにぶつけるという大きなリスクを抱えています（**写真1-24**）。

アームは、ヘッドと荷の動きに抵抗できるとは限らない

パラレルクレーンでもグラップルローダーでも、アームはある角度、とりわけ完全に伸びきった状態でとても強固です。このため、アームは木とヘッドを動かすことができます。

他の作業条件、つまり他の角度では、同じローダーでもかなり弱くなります。この場合、ローダーの働きはヘッドと木の重量を超えることができません。これに似た例として、キャビンと同じ高さで斜面上の立木をハーベスタで伐倒すると、アームの操作が間に合わないくらいのスピードでヘッドと元口がキャビンに接近することがあります。

このように、アームはキャビンに急に接近することがあり、機体の周囲で作業する際は働きが弱くなることがあります。この事実を考慮に入れるべきです。つまり、テレスコピックアームを縮める癖をつけ、機体の近くで作業する際はアームの操作に細心の注意を払うことです！　ハーベスタのホイールよりも高い位置で立木を伐倒しようとしないことです。これには、ヘッドと元口がキャビンに衝突するリスクがあります(**写真1-24**)。

高い切り株をつくる際のリスク

高い切り株をつくるのは、日常作業の一部です。しかし、これには配慮すべきリスクがあります(**写真1-25**)。高い位置で伐倒すると、伐った木の元口がキャビンにまっすぐ向かってくることがあります(**写真1-26**)。また、この状態で誤って送材を開始しても、元口がキャビン方向へ直進するリスクがあります。これは、初心者が一定の経験を積むまで高い切り株をつくるべきではない理由の1つです。その代わり、そのような木は伐らないままにしておき、ベテランの同僚に任せましょう。そして、管理者から高い切り株を安全につくれると認められたら、実際にやってみることにしましょう。

林道沿いの伐採

警告用看板の掲示

訳注：道路上で竹木等の伐採・せん定などの作業を行う場合、所定の手続き(道路使用許可、道路占用許可等)が必要となる場合があります。

- 道路使用許可の申請(道路交通法第78条第1項)は警察署長へ許可を申請。
- 道路占用許可(道路法32条)　道路上に一定の施設を設置し、継続して道路を使用することを「道路の占用」という。道路を管理している「道路管理者」の許可を受ける必要がある。道路管理者例としては、国土交通大臣(国道)、都道府県知事(都道府県道)等。

道路上での作業ついては、道路管理者や警察署へまずは相談が必要。

警告用看板は、伐採作業が行われている林道沿いに常に掲げておくべきです。こうした看板は安全面で重要な意味があり、また悲しい事故が起こるリスクを低減させます。

実際に事故が起こった場合の責任を明確にする点においても、適切な標識の掲示には大きな意味があります。もし看板の掲示が不適切で、林道沿いの伐採作業中に交通事故が発生したら、深刻な事態になります。

不十分な看板の掲示は、結果として現場管理者およびオペレータもしくはどちらか一方が、事故に対する全法的責任を負う結果となります。

経験の少ないオペレータは林道沿いの立木を伐倒してはならない

初心者は、林道沿いの立木を伐倒してはいけません。林道沿いの立木をハーベスタで伐倒する際、たとえ伐採作業中は林道を封鎖していたとしても、車が通るリスクが全くなくなるわけではありません(**写真1-27**)。幸運にも、林道沿いの伐採に関する事故は(スウェーデンでは)ほとんど起こっていませんが、これは高い技能を持つオペレータが作業に当たっているためです。

立木が誤った方向に倒れる理由

伐採作業の中には、ねらいを定めた伐倒方向へのコントロールを狂わせる多くの要因があります。例を挙げると、以下のようなことがあります。

- ハーベスタのオペレータが、ねらった方向に倒すのに必要な力の大きさを見誤ってしまう。
- 伐倒中に風が吹いてしまう。
- ホースが切れたり、電磁石が故障したりする。

写真1-25　ここで高い切り株をつくると……。

写真1-26　不適切な角度で伐倒して、誤って材送りが開始されると、元口はキャビンに5m／秒の速さで飛び込んで来ることになる。この状況で、果たして送材を止める十分な時間があるだろうか？

- コンピュータがフリーズする。これはまれなことではなく、オペレータはその状態に的確に対処できないことがあります。

伐倒中の立木に関する一般的な知識不足

一般人は、的確に立木を扱うハーベスタのパワーと能力を過信する傾向があります。ドライバーや一般人は、「自分には何も起こらない、安全だ」と考えています。しかし実際には、大木が公道に倒れれば、人に致命傷を与えるのに十分な力があります(**写真1-27**)。

ルーフハッチの必要性と作業計画

地面の支持力が極端に低いか、変わりやすい地

写真1-27　警告の看板を出さずに林道沿いで伐採作業を行うことは、ドライバーを傷付けるリスクがある。

域で林業機械を走行させる際には、ルーフハッチを装着しなければなりません（**写真1-30**）。装着した林業機械は、冬季および無立木地（沼や池など）、またはそのどちらかで使用することがあるでしょう。

作業を開始する前に、注意深く歩き回ることも計画に入れるべきでしょう。同様に、無立木地や支持力の低い土地を走行する場合は、経験豊かな技術者が前もって計画する必要があります。地面に雪がない状態でも、あとで吹き溜まりができても見えるように、走行ルートを杭で示しておくようにしましょう。

写真 1-28 写真は悲しい結末となった一連の出来事の結果を示している。粗末なリーダーシップと計画の失敗は受け入れがたい事態を招く。

安全に対する責任

安全に対して、雇用主は一番の責任を負う

雇用主は常に安全に対して一番の責任を負います。第一に雇用主は、健康を害したり事故が起きたりするリスクを作業から取り除くことを徹底する責任があります。

被雇用者も安全に対する一定の責任を負う

安全に対する最終的な責任を負うのは雇用主ですが、被雇用者にも一定の責任と事故を起こさないよう努める義務があります。そして、被雇用者が職場で問題を発見した際は、上司や雇用主へ報告しなければなりません。

安全は生産性に優先する

オペレータは時に、自分が実際に行える以上に生産しなければというプレッシャーを感じることがあります。そうなると、安全規則を拡大解釈する気持ちが芽生えますが、プレッシャーを感じたから規則を破るという状況はあってはなりません！　言い換えれば、数㎥多く出すことが、自身や周囲の人の安全を損なうことに勝るということは決してないのです！

最初から最後まで、常に安全第一の気持ちを持つことです！　時間があれば、高い生産性は達成できます！

すべての作業で常に安全第一

オペレータは、以上の要点について、その意味を正しく理解していないと感じたら、上司に質問する責任があります。自分の考えを表現するのを恐れてはいけません！　安全に関して、気になる点はすべてクリアになっていますか？

上記の説明で、受け入れがたい内容はありませんでしたか？

これまでの要点を受け入れて、規則に従って行動すれば、おそらく事故を起こすことは避けられるでしょう。安全というものを正しく捉えることができれば、他の作業や職業でも価値ある能力になります。

微生物との接触

人間はみな、微生物にある程度は触れて生活しています。微生物のレベルやその接触により起こりうる結果は林地残材（枝葉や梢端。スウェーデンではGROTと呼ばれる）の取り扱いと深く関係しており、これについては下巻の第20～22章で解説します。作業環境から捉えた微生物の潜在的な影響について、少なくとも下巻第20章の240～242頁は一読されたい。

写真1-29　丸太への印付け（ラベリング）は、作業者が地面に立った状態で行われるべきである。

写真1-30　地面の支持力が極端に低いか、変わりやすい地域で林業機械を走行させる際には、ルーフハッチを装着しなければならない。

写真1-31　緊急時にすぐに現場を離れて家に戻れるように、ベストな方向に車を向けておくこと！

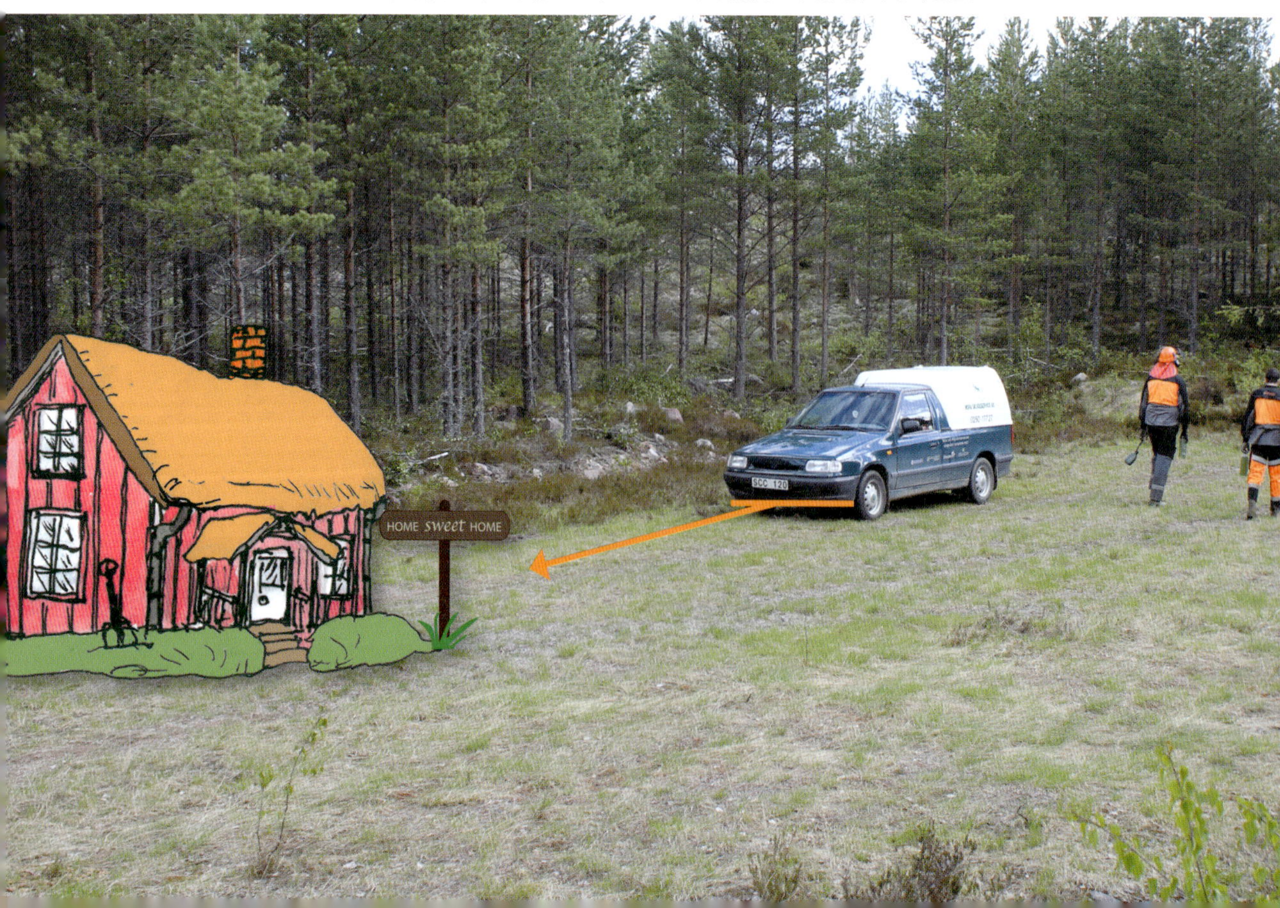

第2章

安全衛生
—作業環境の改善

事業所の作業環境に対する最終的な法的責任は、雇用主（事業者）が負います。しかし、オペレータ、従事者にも一定の責任はありますし、作業環境は自身の健康に影響します。日々現場で働くオペレータには、自分の作業環境を改善するためにどうすればよいか、1人ひとりが考えていく必要があるでしょう。

作業環境に対する責任

作業環境に関する雇用主(事業者) の責任

訳注：労働安全衛生に関する事業者の責務について、日本の法令では次のように定めています。

（事業者等の責務）

第三条　事業者は、単にこの法律で定める労働災害の防止のための最低基準を守るだけでなく、快適な職場環境の実現と労働条件の改善を通じて職場における労働者の安全と健康を確保するようにしなければならない。また、事業者は、国が実施する労働災害の防止に関する施策に協力するようにしなければならない。

第四条　労働者は、労働災害を防止するため必要な事項を守るほか、事業者その他の関係者が実施する労働災害の防止に関する措置に協力するように努めなければならない。

「労働安全衛生法」（抄）

被雇用者も作業環境に対する一定の責任を負う

作業環境に関する問題が発見された場合、もしくは作業環境に関して改善案が出てきた場合には、被雇用者も、上司か雇用主に相談して自分の意見や要求を伝える責任があります。オペレータが健康を維持し、作業現場での事故を避けることは重要なことです。従業員が現場にいて安全に仕事ができるということは紛れもなく重要なことであり、その点で企業にとっても従業員の健康は大切です。よい仕事の土台は、従業員の健康であり、ケガがない仕事環境です。

十人十色—やりやすい条件、作業環境を

作業環境を評価する際に考慮すべき重要な要素として、人はそれぞれ異なるということが挙げられます。すなわち、自分が一番その作業をやりやすいと思う条件、仕事環境は、人によって異なるという点です。ある条件での作業がやりやすいと言う人もいれば、逆にそれではうまく処理できないと言う人もいます。

自分に合った条件や、好ましいと感じる環境が何かをはっきりさせることは、オペレータとして

の責任とも言えます。

例えば、キャビンに座った状態でテレスコピックアームを伸び縮みさせるには、ジョイスティックの構造上、指を交差させる操作が必要です。ジョイスティックの構造、デザインが自分に合っていないと、それが原因で指が炎症を起こすということが起こるかもしれません。この例の場合、事態が深刻になる前に問題を取り上げて、上司と相談しなければなりません！

キャビン内の「オペレータの環境」

オペレータの作業環境は、キャビン内の環境と密接に関係しています。

キャビン内の環境は、作業環境全体に影響する他の要因とは切り離して、ここでは「オペレータの環境」と呼ぶことにします。

キャビンの条件と、その中で行う操作は、オペレータに最も大きな影響を与える作業環境です。短期間で最も作業しやすい環境に調整することは不可能ですが、キャビン内の条件や与えられた業務の取り組み方であれば、工夫によっては改良できるでしょう。

キャビン中の環境をまず取り上げ、次項から詳しく解説していきます。

休憩をとる

車両系林業機械の操作中、定期的に「ごく短い休息」をはさむ習慣をつくることは非常に大切です。例えば、レバーを放して10～15秒ほどリラックスする時間をつくるという意味です。加えて、1時間に1度は5分間の休憩をとるとよいで

写真2-1　この写真のオペレータは、過度に首を回し、身体をひねっている。グラップルで材を掴む前に、フォワーダを前進させるべきだったことが見てとれる。

写真2-2 Rottne社が製造しているキャビンサスペンションシステムは、キャビン内の快適性を向上させるためのもので、適用可能なモデルでオプションとして扱われている。

しょう。この休憩の間に、これからすぐに行う作業のうまいやり方や、路網のベストな進み方などに考えを巡らせてみましょう。

シートに正しく座る

シートはしっかりと調整し、自分の最適な高さに整えましょう。自分の身体に合う位置にアームレストを置くことを習慣としましょう。肩が上がらない状態で、アームレストに腕を乗せるのが正しい位置です。

アームレストを留めるネジは緩むことがあるので、そうなったら締め直すとともに必要に応じて、調整し直します。シートベルトは、シートでの姿勢を正すためにも装着するべきです。

操作しやすい位置へ機体を持ってくる

ローダー操作時には、できる限り操作しやすい位置に機体を持ってくるようにします。このポジション取りはふとしたことで忘れやすく、そうすると必要以上に首を回すことになります。首を回す代わりに、機械を動かしましょう（**写真2-1**）！

全身振動

振動は、平衡状態に対する往復運動と呼ぶことができます。そして、それは強さ（振幅）と頻度（1秒間に何回起こるか）、性質（連続的か断続的か）を基に測定されます。振動する物体は、運動エネルギーを持っています。人が振動面に立っていたり、振動するシートに座っていたりすると、運動エネルギーが人に伝わります。これは、全身振動（whole body vibration; WBV）として知られていて、人に害を及ぼすものです。この用語は、一般的な揺れ、振動、衝撃といった運動を包括したものです。

車両系林業機械が始動すると振動が発生し、それが床やシート、ジョイスティックを通してオペレータの身体に伝わります。重要なポイントは、とりわけ特定の強さと頻度において、水平面（縦、横ともに）での横揺れは垂直方向のものとほぼ同等の影響があるということです。

図2-1　地形と車両系林業機械の種類に応じて走行速度を調整しなければならない。

訳注：振動障害は、この項に説明されている全身振動による障害と局所振動による障害とに区別されています。局所振動障害は、チェーンソーの振動障害などの例があります。

全身振動の障害防止方法例は、以下の通り。

1　エアシート（エアスプリング。機械式スプリングより優れたクッション性）

2　低振動型建設機械の使用

3　不整地の低速運転

4　座位姿勢の調整

参考資料：国際安全衛生センターサイト、環境省「地方公共団体担当者のための建設作業振動対策の手引き」

最新の統計情報の欠落

全身振動に関する抜本的な改善策は、この10年の間には何も出ていないようで、少なくともスウェーデンでの研究に関してはその通りです。シートの設計は向上しましたが、その改良は、キャビンの位置が高くなった点と相殺されています。つまり、オペレータは車軸からより離れた位置に座ることとなり、横揺れが増大することとなります。さらに、シートは通常、水平面の揺れを減らすようには設計されていないため、横の動きがシートで減衰されることはありません。加えて、タイヤは今日より固く、より空気圧を高める傾向があり、それはますますオペレータの環境を害する結果となっています。

現代の車両系林業機械は、全身振動に関して

全身振動測定装置「Vibindicator」は、振動の情報を受信・集積する。

全身振動測定装置のシートパッドは振動を記録する。

写真2-3 スウェーデンの企業であるCVK社は、車両系林業機械の快適性と耐久性向上のため、全身振動を計測する製品およびシステムを開発している。この計測により、車両系林業機械の動きが正確に表示され、オペレータに振動を伝える運転方法に関する情報が得られる。本システムにはゴム製シートパッドが使われており、データを集積する「Vibindicator」へ信号を送信する。LEDライト（緑・黄・赤）が、オペレータに伝わる振動の量を表示するため、運転が作業環境にどのように影響するかを示している。

は、運転が人の健康に深く影響することが知られていた1980年代の車両系林業機械とほとんど変わりがないと言えます。このことは重く受け取るべき点です。オペレータは、自身の身体が快適と感じられる方法で林業機械を運転し、上記の緊張やストレスをできるだけ少なくするべきでしょう(**図2-2、2-3**)。

そうすることで、車両系林業機械がより負荷を受けづらくなり、全体的にコストパフォーマンスが上昇するという利点もあります。

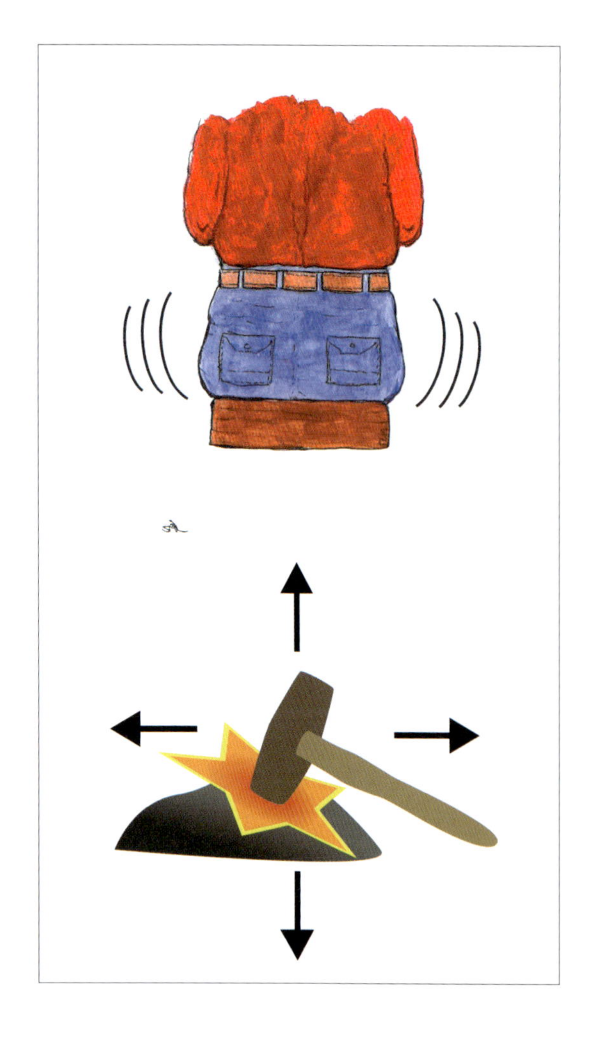

図2-2　オペレータ研修指導員はよく「尻で運転しろ」と教えている。自分の身体が車両系林業機械の動きにどのような影響を受けているかについて、常に気を配るべきことを意味している。オペレータは、林業機械から自分の尻などへ伝わる振動が不快にならないような方法で、林業機械を操作するべきである。たとえまっすぐな道で不快に感じなくとも、振動（連続した揺れも、断続的なものも含む）は身体を害することに留意すること。

測定技術の活用

全身振動の測定装置が、EUの協定に従ってスウェーデンのルレオを拠点とするCVK社によって開発されています(**写真2-3**)。

訳注：全身振動測定装置の例（日本）
・リオン社製全身振動測定カード（VM-54WB）・
東陽テクニカ社製人体振動計「HVM100」

斜面ではスピードを出しすぎない

車両系林業機械による振動のオペレータへの伝わり方は、斜面での走行速度に強い影響を受けます。オペレータ研修指導員は、研修生へ「尻で運転しろ」と教えます(**図2-2**)。これはつまり、斜面での速度が適正で速すぎていないかといった判断をするために体感を駆使するべきことを意味しています。たとえまっすぐな道で不快に感じなくても、振動（連続した揺れも、断続的なものも含む）は身体を害することも忘れずに覚えておきましょう。

もちろん、フォワーダの場合、荷を積んだ状態よりも空荷の方が速度を上げることができます。しかし、キャビン内の快適性を保つためにも、路網を走りながら機体を弾ませることは決してするべきではありません。ある特定の条件（地形や速度など）では、ちょっとした加速でも林業機械を大きく揺らしてしまうことがあります。

適切なギアで最高の乗り心地を

車両系林業機械の電気式（または油圧式）のギア比を変えることは容易です。仕事の間に起こる状

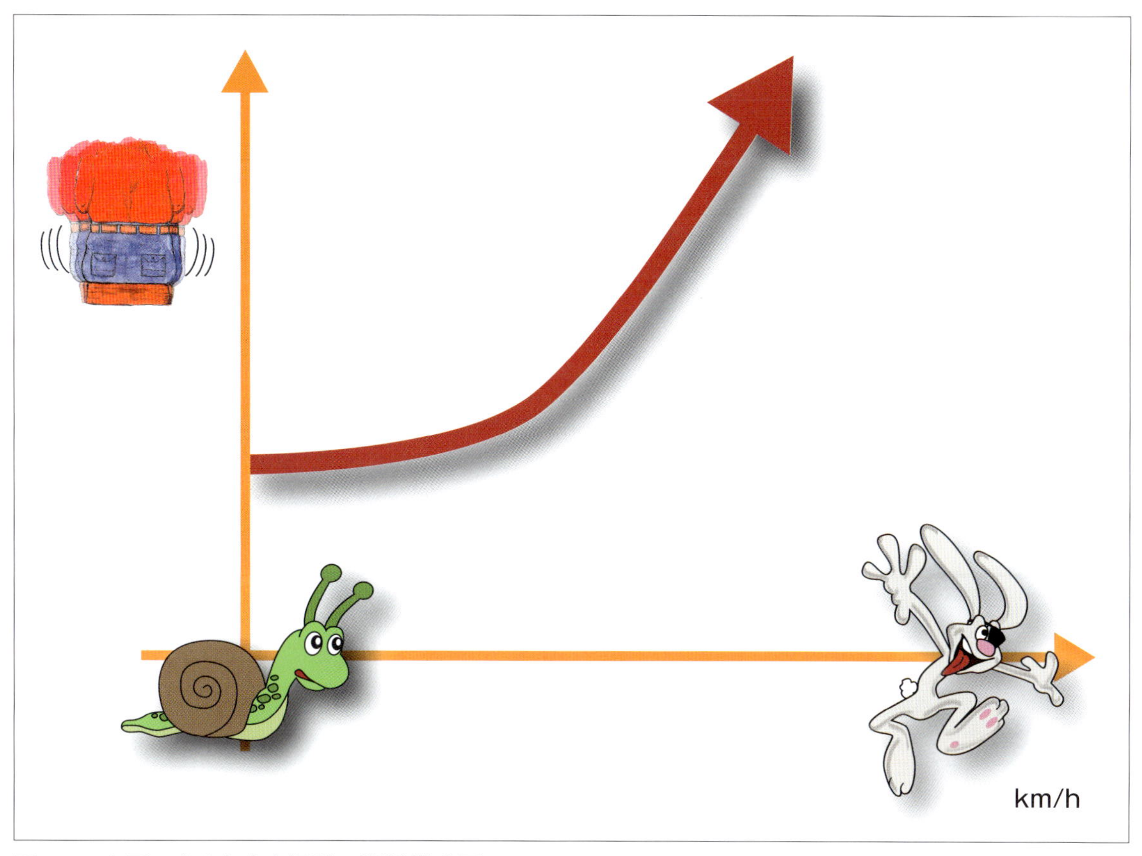

図2-3　車両の速度と全身振動の関係模式図

況に対応できるよう、これを調整するべきです。高すぎるギアで林業機械が走行していると、「輪ゴム効果」（訳注）が起こることがあります。これは、荷を積んだフォワーダが障害物（切り株、岩など）を乗り越える際や、車両系林業機械が急斜面を下っているときに特に発生しやすい現象です。

適切なギアであれば、車両系林業機械をコントロールして、機体重量によるモーメントをエンジンブレーキの助けを借りながら確認することができます。これによって、一定の速度とキャビンの快適性を保つことができます。

訳注：輪ゴム効果…ハイギアでの高速走行の状態で切り株等の障害物に機体（タイヤ）が乗り上げると、機体がバウンドして不安定な状態に陥ること。フォワーダの場合、キャビン部分またはトレーラー（荷台）が転倒する危険がある。

全身振動と走行速度の関係

図2-3は、一般的な経験則として、車両系林業機械が斜面を走行しているときの速度と全身振動の関係を示しています。ある速度以上では、ごくわずかな速度の上昇が全身振動を急増させ、オペレータの環境を大きく悪化させることにつながります。車両系林業機械の電気式（または油圧式）のギア比の不適切な設定が、短時間に振動を増加させてしまうこともあります。

シートにまっすぐ座る

オペレータは作業中に様々な理由で身体をひねる動作を行います。特に車両系林業機械の操作をする際に、身体をひねる姿勢になることが多いのです。よくある例としては、荷を満載にした後に首を回して後ろ側の荷を見ながら前進するという動作があります。荷の状態に注意を払うのは確かに重要なことで、短い距離で肩越しにチラッと見るのはよいことですが、首をひねった姿勢での走行はできるだけ避けたいものです。低速で地表の障害物を乗り越える場面に限るようにしましょう。

長い距離の斜面を走行する間に荷を見ておく必要があるケースでは、身体をひねらずに運転できる方法を習得する必要があります。ミラー（大きいものがよい）の使用や、キャビンを横に回転させる（可能であれば）、シートを横もしくは後ろへ回転させる（シートにまっすぐ座った状態で後方を向くことができる）などの方法があります。

写真2-4　オペレータは、荷が傾いていないか、または荷が滑り落ちる可能性がないかを確かめるため、身体をひねって肩越しに後ろを見ながら速度を調整することがある。その時、オペレータの右足はアクセルを踏んでいるため、身体全体をひねる姿勢になっている。

写真2-5　上記のように、林業機械の操作によって身体をひねって運転する姿勢になりやすいが、こうした姿勢は避けるべきである。その代わり、ミラーを使う習慣を身につけること。

その他の解決策としてはシートを後ろへ回す方法があり、特に荷の状態や転倒のリスクを確認する必要がある場合にはそうするべきです。また、これはローダーをカウンターウェイトとして用いる（釣り合いを取る）必要がある場合に、最も自然なやり方です。

常に一歩先を読む

林業機械操作に共通する基本ルールは、常に一歩先を見るということです。まず最初に、何を行うかの作業目的を決めます。次に、ローダーを動かします。このように一歩先を考えることでローダーをスムーズに動かすことができ、機体の振動も軽減できます。

ミッドセクションロック—機体姿勢保持

ミッドセクションロック（訳注：スタビライザーとも言う）を使うと、機体が非常に安定します。初心者は、常に使用するようにしましょう。

一方、これにはトレーラー部（荷台部）の横転リスクの高まりというデメリットもあります。ミッドセクションロックは、トレーラー（荷台部）前方を固定することでトレーラーがキャビン部と連動して動かないようになります。このため、ミドルセクションロックを利かせることで、かえってローダー操作で発生する振動がキャビンへ伝わりやすくなってしまいます。ベテランのオペレータが、不要時にミドルセクションロックの接続を外しているのはそのような理由からで、そうすることでキャビンの快適性が向上します（**写真2-6**）。

訳注：ミッドセクションロック…キャビンとトレーラーが連結されたトラクタタイプのフォワーダ等では、連結部分がアーティキュレート（屈曲）する構造となっている。姿勢安定性や走行性の向上を目的として、油圧駆動により連結部分の可動を制御する機構、構造のこと。自動モードのほか、手動でのオン／オ

写真2-6　ブレーカーを使用する際は、ミッドセクションロック（スタビライザー）の接続を外してキャビンに伝わる振動を減らすこと（特に小さなフォワーダ使用時）。

フ切り替えが可能なケースが多い。

ローダーとハーベスタヘッドの適切な調整

ローダーとハーベスタヘッドの位置調整を正しく行い、効率よく機能させることは非常に重要です。ローダーの電気系統および油圧系統のセッティングが不適切だと、キャビンへ伝わる振動が急激に高まります。

オペレータの期待通りに林業機械が動かないことから起こる不満はストレスとなり、例えば首や肩の緊張につながります。油圧ポンプの故障が、こうした事態を招くかもしれませんし、フィードローラーのホイールの故障やハーベスタのチェーンソー刃の切れ味の悪さはオペレータをイライラさせ、手や腕、首、肩など身体のあちこちでしびれや痛みを引き起こすかもしれません。

ハーベスタのキャビンの振動

原木価格表（詳細は下巻第14章「原木価格表」の項20頁参照）の設定が不完全だと、ハーベスタ搭載のコンピュータが採材の位置決めを行う際に混乱を招いてしまいます。その結果、ハーベスタの造材操作が乱れ、キャビンへ伝わる振動がより大きくなります。この問題は価格表を担当する管理者に至急相談して、価格表を訂正・解決してもらいましょう。

訳注：北欧製のハーベスタには造材の最適化（最も高く売れる材への玉切り）を行うため、コンピュータに原木価格表を入力・設定するシステムが備わっています。長級や径級、等級に応じた価格などは、伐採する林分の状況や取引先の重要に基づいて担当者が設定します。

吹き出し口からの送風に注意

多くの車両系林業機械では、送風口はキャビンの屋根にあります。この構造だと、上からの送風がオペレータの首や頭へ当たることがあり、これはオペレータにとって明らかに不快な状況です。このため、空気の流れの向きを変えて、頭部に風が直接当たらないようにしましょう。送風の向きを調整する場合、足元に向けるのもよいでしょう。

キャビン内に新鮮な空気を

キャビン内の空気は、時に様々な理由で呼吸しづらくなることがあります。キャビンの設計に不備があったのかもしれません。キャビンの空気を改善するためには、キャビンのエアフィルターをメーカー推奨のものへ変えるのも１つの選択です。これは、今付いているものよりも性能の高いフィルターに取り替える機会にもなります。オイルシールが正常に機能せずに漏れていたら、キャビンに霧状のオイルが流入することがあります。エグゾーストパイプやマフラーに漏れがないかを確認しましょう。排気ガスの漏れはキャビンへ侵入します。

エアコン使用時の注意

エアコンは、暑い夏の日に車両系林業機械に乗る際には必須です。一方、エアコンは賢明、かつ細心の注意をもって使用するべきです。エアコンは空気を乾燥させ、オペレータの粘膜や目の水分を奪います。エアコン使用後は、まるで風邪をひいたときのような症状になることがあります。また、外気と比べてキャビン内の気温が低すぎると、身体にかなりの負担がかかります。キャビンから降りて急に夏の暑さの中に出ていくと、失神するおそれもあります。

車両系林業機械の登り降り

車両系林業機械の登り降りに関する事故は、わりとよく起こります。そのため、機械に取り付けられている昇降用のステップを必ず使用するようにしましょう（**写真1-3、1-4**）。ステップや取っ手がオペレータにとって適した位置・状態にあることを確認しましょう。ステップが短ければ、伸縮部分を引き延ばして機体へ乗り降りしやすくなるよう調整しましょう。しっかりした取っ手がなければ、新たに取り付けましょう。

リアエンドカメラ

車両系林業機械後方にカメラが取り付けられていれば利用するとともに、本来の機能を果たせるよう保守管理を行いましょう。カメラを利用することで、安全性が向上し、作業もやりやすくなります。

従事者の健康維持に対する責任

健康の悪化はお金で測れない

健康状態の悪化は誰にでも起こりうることで、多種多様なケガによる問題や疾患は直接的にはお金で解決できないものです。さらに、従業員が明らかに病気の状態であるのに、仕事に出ていった場合の雇用者（会社）にかかるコストは顕在化しません。この状況では、病気の影響に気づいているのは、オペレータ自身とその家族だけということになります。

悪い健康状態はコスト増、損失を招く

従業員の悪い健康状態をコストとして計算する方法がいくつかあります。まず、健康を害したオペレータの生産性が落ちるでしょう。そして、明らかに病気と認められたり、病欠することにつながり、最悪のケースではオペレータの休職、退職に発展します。具体的には以下の通り。

病気になれば、従業員は当然ながら収入が減る分だけ損することになります。会社にとっては、オペレータが入院している状態は林業機械がフル稼働しない分だけ売り上げが減ることを意味します。請け負っている伐採作業も、納期までに完了しない可能性が出てきます。

さらに、オペレータが病気のために退職を余儀なくされた場合、新しいオペレータを募集する必要が生じます。オペレータを補充しても、車両系林業機械操作のトレーニングには時間がかかり、その間の売り上げは低下するため、事業活動が著しく停滞することになります。

長い目で見ると、オペレータの健康状態が悪いことは、顧客である森林所有者の損失を招くことにもなります。事業者は、全従業員の健康状態の悪化に起因するコストを補填することとなります（収益性の悪化）。

トレーニング期間中、新しいオペレータの生産性は、経験豊富なオペレータよりも低くなります。これにより、顧客（森林所有者）の収益も低下することになります。

従業員の健康維持には協力が必要

上述の通り、悪い健康状態は多方面の関係者へ悪影響を及ぼします。作業環境の最適化のためには、すべての関係者の協力が必要です。重要な要素をすべて考慮した上で、総合的なアプローチが求められます。このため、下記に示す通り、作業環境を良好に保つ措置を講じることができるように、顧客が請負業者を支援することが大切です。

参考資料：日本の労働災害防止の目指す目標や重点的に取り組むべき事項
「第13次労働災害防止計画」（2018年度～2022年度）（厚生労働省サイト）

スウェーデンの調査から学ぶ林業の作業環境

林業の作業環境についてスウェーデンでは、いくつかの研究がなされています。そのうち、2つの事例を要約します。レポート「作業環境と生産性の向上」と、レポート「続・作業環境と生産性の向上」から以下に紹介します。

作業環境を総合的に検討する

多くのオペレータにとって、キャビン内での作業というものは、何時間もの反復動作を伴うものです。首や肩、胴体の痛み（反復運動損傷）は、多くのオペレータが経験しているものです（この原因のいくつかは上述の通り）。最悪のケースでは、オペレータは数カ月ほどの短期間でストレス性疾患を患い、職場復帰に何年もかかってしまうでしょう。

2つのレポートでは、1,100名のオペレータに対して実施したインタビューの結果、30％以上が何らかのストレス性疾患を抱えていたことが明らかにされています。

作業環境を評価して対策を定める際には、全体像を捉えるとともに、オペレータが様々な要因によるストレスにさらされていることを理解することが重要です。そして、こうした疾患を予防する方法を知ることも同じように重要です。この件に関する2つのレポートの主な結論は、以下の通りです。

作業環境に影響する重要な要素

2つのレポートと作業現場での経験から、キャビン内の車両系林業機械の操作環境だけでなく、数多くの要素が作業環境に影響することが明らかになっています。その中のいくつかの要素は生理的なものです。作業環境に影響する要因を以下に記します。

- オペレータ作業内容の変更（交代）
- 操作機械の交代（フォワーダとハーベスタの交代）
- ストレス
- 作業現場で自信を持つこと
- チームスピリット
- 個人的な技能向上と作業条件の改善の可能性
- リーダーシップ
- 運動

上記の要点は、以下に個別に解説します。

ストレス性疾患の予防策

オペレータ作業内容の変更（交代）

ストレス性疾患を予防するためには、キャビンから出て他の作業をすることで傷めやすい筋肉をほぐしてやるとよいでしょう。1つの方法としては、仕事を交換することです。車両系林業機械の操作以外にも、様々な作業があります。管理者は、この重要性を理解するべきであり、例えば現場の刈り払いといった他の仕事を頼んでみるのもよいでしょう。

フォワーダとハーベスタの交代

レポートでは、気持ちの落ち着いた状態でフォワーダとハーベスタの両方の操作を交互に習得することはオペレータにとって有益だということが示されています。というのも、この2種類の車両系林業機械の操作では受けるストレスの種類（性質）が異なるためです。

ただし、ハーベスタとフォワーダの交代は、ストレス性疾患対策の最終手段と捉えるべきではありません。車両系林業機械を交換したときにストレスや不便を感じる者は、逆に疾患のリスクを高める可能性もあるからです。

ストレス

過度のストレスは誰にとってもひどく有害であり、いくつかの点で作業環境に悪影響を与えます。ストレスが高まるいくつかの原因として、以下のものがあります。

刈り払いの必要性

レポートでは、林分の刈り払いの省略はストレスを激しく高めると示されています。林内の密生した下層植生を刈り払いしない場合、その林分で機械操作するオペレータの負荷が大きくなり、チェーンの破断(ハーベスタ)のような事故の頻度も上昇します。さらには、作業の停止を伴うような車両系林業機械や装置類の損傷リスク、イライラや不満などのストレスの増大も起こり得ます。

刈り払いの省略は、搬出作業の効率も低下させます。障害の程度は明らかではありませんが、筆者の意見としては、フォワーダのオペレータにとってかなり大きな問題となることがあります。つまり、フォワーダのオペレータにとっても、刈り払いの省略はイライラやストレスを高める主因となります。

稚拙な作業計画(搬出計画)がストレスを高める

短期・長期の両方で、稚拙な計画はいろいろな面でストレスを高めます。次の伐採現場がギリギリまでオペレータに知らされていないことは、作業に対する備え不足や、予期しない作業内容を強いることになります。

また、新しい伐採現場での作業計画が十分な調査の下で作成されなかったり、林分境界のマーキングが不明瞭な状態も、オペレーターのストレスやイライラ、不安を助長します。

長距離運転によるストレス

家と現場の間の長距離を急いで運転するくらいなら、時には作業現場で一晩を明かすほうがより心穏やかに、そして安全に過ごすことができるでしょう(訳注:休憩用のキャビンなどの設備が整っている前提条件付き)。

事業所の経営状況が与えるストレス

事業所の経営状況は、オペレータにストレスを与えることがあります。林業機械が生み出す売り上げが低すぎることを経営幹部からたびたび聞かされることはオペレータにプレッシャーを与え、作業量増やストレスの多い作業環境を作り出してしまいます。

作業現場で自信を持つこと

オペレータ1人ひとりが作業現場で自信を持って仕事をすることは非常に重要です。関連する要因をいくつか以下に示します。

プロとしての自信を持つ

仕事に自信を持つためには、与えられた仕事を実行するための十分な技能を持っていることが不可欠です。よい訓練・研修で技能を磨いた上、作業における定められた手順に従うことが、作業での自信につながります。

また、信頼できる誰かにアドバイスをもらうことも大切です。チームが持つ多くの知識と経験は、伐出班員1人ひとりに自信を与えてくれます。

的確な指導

現場班長からの的確な指導、顧客(材の需要者等)からの説明(どんな材を求めているか)は、現場作業の自信と安全性を高めます。

コミュニケーション

よいコミュニケーションは作業上、特に重要です。例えば、オペレータ同士や、オペレータとその上司、班長との効果的なコミュニケーションが不可欠です。

コミュニケーションが適切であれば、聞き手(伝える相手)へ重要な情報が円滑に伝わり、その結果、作業がよりよく進むことになります。これはまた、オペレータの健康維持にも直結します。

自分が操作する林業機械の作業を班員同士で交代をすることで、チーム内の理解やコミュニケーションが深まり、また協調性が高まることで、現場作業全体が改善される効果が期待できます。

チームスピリット

よい作業環境の最も重要な要素の1つは、おそらくチームスピリットでしょう。よいチームスピリットがあれば、上述の問題のほとんどを解消することができるでしょう。全員がお互いを助け合えば、仕事の結果は大きく改善されます。連帯感は、作業の流れやコミュニケーション、ノウハウの共有などによい効果をもたらします。

個人的な技能向上と作業条件の改善の可能性

人が仕事に抱く満足感は、その仕事が手に負えないものではなく、意義があり、本人の技能向上につながるものであるかどうかによります。

従業員に作業条件を改善する裁量が与えられていて、創造力を働かせることができることは快適な作業環境であると言えます。個人の技能が向上すれば、作業班員同士の作業内容を交代できる機会をつくることとなり、上記の通り作業環境を向上することにつながります。

とはいえ、仕事の結果(すなわち生産される材の量、品質等)については最終的には顧客の意向が優先されます。オペレータの技能向上や柔軟な仕事の進め方に対して顧客は強い影響力を持つため、会社側がよい顧客を選ぶという視点も重要です。

リーダーシップ

レポートには、管理者(訳注：経営幹部、作業班長等を指すと思われる)のリーダーシップが極めて重要と明記されています。管理者としての能力は、これまで解説したすべての要素に関係します。

一例を挙げれば、よく練られた目標設定、作業計画、仕事内容についての明快な説明、役割の明確化をリーダーが示すことで、伐出作業班員1人ひとりの仕事に対する自信が高まります。また、リーダーが作業班員に適度な責任を負わせることは、作業班員へ成長の機会を与える効果もあります。特定の役割や責任、裁量を個々のチームメンバーへ配分することは、時に非常に役立ちます。

顧客との交渉において、事業主は従業員が働きやすい作業環境になるよう、作業内容や役割分担が明確になった契約を結ぶよう努めるべきです。これによって、作業に対する自信が高まり、作業の守備範囲が広がるとともに、従業員の精神的、身体的、社会的な状態を守るセーフガードにもなり、仕事によるストレス性疾患を抑制することができます。

運動

これまで述べてきた通り、オペレータ自身の健康は、最終的には自らが責任を負うことになります。健康増進のための、最も効果的で、おそらく最も安価な方法の1つは運動であり、例えば週に数回のウェイトトレーニングを実行するなどです。カウチポテト族(訳注：運動せずに、ソファに寝そべってTVを見てだらだら過ごすような人。ソファーの上に転がるジャガイモに例えた言葉)にとっては、週に1度、1～2㎞歩くだけでも効果があるでしょう。

経営と働きやすい作業環境の関係

健康と生産性には関連がある

従業員の健康は、時に生産性や収益性とは別ものとして語られることがあります。ところが、働きやすい作業環境と高い生産性には相関があり、これを理解することは重要です。この因果関係は、事業所の生産性、収益性を向上させる新たな解決策の発見につながるかもしれません。例えば、作業時間増などの労働強化策よりも、作業分野を整理して従業員の負担を減らすことが生産性向上につながる、などです。

環境モニタリング

企業の収益性を維持するため、雇用主および従業員側のそれぞれについて、健康問題を引き起したりモチベーション低下につながる初期症状を判定する手法が必要です。理想的な方法は、もちろん企業側が積極的な対策を取ることでしょう。ただし、大企業にとっての適切な判定モデルが、家族経営の零細企業に当てはまるとは限りません。

作業環境改善手法のハンドブック

林業会社の作業環境を向上させるマニュアルが、EUの一部助成を受けたプロジェクトで作成されています。これは森林認証(PEFCやFSC)に記された社会的要求を満たす形で設計されています。同ハンドブックに記載されている「機械化された伐採作業における健康と作業効率」に関する内容を以下に掲載します(**表2-1**)。

表2-1　機械化された伐採作業における健康と作業効率
—契約業者の業務改善のための5つのステップ

健康は利益を生む

すべてのコストが目に見えるものではありません。オペレータ(従業員)が体調不良を訴えることで、生産性の低下につながるおそれがあります。さらには病欠や、最悪の場合、退職を余儀なくされることもあるでしょう。以下の状況で、生産量の低下について推測してみましょう。

1. 体調不良を抱えたオペレータの就業で、生産性が10%低下した場合

→年間で最大 21 日分の損失

2. 交代要員がいない状態でのオペレータの休業によって、機械が休止状態となった場合

→見込み生産額から変動費を差し引いた残りが損失となる

3. 長期の病欠によってオペレータが退職し、新人オペレータを新規採用、100%の生産効率を備える技能に至るまでに1年を要する場合

→最大3カ月分の生産量の減少

健康と作業効率を管理する5つのステップ

5つのステップの要約は以下の通りです。

1. 方針と日常業務の検討

人的要因を管理するための作業条件や日常業務を設定します。リストアップすることで、それらを管理することができます。定期的に従業員と方針について話し合う機会をつくりましょう。
【以下、個別の説明から抜粋】
作業効率の指標
・伐採量
・機械の稼働率
・燃料消費量

2. リスクアセスメント

作業効率の低下や体調不良、事故、重大な事件に気づいたら、その原因を探りましょう。
業務に対して大きな変更を計画したり、作業の中にリスクが想定されたりした場合は、健康リスクアセスメントを実施します。

【以下、個別の説明から抜粋】
　体調不良や事故のリスク分類
　・緑　過失によるリスク
　・黄　一定期間内に行動を要するリスク
　・赤　即時の行動を要するリスク

3．解決策の検討

解決策を模索するために、従業員にも積極的に関与してもらいます。変化や検討のための手段は、人によって受け取り方が異なります。取り決めた解決策について、優先順位を付けます。
【以下、個別の説明から抜粋】
　体調不良の是正処置
　・ごく短い休息（micro-break）または休憩
　・オペレータの作業時の姿勢や動作に対する（専門家からの）評価
　・適切な作業姿勢を含めた技能訓練
　・機械操作時間の短縮

4．実行

問題解決のための手段について合意を図り、実行します。
すぐには達成できない手段に対して、明確な実行計画を立てるとともに、優先順位付けと責任者の任命を行います。
また、それぞれの解決策に、予算を割り振ります。
【以下、個別の説明から抜粋】
　文書化する内容
　・実行する予定のアクション
　・アクションに取り組む理由と目標とする状態
　・重要な指標の定義
　・スケジュール設定（開始・中間・終了）
　・対象者、責任者、外部の協力（必要に応じて）
　・アクションが実行されなかった場合の処罰
　・アクションの見積もりと予算化

5．フォローアップ

実行した手段の結果ならびにアクションプランの内容を観察します。達成事項、または、さらなる行動が必要な事項（日常業務の改訂）を検証するための重要な指標を用います。
【以下、個別の説明から抜粋】
　改善が見られない場合
　・原因の確認
　・別の解決策の検討
　・優先順位の再設定
　・責任の所在の再設定
　・日常業務の変更

資　料：Swedish University of Agricultural Sciences :*Health and Performance in Mechanised Forest Operations*

第3章

オペレータは会社の顔である

オペレータは、森林所有者だけではなく、地域社会からも注目される「会社の顔」としての責任が期待されます。森林内で働くオペレータの姿やその仕事の結果は、オペレータの能力を反映するものとして見るからです。世間で評判のよいプロの伐出班（林産班）は、大小様々な規模の仕事に欠かせない重要な存在であると言えます。

原木需要者の立場から

伐出を行う会社・伐出班の評価がいかに大切かは、森林所有者を見れば一目瞭然です。森林所有者は林業会社（伐出班）が行う伐採作業を様々な視点で観察し、評価しています（金銭的収入だけでなく、林分や土地に対する影響についても）。

ビジネス志向の森林所有者は、伐出班が自身の土地で行った仕事の全体像を見て評価しようとするでしょう。そのような所有者は、作業にかかる経費はもちろん、プランナー（計画担当者）と現場作業者の両方の仕事や技能に関心を持ちます。したがって、伐出費用とは、作業結果の善し悪しと関連付けて評価されなければならないものです。

賢明な森林所有者は、適切な作業内容とていねいな仕事ぶりを評価します。とはいえ、主伐作業に関しては作業の善し悪しを評価しづらいかもしれません。一方、間伐などの林分の成長を促す施業は、より評価しやすいと言えます。施業の計画や伐採作業が粗雑に行われた林分は、その先何年もの間衆目にさらされることになります。

例えば、間伐作業班がよい仕事をして、その後も森林所有者と信頼関係を維持すれば、その森林所有者と契約をして立木を購入・伐出する林業会社の仕事はかなり楽になるでしょう。

訳注：スウェーデンでは、林業会社は個人所有者と契約し、自社または雇用する伐出作業班に作業指示を与え、伐採作業を行い、原木を入手・調達（購入）する形態があります。調達した原木は、契約する林産企業へ販売します。間伐を適切に行い、森林所有者との信頼関係を築いていれば、原木を求める林業会社にとって、森林所有者との立木販売契約が容易になり、また、よい立木を入手することが可能となります。

ていねいな仕事と、それによって得られる評価（理想的な結果）は、すべての関係者により多くの収益をもたらします。伐出班が森林所有者の林分をきちんと管理すれば、森林所有者は満足します。したがって、原木購入者（林業会社等）は将来同じ森林所有者からより多くの原木を大した手間をかけず（契約によって）購入することができます。さらに、近隣の森林所有者が同じ伐出班に依頼することもあるでしょう。そして原木購入者は、取り扱う原木量（調達できる量）を増やす機会を得ることで、伐出班が行った仕事（上述の通り、完璧な成果）に対して、より多くの対価を支払うこととなります。

1つの重要な基本ルールがあります。よい評判・信頼を築くには何年もかかり、それを失うのはずっと容易かつ早いということです！

地権者、施業地周辺への配慮

作業に対する反発・反感に注意

作業中に誰かの邪魔をするつもりがなかったとしても、それは起こってしまうことがあります。例えば、あなた（オペレータ）か同僚が作業中にミスをしたり、事前に作成された施業計画に不適当な内容（例えば林分境界確認のミス等）があれば、作業現場に隣接する土地所有者の気分を害することがあり得ます。人はたやすく感情的になったり非協力的になったりするので、時にいさかいが起こります。

他人の所有地を通行するケースでは

訳注：以下「通行権」に関する記載は、スウェーデン国内に該当する内容であり、日本の法令では当てはまらないので、その違いに注意が必要です。

・日本の民有林の場合

伐採を行う林分については伐採届を市町村へ提出する必要がありますが、そこまでのアクセスのために周辺の林分を通過するケースでは、その点に関する届け出の必要は制度上ありません。

ただし、周辺の林分の所有者またはアクセス道の管理者と事前に協議を図り、車や林業機械・トラック等の通行の許可や補修の取り決めを行うことが道義上望ましいとされます。

・日本の林道の通行について

日本では、林道を通行するだけであれば届け出は不要ですが、林道を占有する（一般の通行の妨げとなる）以下のようなケースでは、林道管理者（市町村林道担当など）への届け出を通じて指示を受ける必要があります。

・車両の駐車を行う場合

・林道から分岐した路網を作設する場合

・土場または施設を設置・設営する場合

他人の所有地を通行したり、一時的に土場とする際に、いさかいになることがよくあります。しかし、多くの例においては、当事者にはそうした権利が認められています。例えば、近隣の土地所有者が、自分の土地を認められた範囲で他人が使用することについて妨害することは、その土地の無制限なトラクターの通行を、完全に取り締まることと同じくらい非常識なことです。

ここで認められた範囲とは、必要であればオペレータが他人の土地を通行する権利を有していることを意味します。伐採作業に関連して他人の土地を走行する権利は、いわゆる「通行権」と呼ばれるものです。

「通行権」があいまいな場合

訳注：以下「通行権」に関する記載は、スウェーデン国内に該当する内容であり、日本の法令では当てはまらないので、その違いに注意が必要です。

「通行権」には状況に応じて様々な制約があります。法的な権利があるかどうかについて、わずかでも疑問がある場合はすぐに管理者や現場主任、アドバイスをしてくれる熟練者に相談するべきです。

例えば、「通行権」は「地役権」とも言うことができ、その法律的意味はある土地の所有者（要役地）は他の土地（承役地）の一部を使用する法的権利を有する、ということです。地役権には4種類あり、1800年代に設定されたものですが、今日でもいまだに有効です。地役権は、誤用した場合、失うことがあります。

地役権を行使する基本的な方法は、すべての運搬作業を計画・実行し、承役地（利用される土地）での活動を不必要に侵害しないことです。承役地の地権者があなたと同じ道路を使用することになった場合、地権者が使用できないほどに道路を傷めてはいけません。このような状況では、地権者が通常使用している機械が走行できるようにする、という規則が付加されます。あるいは、地権者の必要を満たす水準まで道路を補修しなければなりません。

他人の土地を通行する権利はまた、契約によって規定されます（書面や署名、口頭、間接的な方法）。いずれの形式の契約も、国内法および国際的な契約法が適用されます。

たとえ法的に認められていても、承役地の所有者が通行を妨げようとすることがあります。所有者が独断であなたの通行を阻害しようとした場合、無理やり通行することはできません。スウェーデンでは、地方裁判所に援助を要請できる法律（the Fatigue Duty Law）があります。イングランドおよびウェールズ地方では、民事裁判所に起訴する権利があります。その他の国の場合、関連する国内法を必ず確認するようにしましょう。

原木を置く土場を計画する際の法的権利

訳注：以下の記載は、スウェーデン国内に該当する内容であり、日本の法律では当てはまらないので、その違いに注意が必要です。

道路に沿って林業目的で土場を設置する場合、それは道路の持つ機能とされます。そのため、道路（私道）の所有者は、道路と道路に沿った土場の両方を使用する権利を有します。スウェーデンでは、このルールは1974年以後に建設された道路に対しては、もれなく有効です。

現在ある道路に沿って新しい土場をつくる必要があると、土地所有者との合意が必要となります。理想を言えば、書面での契約を交わすことです。土地所有者が反対した場合でも土場の使用権は、スウェーデンでは建設法（他国では関連する法律）の条項により認められています。

たいていのケースでは、道路を管轄する当局から許可を得なければなりません。

住宅地の周囲の土地を通行する権利はない

訳注：以下の記載は、スウェーデン国内に該当する内容であり、日本の法律では当てはまらないので、その違いに注意が必要です。

住宅地の周囲の土地もしくは活発に利用されている農地を林業機械で通行することは、許可がある場合を除いて認められていません。スウェーデンでは、法律（Penal Code12章４項）によって起訴されるおそれがあり、同様にイングランドおよびウェールズ地方では民事裁判にかけられる可能性があります。その他の国の場合、国内法を必ず確認するようにしましょう。

他人の土地を使用する目的—自然享受権

訳注：自然享受権

北欧に古くからある慣習法であり、自国以外の旅行者などすべての人に対して認められる権利。例えば利用者の権利として以下のような行為が認められている。

- 通行権（徒歩、スキー、自動車による通行）
- 滞在権（テントでの宿泊を含め、休息、水浴びのための短期滞在）
- 自然環境利用権（ヨット、モーターボート等の使用、水浴び、氷上スポーツ、魚釣りなど）
- 果実採取権（土地の所有者に対価を支払わない、野性の果実やキノコ類の採取）

古くから慣習法としてあり、自然享受権は憲法で保障されている。鳥獣の狩猟については自然享受権に含まれない。
この権利は国有地、私有地に関わらず、慣習的に保護されている。
参考資料：在日スウェーデン大使館観光情報サイト

他人の土地を通行したり原木を道路に椪積みしたりするとき、厳密には以上のような法的観点が適用されます。

たとえ法律が伐採事業者に味方しているとしても、争いが起こることがあります。それは誰もが望まないものであり、可能であれば避けるべきものです。いったん争いが発生すれば、先に示した通り、木材は顧客にとってさらに得難く、割高なものになります。争いが起こると、かなりの金額の補償に発展する可能性もあります。さらに、より前向きな解決を試みる場合、短期・長期の両方で時間と労力をかけることになります。

このように、争い・係争は会社にとって長期的に多額の費用を発生させ、時には関連するすべての仕事において収益性が低下することとなります。争いは避けて、あなたが関わるすべての人々と良好な関係を保つことは何よりも気持ちのよいことです（**写真3-1**）！

衝突を避ける

上述の通り、争いが起こったとき、おそらく法的にはあなたに問題はないでしょう。補償を要求されたり、争いが法廷に及んだとき、これはあなたにとって最も重要なポイントとなります。**ただし、どのような時にもいさかいは避けるようにしましょう！**　さらに、周囲との不和につながる可能性と、他の選択肢がある場合は、法的権利を無理に行使しないようにしましょう。

長い目で見れば、いさかいを未然に避けることが最善の結果となります！　したがって、個人所有の森林を伐採する際には、日々の仕事で次のことに留意しましょう。

基本ルール　連絡をとれ！

他人の土地について、機械の走行や装備・車・休憩所の設置、椪積み場所の決定を行う際には、自らに問いかけましょう。土地所有者はこの行動を認めるだろうか？と。もし自分が所属する伐採班の管理責任者が伐採契約の締結を行っていなかった場合、許可なしに他人の土地を利用することは認められません。そのため、許可が得られているかどうか、常に管理者（経営幹部、作業班長等）に確認をとることです。

所有者に配慮した行動を

もしあなたが誰かの自宅に招かれたとして、そこで汚れた靴をダイニングテーブルに乗せるようなことはしないでしょう。その代わり、玄関で靴を脱いで、家の主人に失礼がないようにするでしょう。他人の土地を通行したり丸太を椪積みする場合も、これと同じように考え、行動するべきです。

その意味で、あなたは土地所有者の土地を訪れた１人として、それにふさわしい行動をするべきです！

立木を傷付けない

他人の土地を通行したり丸太を椪積みする際、オペレータとしての技能を示す意味でも、周囲の植物や立木を傷付けないように努めましょう。

よい計画を立てる

前もって仕事に対して的確な計画が作成されていれば、林地周辺や立木にダメージを与えるなどの事態は回避できますし、仕事に伴う様々なストレスも不要となります。それは周辺の土地所有者にとっても同様です。したがって、事前に注意深く施業の計画が組まれることが重要で、できれば土地所有者との事前了解など密なコミュニケーションを維持することが望ましいと言えます。

写真3-1 「自然享受権」を持つ一般社会の人々に敬意を払うことも職業意識の1つである。

適切な行動をとる

森林所有者との接し方―礼儀正しく

伐採を行う事業地の森林所有者全員に接する際の最低要件は、礼儀正しく行動することです。森林所有者とコミュニケーションをとる際、社会的にふさわしい行動をとるというスキルを駆使することになります。たとえあなたの仕事が素材生産業者の代理であったとしても、森林所有者は最上位の顧客と考えるべきで、間伐作業の場合は特にそうです。「お客様は常に正しい」という古くからのことわざ(たとえお客様が間違っていたとしても)をもう一度頭に入れておきましょう。

伐採作業中の森林所有者と話をする場合、常に以下のポイントを覚えておきましょう。

- 森林所有者と会う前に、管理者から指示を受けた内容を頭に入れておくこと。
- 森林所有者が伐採作業に関する質問をしやすくするように促すこと。
- 森林所有者から特定の要望があれば、メモをとること。メモの記載内容は大事な情報として管理者に確かに伝えることを森林所有者に約束すること。また作業に関する森林所有者からの指示内容は、作業班全員に伝え共有することを森林所有者に約束すること。
- もし森林所有者の要望が対応できないものであっても、管理者へ連絡をしてその要望の内容を伝えること。

なお、この状況では、森林所有者への対策は管理者の責任となります。

このように森林所有者との明快かつ率直なコミュニケーションは、経済面も含めた仕事の結果をよい方向に導くとともに、いさかいを避けることにもなります。

苦情には正しく対処する

作業班の作業内容に対して苦情を受けた場合は、真摯に受け止めて建設的に対応しなければなりません。以下のように対応しましょう。

- 苦情の原因を速やかに探りましょう。行き違いがどうして起こったのか（苦情が正しいものとして）、同僚や管理者と話し合いましょう。
- 苦情を伝えてきた当人とまだ話をしていなければ、早急に連絡をとり、謙虚な態度で臨みましょう。直接に対面して話ができるように、作業は中止し、機械を停止させます。
- 相互理解を求めて、衝突を避けます。
- その際、問題となっている事柄について質問しましょう。どうすればこの状況を正すことができるのか、もしくは苦情内容の原因となった問題について埋め合わせができるのか、ということです。当然のこととして、あなた自身や会社が不合理な補償を約束してしまうことがないよう注意するべきですが、上述の通り少しでも疑念があれば事業所管理者に電話して話し合いに加わってもらうようにしましょう。

周囲の土地所有者には敬意をもって接する

住宅地付近で伐採作業を行う場合、作業で影響を与える可能性がある人々を前もって訪問するべきでしょう。以下の点に留意します。

周辺地域住民を訪れた際、同僚とともに自己紹介をして、住宅地周辺に乗り入れる車両や機械、計画している作業スケジュールについて説明します。作業が住宅地での生活に何らかの支障を生じることがないか質問するとともに、極力妨げにならないよう配慮する意図があることを伝えましょう。

住民の中には、こちらからの依頼に対応してくれる人もいるかもしれません。もし差し支えないと感じるのであれば、そうした人に住宅地を出入りする車両に注意を払うこと、手渡した作業関係車両リストに載っていない車両（不審車両）が出入りしていないかどうかの確認をお願いします。こうすることで、作業関係車両に紛れて作業現場に入り込む不審車両による盗難のリスクが抑制されます。

伐出班のメンバーを紹介する

作業中に出会った人に対して、同僚とともに自己紹介をするようにしましょう。人は誰でも、森林内を通行したり、果実・キノコを採取したりして自然を楽しむができ、これは「自然享受権」として知られています。あなたが出会った人々に対して、伐採現場で適用される安全ルールの内容を伝えるべきです。

訳注：自然享受権（81頁参照）

現場は常に整理整頓

どんな状況でも、初歩的なルールとして「自分が出したゴミは自分で片づける」があります。伐出班の一員として働いているのであれば、以下のガイドラインに従いましょう。

- 車両を駐車したり、休憩所を設置したりする駐車スペースを整理しましょう。物を所定の位置に保管しましょう。缶や壊れた油圧ホース、ゴミなどを散らかさないようにし、道具類は1カ所にまとめましょう。
- 伐採現場周辺の林内にはゴミを捨てないこと。1束のチェーンやペーパータオル、タバコの空き箱、キャンディの包みに至るまで、ゴミを捨てて環境を汚さないようにしましょう。
- 生分解性のオイルを使用するとともに、誤認のないよう、機械や休憩所のよく目立つ箇所に注意書きを貼っておきましょう。

社会とのよりよい関係を―企業の社会的責任の見える化の配慮

伐出班は、実に様々な条件下で作業を行うものです。

「最寄りの文明社会」から数百kmも離れた伐採現場は、大きな町の近くの伐出現場と比べれば、人目にさらされることはずっと少ないでしょう。

一方、後者のような状況ではほとんど伐出作業の実施が困難な場合もあります。複数の送電線やスキーのリフト、建物、注目度の高い散策路などに加えて、遺跡や土壌の支持力が低いエリアがこれに該当します。さらには、愛してやまない森林が台無しにされると訴えて、目に涙を浮かべながら微に入り細にわたり詮索するような市民がいるかもしれません。

伐採作業中の現場が世間に注目されると、メディアの関心を呼ぶことがあります。自分から発信したのではないメディアとの接触によって、オペレータが「悪者」扱いされることに発展するリスクがあります。あなたにとってはごく些細なことが、メディアによって強調され夕刊の1面に掲載され「有名」になってしまうかもしれません。こうしたケースは、伐出を行う事業所、作業するオペレータに有益な結果はもたらしません。そうした記事では、林業会社、素材生産事業者がその事業を通じ、あるいは法人税納税者として国の経済発展に貢献している者として取り上げられることはおそらくありません。

第4章

プロとしての責任、班員の相互サポート関係、チームワークづくり

仕事に対する責任

伐採班（搬出も担当）には通常、現場指示書と原木価格表（ハーベスタ搭載のコンピュータに入力されます）が手渡されます。

管理者からの口頭での指示もありますが、最終的に伐採班は仕事のかなりの部分について独自に判断することになります。

伐採班の責務は、造材・仕分けしてよく整えられた原木をトラック道に沿って椪積みすることであり、さらには定められた納期を守ることです。様々な観点から、このような素材生産の仕事を他の作業と比較してみるのは有効です。

素材生産と他産業の業務方法比較

伐採班の仕事と屋根トラス（構造物）製造メーカーの受注生産の仕事を比較してみましょう。トラス発注者とメーカーが最初に行うのは、トラスの寸法や品質、許容誤差、価格などの条件の合意です。これはよく入札形式で行われます。

メーカーは、決められた設計に基づいて、指定された樹種や品質の木材を使って屋根トラスを製造します。最終製品は、許容誤差の範囲内に収まらなければなりません。屋根トラスは、適切に梱包されて指定の時期に配達されます。

仮に、取り交わした仕様書の条件を満たす製品をメーカーが納品しなかった場合、発注者（トラス購入者）は支払いをする必要がありません。納品された製品が合意した条件を満たしておらず、発注内容と異なるためです。トラスの販売者・メーカーは、場合によっては契約不履行に伴う補償の支払いを要求されることになるかもしれません。

屋根トラスの製造メーカーと同じように、伐採班には的確に実行すべき定められた仕事があります。

顧客が求める製品を生産する責務

伐採班には、とにもかくにも現場へ入って目に付くものを粗雑に伐採し、仕分けなどお構いなしに丸太を山積み（椪とは呼べないもの）にするといった行動は許されません。作業前に林分環境や文化的保全のための確認作業を行い、伐採後に道路や排水溝を補修する、といったことを行わないと、後々高くつくことになります。

伐採班の仕事は、屋根トラスの例のように、特定の製品を提供することです。すなわち、決められた樹種・品質・仕様に基づいて造材、仕分けし、適切な椪積みを行うことを意味します。

ここで言う仕分けとは、特定の品質(または等級)ごとに丸太を分類することです(仕分けがされた個々の椪を指すこともあります)。製材用やパルプ用の原木の仕分けに誤りがある(椪積みに間違いがある)と、支払いが行われないケースもあります。

屋根トラスの例のように、材の仕分けも「適切に梱包」されるべきです。オペレータが行うべき具体的作業で説明すれば、これはつまり、仕分けが異なる原木は、正しい場所、正しい方法で椪積みされるべきであり、それぞれの製品(仕様)ごとの運材、納品を確実にすることを意味します。

伐採班が搬出・椪積みした原木を引き取りに来るトラック業者にとっては、積み方や仕分けがいい加減な椪を選別し直すような時間も余裕もないことを覚えておきましょう。トラック業者は、仕分けをし直したり、積み方の悪い椪から材を積み込む作業をあえて行う(それによって運送代金が増えても)ことは、考えもしないでしょう。

不注意による売上損失

伐採班が通年で原木生産を行うことで、大きな経済価値を生みます。そのため、上手に仕事を行うことは、極めて重要、かつ大いに感謝されるべきことなのです。

ある伐採班(数班)が、樹皮を除いた丸太材積で約10万㎥を、道端までの搬出で60ドル/㎥の請負単価で生産した場合、年間で600万ドル近い売り上げになります。そして、注意を怠ればすぐに起こってしまうことですが、たった1%の原木が搬出されなかっただけでも、その損失は6万ドルに及びます。

原木の価格や価値が上昇した場合、原木の価値を最大限に引き出す生産や取り扱いの方法がより一層重要になります。

素材生産従事者に求められるスキルとチームスピリット

求められるスキルとは

伐採班が高い生産性と優れた成果を挙げるためには、当然ながら個々のメンバー1人ひとりが仕事に対して責任を負わなければなりません。

一方、チームワークもまた非常に重要なものです。よいチームワークは、全体の生産性や作業の品質、機械や装置の稼働率、仕事の満足感を向上させます。伐採班の一員としてチームメンバーに本当によくなじみ、仕事で役立つ者になるためには、特別なスキルが必要となります。こうしたスキルがどのようなものかをイメージするために、プロスポーツ選手のスキルを例にして考えてみましょう。

クロスカントリースキー選手のスキル

優秀なクロスカントリースキーの選手は、一定のハイスピードを長時間持続させることができます。レースの間中、選手はペース配分やコース中の各区間をどのように走行すれば自分の能力を最大限発揮できるかを思考しています。戦略上、競争相手の能力を利用することもあります。もちろん、最終的な競技結果のほとんどは選手個人の努力によってもたらされると言えます。

こうした姿は、林業機械のオペレータにも共通するものでしょう。機械による生産性と経済的収益性の達成は、長時間の孤独な作業の結果、オペレータがもたらすものです。

サッカー選手のスキル

優秀なサッカー選手は、試合中の様々な条件下で能力を発揮することができます。サッカーでは、個人としての技術に加えて、他のプレーヤーとも協力しなければなりません。優秀な選手になるには、チームメンバーの能力を知り、その能力をゲーム中に引き出せなければなりません。そして、必要なときにはいつでもチームを後方から支援できることも素質の1つです。

チームのために役割を果たす姿は、林業機械のオペレータにも共通する一面です。オペレータは、自身が行う仕事がチームの目標（数字で表せるもの）の達成に近づくように、できることはすべて行う気持ちがなければなりません。強力なチームスピリットが求められます。1人で問題を解決できないときには、チームメンバーと力を合わせるようスパっと気持ちを切り替えて、問題の解決を手伝ってもらうようにしましょう。

スポーツでのコーチの役割

サッカーチームには必ずコーチ（監督）がいて、チームの成績に多大な影響を与えています。伐出現場にコーチが存在することはほとんどありえませんが、よい成績を挙げるため、チームメンバーが互いにコーチ役を果たす機会はあるでしょう（時にはその必要があります）。

仕事とスポーツで求められるスキル

優秀なサッカー選手は、ゲームの展開やチームで使われるシステムを理解しなければなりません。サッカー選手のように、オペレータはよい実績を挙げるために指示を理解して、それに従わなければなりません。

サッカー選手は、チームメンバーとうまくコミュニケーションがとれれば、有利になります。そして、パートナーを競争相手やライバルとしてではなく、チームメンバーとして見ることができれば、コミュニケーションの質は常に向上します。伐採班での仕事の中で、サッカー選手のようにお互いがコミュニケーションの一部としての責任を果たし、求められている情報を正しくそつなく伝えることが非常に重要です。

優れたスポーツ選手は、一般人とよい関係を築いていることがあります。そのような選手が適切な振る舞いをして、逆に「売れっ子歌手」のスキャンダルになるような行動を取らなければ、たとえリーグ表でトップに立っていなかったとしても、ファンから称賛されることでしょう。つまるところ、ファンは選手の努力に対してお金を払っているわけです。

サッカー選手のように、オペレータはその仕事に関わる人にとても重要な責務を負っているのです。

オペレータが仕事の一環で関わる人のなかには、その仕事に興味を持つ人もいるでしょう。例えば、伐採を依頼し、その仕事に対価を支払う森林所有者であったり、隣接する所有者（将来の潜在顧客）かもしれません。仕事のなかで出会った人に対して、同僚とともに自己紹介をするようにしましょう。そして、人は誰でも、自然を楽しむ目的で私有林であっても通行する権利、「自然享受権」を通して自然に親しむことができるということを覚えておきましょう。

上記の役割を認識して人と対応していれば、将来の顧客を開拓するよい機会とすることができ、それは伐採班にとっての大きな資産となり得ます。そのために必要な個人的スキルを、以下に解説します。

オペレータに必要なもの
―コーチング、士気、コミュニケーション

先に挙げたクロスカントリースキーの選手のように、オペレータには自身の行動とその仕事の成果に対する責任があります。長時間にわたって、オペレータは機械の保守をしながら高い生産性を維持しなければなりません。時にアドバイスを得ようとしても携帯電話がつながらず、重要な決定を自身で下さなければならないこともあります。オペレータは、スキー選手のモチベーションに似た、自身の技能を継続的に向上させたいという欲求を持つべきです。

組織・チームの中で上手につきあう能力

クロスカントリースキーの選手とは対照的に、オペレータはチームで仕事をしているため、一匹狼のような言動は慎むべきです。他人との関係において、衝突や誤解を避けるためのふるまいや行動、つきあい方のスキルが求められます。ほとんど毎日他人と協力し合わなければならない伐採班において、これは極めて重要です。

強力なチームスピリットを育み、よい成果を生むためには、ある種のものの考え方が必要です。以下にそれを示します。

「黄金律」(マタイの福音書) に従って行動する

「自分にしてもらいたいことは、他の人にもそのようにしなさい。」(マタイの福音書)。これを従業員や同僚に対して実行しましょう。これには、勤務時間の調整や自分の役割をきちんと果たすことなどが当てはまります。自分の仕事を同僚に丸投げしてはいけません。その上で、従業員や同僚には上記と同じことを期待するべきです。日々の仕事で実践すべきいくつかのシンプルなルールを以下にまとめます。

- 自分が扱う機械に責任をもつこと。機械が本来備える十分な機能を生かせるよう、保守点検のやり方を学びましょう。
- 自分自身や同僚に対して正直であること。真偽のほどが不確かな噂を広めてはいけません。
- 批判を甘んじて受けることを学ぶこと。批判が正しいと仮定して、振る舞いや行動を正しましょう。
- オペレータとしてのスキルを向上させること。資格を持った指導員からの指導が必要だと感じたら、管理者へその旨を伝えましょう。
- 専門知識や「ノウハウ」をチーム内で積極的に共有するようにしましょう。例えば、もし同僚が自分の2倍の本数のガイドバーを曲げてしまうようであれば、自分の技能や知識をしっかりと伝えましょう。

コーチングと士気

スポーツチームにはコーチが付くものですが、あいにく作業現場にはコーチはいません。従業員の能力向上を本気で考えている会社で仕事ができるとしたら、それは本当に幸せなことです。さらに言えば、人は安心と確信を得ることができてようやく本来の能力を発揮できるものであり、個人としてもチームとしても成長することができます。その時1＋1が2以上になるのです！

従業員として、オペレータは常にコーチングと自分の士気(やる気)が、自分自身や同僚にどのような影響を与えるかに考えを巡らせてみましょう。

- 自分の態度や行動、やる気は、同僚の士気や反応に必ず作用しています。自分のやる気が十分であれば、同僚も気分がよくなり、生産性も上がることでしょう。
- 同僚の仕事ぶりを認めて、褒めることです(たまにしかしないよりは、多すぎるほうがよい)。
- 同僚には、忠告(ポジティブ、ネガティブの両方)も忘れてはなりません。班の誰かの仕事で、もっとうまくやるべきと感じたなら、彼にそのことを建設的な方法で伝えてあげましょう。

よいコミュニケーションは人に活力を与える

サッカーチームが勝利を収めるためには、チームの全員が指示に従わなければなりません。伐採班にもまさに同じことが求められ、同僚とのコミュニケーションがカギとなります。数字で表せる結果がチームの結果であることを頭に入れておきましょう。班の全員が必要な情報をすべて共有できていれば、結果はずっとよくなるでしょう。同じくらい重要な要素として、班の全員が関連情報を共有することは士気の高揚にもつながります。

悪感情を避ける

ネガティブな話や、噂を広めること、侮辱、ほら話などはすべて士気を下げ、悪循環にはまることとなり、同僚の感情を阻害し、生産性を落とします。最悪のケースでは、会社の財政状況に悪影響を及ぼし、さらには給料袋の中身にまでその影が忍び寄る可能性があります！

日照時間が短い季節におけるチームスピリット

1年のうちで、特にスウェーデンなどの北欧では、太陽の下で1日フルに働くことができるのはわずかな時期だけです。明るい時期と比べて、それ以外の時期でチームの能力を発揮させるには、より大きな努力が必要です。

さらに、太陽が出ているわずかな時間のシフトに当たる従業員には責任が生じます。そのような者は、次のシフトに入る者（暗い中で仕事をする者）のことを考えて仕事を計画しなければなりません。チームの関心事は全体の生産性であることを、改めて心に留めておきましょう。

特に、条件の異なる伐採現場で、日が出ている短い時間に仕事をする場合、次のことに留意しましょう。

訳注：この項の記述は、オペレータのシフト交代により、夜間も作業を行うことが普通に行われる北欧の事情を前提として解説されています。また、日の短い冬季には、後述のように支持力の低い軟弱地でも積雪の凍結により、機械走行が容易となる北欧特有のメリットもあります。

境界を明確にしるす

境界のラインは疑問の余地がないようはっきりとさせましょう。例えば、目印テープや色によるマーキングのほか、計画されている伐採を直線的に行うことで、作業効率を高めましょう。また、そうすることで、隣接する森林所有者の林分へ誤ってハーベスタが入り込むことを防止できます。

配置と手順を説明する方法を工夫する

暗い時間帯にきちんと仕事を行う方法を同僚にどうすればうまく伝えられるかを、明るいうちに考え出しましょう。暗くても気づきやすい重要な現場の特徴をスケッチし、同僚が仕事をやりやすくする判断基準を作りましょう。「赤の目印テープを付けたシラカバがある丘を登る！」と言えば、同僚にも容易に伝わるでしょう。

伐採や搬出の作業は日中であれば容易に見えるかもしれませんが、暗くなってからの作業では、ほぼ不可能だと覚えておきましょう！

暗闇での機械操作は、境界を越えて計画区域外や自然保護エリアなどに入り込んで伐採作業を行ってしまうリスクへの配慮が求められるなど、時に大きなストレスとなります。

- 自然保護エリアは、夜間作業中は判別がかなり困難な箇所もあり、日中のうちに特定してその周囲を伐採しておくべきです。
- 複雑なハーベスタ・フォワーダ作業については、日中のうちに済ませておくべきです。例を挙げれば急斜面や岩の多い箇所、土壌の支持力の低い場所などが該当します。
- 伐採現場の大部分が細長い帯状であるか、複雑な形状をしている場合も、明るいうちに伐採するとよいでしょう。

新メンバーの加入

これまでの項では、一緒に働いている同僚との関係をよりよくするためにどう行動するべきかを解説してきました。

一方、自分が所属する伐採班に新メンバーが加わることで、より困難なケースが出てくる場合もあります。

以下の提案事項（いくつかは重複する）も含めて、新メンバーがいち早く有能な技術者として仕事をこなせるようになり、生産性の向上に貢献できるようになるための要点を覚えておくことは大切です。

新しい同僚を歓迎しよう

新しい同僚が、自分は歓迎されていると感じることは重要です。新しい同僚を班の一員として上手に迎え入れることについては班全員に責任があります。といっても、それは特段難しいものではありません。

伐採現場に出かける新しい同僚には、適切な移動方向を伝えたり、必要があれば現場にはっきりと目印テープを付けるなどをしてあげましょう。自分たちの携帯電話の番号を伝えて、困ったことがあれば向こうから連絡が取れる環境を作りましょう。作業に取りかかる前に休憩所で落ち合い、コーヒーでも飲みながら軽く話でもできれば、新人のやる気も高まるでしょう。新人に対して親身かつ適当な歓迎の意を示し、必要な情報を提供することを忘れないようにしましょう。

> 訳注：上記の記述では、著者は、「新人＝仕事に未熟な後輩」という位置付けでは書いていません。ここでは、それなりの技能・技術を持つ従事者（いわゆる中途採用者など）としての新人であり、新しい同僚という視点で著者は解説しています。
> したがって、この項の内容は、先輩としての後輩への指導、社内教育という視点ではなく、チームの一員として新人とどう付き会うか、新人を早くチームにどうなじんでもらうか、といったアドバイスとなっています。

新しい同僚に安心感を与える

新しい同僚が、新たな作業環境で能力を発揮するには、安心感を得ることが必要です。そのため、親しみのある歓迎が極めて重要です。

作業状況をまとめた情報を共有することも大切です。新人が初めて伐採現場で機械に乗る際には同行するのもよい方法です。そうすることで、新人はより確信を強くし、現場に首尾よく対処できるようになるでしょう。

新人が作業に対して疑問を抱いたり、作業中の困難に直面したりした際に備えて、自分の携帯電話の番号を伝えておきましょう。

新しい同僚に対する情報

新しい同僚には、正しく作業に取り組めるよう、たくさんの情報が一度に伝えられることがあります。

一方、新人に負荷をかけすぎないようにすることも大切です。そのため、情報を与える側は、新人の仕事にとって重要な情報は何かを判別し、それに集中するようにするべきです。伐倒範囲を手書きでスケッチしたり、考慮すべきポイントをメモして必要な情報を新人へ渡すこともよい方法です。

異なった種類の現場や使用機械、異なったスキル（もしくは性格）を持つ従業員がかかわる場合には、それぞれに対応した情報を伝える必要があります。新人の立場になってみて、自分が新人だと仮定した場合にしてほしいことをしてあげましょう！

第5章

組織・伐出チーム内のコミュニケーション

コミュニケーションの意味は、とかく単純に考えられがちです。その意味を、ただお互いに会話するだけ、と捉えている人もいるかもしれません。しかし、役職や組織内での役割が異なる者同士では、コミュニケーションが欠落することがあります。こうしたコミュニケーションの問題は、双方に望まぬ結果を生むことがあります。単なる誤解というだけでは終わらず、誤解が経済的損失の原因となってしまうことまで大小様々です。究極のところ、コミュニケーションの欠落は１つの結末につながります。すなわち、人と人の協力・協働作業を最悪のものにしてしまうということです！

不十分なコミュニケーションは経済的損失を招く

コミュニケーション不足が引き起こすトラブル

コミュニケーショントラブル（誤解）は様々な悪影響を及ぼし、さらには金銭的損失にもつながる可能性があります。コミュニケーション不足が引き起こす問題を以下に例示します。

- 機械のメンテナンス不足。
- 丸太の不適切な玉切り、ベストな採材ではないこと。ハーベスタ搭載のコンピュータに誤ったプログラムを使用してしまったり、不適切な原木価格表を使用してしまうこと。

  訳注：北欧のハーベスタは、搭載コンピューターに市場価格を基に作成した価格表データを入力します。これにより、最適採材（直径、長さなどで売り上げが最大になる採材適寸を自動で行ってくれるシステム）を行いますが、事業所の管理者、プランナーとオペレータ間の連絡不足、情報共有不足があると、最適採材データが使用されず、最大売り上げを達成できない造材となってしまいます。

- 丸太の不適切な仕分け。これは、フォワーダのオペレータとハーベスタのオペレータとのコミュニケーション不足（指示の誤解、聞き間違い）から起こることがあります。
- 伐採地の自然・文化財保護調査が不適切もしくはなされない事態。これは、環境保全優先箇所へのマーキングのミスによっても起こり得ます。
- 伐採現場での伐倒した材の搬出漏れ。これは、小高い丘など見えづらい場所に伐倒した材が置いてあり、それを集材してほしいことをフォワーダのオペレータへ伝え忘れることで起こることがあります。
- 林内を走行する機械が度々スタック（動けなく

なり立ち往生)すること。伐採現場で働く作業者は全員が土壌支持力が低いエリア(泥炭土など)がどこにあるか把握し、オペレータを含めた作業者全員でその情報を共有しておくべきです。
- 機械走行による路面や路肩、側溝の損傷。

コミュニケーション―関係者全員が負う責任

基本的にコミュニケーションは、最低でも二者がいることで成立します。一方がメッセージを伝え、もう一方がそのメッセージを受け取って解釈し、理解しようとします。

相互理解への欲求

コミュニケーションが積極的に行われる場合、メッセージを伝える者は内容が理解されるように工夫し、受け手は正しく理解しようと努めます。両者が協力し合い、相互理解を真剣に求めれば、誤解はほとんど発生しません。こうした場合には、コミュニケーションは非常に有効に働きます。

「共通言語」の重要性

お互いが熟知した事柄についてコミュニケーションを図る場合、人は相手の話を楽に理解することができます。これはつまり、お互いが「共通言語」で対話する状態です(訳注：ここで言う言語とは情報、意志、考え、感情などを伝達する手段を表しています)。似通った教育や経歴を持つ２人であれば、いわゆる共通言語を持っているため多くの時間とエネルギーを費やさずとも理解し合うことができるでしょう。

経歴や経験が異なる者同士の場合は、すんなりいきません。経験者が未経験者に対して過度の期待を持って性急に語りかける場面があります。経験者である自分の言葉の意味・メッセージを理解できる知識を後輩である相手も持ち合わせていると思ってしまうと、コミュニケーションはうまくいきません(**図5-1**)。

未経験者には経験者の言葉を理解する十分な知識がなく、また使われる専門用語にもなじみがないことから、誤解が起こりやすくなります。

前述のコミュニケーション不足が引き起こす様々なトラブルは、従事者の基礎教育やトレーニングにその原因があると考えることはとても大切です！

コミュニケーションには判断力、熱意、共通言語が必要

ベテランオペレータが新人を指導する場合のように、経験、技術力が異なる二者がコミュニケーションをとるには相応の努力が必要です。未経験者にとって、経験者から言われていることを吸収することは大きなチャレンジであり、何としてでも理解したいと思うことが重要です。

未経験者が専門用語をいち早く学ぶことはとても意味のあることです。そのような新人が経験者のメッセージの意味を理解するためには、適切な質問をすることも大切です。ほとんどしないよりも、むしろ多すぎるくらい質問をするほうがよいですし、決してばかげた質問などというものはありません！

こんな質問をしたら「ばかと思われるかも」と感じてしまうかもしれませんが、自分が理解していないことについて聞く(質問する)という行為は「愚かなこと」では決してありません。質問しないことのほうがかえって愚かであり、後になって時間や労力、経費をかけることになります。そして、悲惨な事故につながることさえあります。

伐採班の中で最も経験豊かな者は、すべての種類の情報を伝える最大の責任者でもあります。

経験ある従業員は、複雑な作業の全体像をうまく捉えていて、相手にうまく伝わる指示の仕方の大切さも知っています(**写真5-1**)。そのため、最も経験のある者たちは、新しい従業員が完全に理

図5-1　経歴など、知識、情報レベルの異なる背景を持つ者同士では、たとえ必死に理解し合おうとしても、コミュニケーションが困難なことが多い。

写真5-1　地図やスケッチ、図を使うことで、物事の説明や理解が格段にしやすくなり、正確なコミュニケーションが可能となる。

解して、指示通りに作業を行えるよう一致団結して指導・教育に当たらなければなりません。

不明点を質問することをおそれない

伐採班で働いていると、最初の指示があいまいで不十分であったり、最悪の場合、そもそも指示がまちがっているということがあります。ですから与えられた指示に対して確認の質問をすることは自然の流れです。自身の作業に関して質問をする場合、できるだけ早く返答をもらうようにしましょう！　現場指示書や原木価格表を手渡されて1カ月も経ってから、最初の指示について質問をするのは、何とも愚かなことに感じるでしょう！　そうならないように、新しい現場で作業を始める際には、受けた指示を明確に理解するよう努めましょう。そしてまた、必要があれば同僚や上司に確認しましょう。

林業会社組織内、あるいは伐採班内でのコミュニケーションを活性化させるためのチーム内コミュニケーションチェーンの一環として、オペレータは、作業に関する情報や指示を正しく理解し、それを実行することに責任があることを理解しなければなりません。

コミュニケーション—正しい言葉の使用、目印テープ、その他の方法

たいてい、人はコミュニケーションとは文字や言葉でメッセージを伝えるものだと考えていま

す。しかし実際には、ペイント(**写真5-2**)、目印テープ、目くばせ、SMS(スマホ等でのショートメッセージ)、「カルチャースタンプ」(林内の注意箇所に切り株を残すことで目印とする。**写真5-14**)を残すといった他の方法もあります。現場でコミュニケーションの仕方を決める際に覚えておくべき事項を以下に示します。

- 口頭やスケッチ、目印テープによって同僚へ的確に状況を伝える。

運転して向かう場所や注意点を同僚へ説明する場合に、以下の要点が重要になります。

第一には、「右」とか「左」といった言葉を使うのは最適ではありません。代わりに、方位を用いましょう！　例えばこのような風に―「西側の境界に沿って」「幹線路の南」。

また、伐採現場に関係することを同僚に伝える場合、現場指示書の図面にその情報を書き込むとよいでしょう。同僚が理解しやすいのであれば、現場の簡単なスケッチもしましょう。

目印テープは、キャビンに常備しておくべきです。目印テープは、例えばフォワーダでの搬出作業のシフトを終えた場所であったり、斜面を直登するのに適したルート、幹線路の作設を予定している箇所などに使うようにします。

よくない目印テープの使用例

目印テープの使用については、語るべきことが山ほどあります。暗い秋の夜にハーベスタのキャビンに座って、この作業道がどの方向へ向かっているか見つけようとしている場面を想定しましょ

写真5-2　雪上の矢印マーク

う。同時に、生産性を上げようとプレッシャーを感じて頭痛に見舞われているとします。そのような状況で目印テープをいくつか見つけてみたものの、それが何を意味するのか、はたまた意味があるのかすら判断できないかもしれません。この状況に火に油を注ぐように、携帯電話もつながらないとなっては如何ともしがたいところです。

あいまいさは生産性の損失につながる

情報伝達手段にはつきものですが、目印テープは誤って解釈されることがあります。目印テープの使い方の不備はあいまいさを生み、発信される情報に対して不確かさを感じる者はペースを落とし、生産性が下がることがあります。オペレータは、作業についてあいまいさを感じると不安にもなるでしょう。

目印の目的

目印テープを使用する際には、以下の要点に留意しましょう。目印テープは、情報を伝える1つの手段です。ちょうどメールを書く時のように、受け手（メールを読んで内容を理解する必要のある人）が誰なのかを自分に問いかけましょう。目印テープの使用でさらに考えるべきことは、次の通りです（**写真5-3**）。

- 目印テープは夜間でも見えるか？
- 雪が深くなっても見えるか？
- オペレータが接近してくる方向はわかっているか？
- 伐採が始まってから長期間が経過し、テープが退色して見えづらくなっていないか？
- もしオペレータが目印テープを見つけられなかった場合、他の森林所有者の立木を伐採してしまうリスクはないか？
- オペレータの中に色覚異常者はいないか？

目印テープを正しく使う

目印テープを使う際には、いくつかの基本ルールがあります。

- テープが風になびいていると、通常より見えやすくなります。立木の幹にテープを巻く場合、両端が40㎝以上垂れ下がるようにしましょう（**写真5-11**）。
- ハーベスタが向かってくる方向が明らかな場合があります。そうであれば、葉の付いた枝がある立木（枯損木を除く）の正しい側に目印テープを付けましょう（**写真5-4**）。
- 視認性が低下するか、目印のラインの向きが変わる箇所では、テープを付ける間隔を短くしましょう（**写真5-6、5-7**）。
- 立木を購入した林分の裏に母樹がある場合は、伐採前に目印テープに加えてペイントで目印を付けて、（誤って伐らないよう）二重に備えておきましょう。

色を使い分ける

複数の色のテープを使えばメッセージの種類（社内ルールの範囲内で）を増やすことができます。説明や理解がより容易になるため、目印テープの色を増やすことは伐採作業を細部にわたって効率化させることができます（**写真5-9、5-10**）。

種類の異なる自然保護エリアでは目印テープの色を変える

種類の異なる自然保護エリアのマーキングには、1本1本の木々やひとかたまりの立木に対して、色の異なる目印テープを用いましょう。目印テープを目的別に分類しておけば、ハーベスタの作業を格段に容易にします。

自然保護エリアでは目印テープの結び目を正しい方法に向ける

自然保護の目的でひとかたまりの立木に目印を

写真5-3　秋には、黄色の目印テープは明るい時間帯に数m離れた場所で写真のように見える。

写真5-4　葉の付いた枝のある立木に巻いた目印テープは、明るい時間帯に写真のように見える。機械が「正しい方向」（計画担当者が想定した方向）から接近しなければ視認できないため、マーキングが適切に計画されていない。

写真5-5　葉の付いた枝のある立木の反対側に巻かれた目印テープは、数mの距離で写真のように見える。機械が「正しい方向」（計画担当者が想定した方向）から接近しなければ視認できないため、マーキングが適切に計画されていない。

写真5-6　マーキングが適切であれば、目印テープは、写真のように見える。

写真5-7　同じテープが、20ｍ離れた位置から写真のように見える。

写真 5-8　「タイガーテープ」(黄色と赤のストライプ柄) と青の目印テープは、秋に30 mの距離では写真のように見える。

写真 5-9　「タイガーテープ」と青の目印テープは、10 mの距離では写真のように見える。

写真 5-10　「タイガーテープ」と青の目印テープは、秋の明るい時間帯に数mの位置では写真のように見える。

写真 5-11　目印テープの一端は、風になびいて見えやすいように40㎝以上垂らす。

付ける場合に明確な方法があります。自然保護エリアがテープのどちら側にあるのかをはっきりさせるのです。立木の幹にテープを巻く場合、結び目は常に伐採する林分に面するようにしましょう。テープの付け方を同じ方法で一貫して行うことでメッセージが強調され、ハーベスタのオペレータの作業を単純化することができます。

雪が深い時期の目印テープの使い方

雪深い場所で行う予定の伐採の境界に目印を付ける際には、目印テープが確実に雪の上に来るように高い位置に付けましょう。積雪が多いと、細いシラカバは重みで地面のほうに曲がることがあるため、テープを巻かないようにしましょう。

判断基準を作る

残存木や切り株の周囲に複数の目印テープを付けることで役立つことがあります。そうすることで、「赤－青テープで印を付けた高い切り株の南側に５本ある特別なアカマツ材を出してほしい」と指示することができます！

林内走行路に沿った目印テープのいくつかの使い方

目印テープでのマーキングには様々な用途があり、状況によってそれぞれ異なる意味を持ちます。立木の幹にテープを巻く際には、立木の「結び目側」を走行することが意図されています。さらに、間伐作業では、幹にテープを巻かれた立木は将来木として残す計画です。

一方、枝にテープを付けると、その意味が変わってきます。マーキングする担当者が細かな配慮をして、目印テープが計画している路網のピッタリ中央に来るように付けることもあります。その際には、オペレータは目印テープに従って走行するよう注意しなければなりません。また、目印テープには、印を付けただいたいの位置を走行してほしいという意味しかない場合もあります。こういった状況では、計画担当者に目印の意図を尋ねるのがよいでしょう。

目印テープの間隔

路網の印として目印テープを巻いていく場合は、ハーベスタのオペレータが印を探して時間を無駄にすることがないよう、テープの間隔を狭くとるようにしましょう。振り返って、自分が巻いたテープを明るい時間のうちに見てみましょう。最低でも４カ所の目印テープが見えるのが適切です。このルールは、道がカーブしている場所ではとりわけ重要です！

境界の外縁をマーキングする際のいくつかの方法

現場の外縁をマーキングする最も一般的な方法は、予定しているラインの中央、もしくはまさに境界線にテープを付けることです（**写真5-12**）。立木にテープを巻く際は、結び目が境界線の側を向くようにします。

その他の選択肢としては、（皆伐作業では）最後に伐る立木に目印テープを付けて外縁を示す方法もあります。その場合、伐採作業が済んだらテープはすべて現場からなくなることになります。

どの方法を採用するか決めましょう！

目印テープに従う―オペレータの責任

ハーベスタのオペレータがテープで印の付いた林内搬出路に沿って伐採していく場合、テープの跡を見失う可能性があります。つまり、伐採によりテープが一切なくなってしまうということです！　元々マーキングされた計画通りに搬出路を切り進んでいくことは、オペレータの責任です。このためには、オペレータはハーベスタから降りて、計画された搬出路がどのように伸びているかを徒歩で確認しなければなりません。

湿った雪が目印テープに張り付くことがある

非常に冷たい雪は紙の目印テープに張り付くこ

写真 5-12　この組織では、目印テープの結び目が伐採範囲に面するように外縁部のマーキングを行っている。

写真 5-13　反射材のない目印テープを使用する場合、果たしてオペレータはどれくらい境界線を認識できるだろうか？　反射テープを採用する追加のコストは、そのメリットと比べれば些細なものである。しかし残念なことに、この種のテープの寿命はそれほど長くないことに留意すること。

とはありません。しかし、もっと暖かくて重く湿った雪はテープに張り付いて、周囲と同じくらいテープを白く見せることがあります。オペレータにとって、これは危険な状況です。

地吹雪が起こると、視界が悪くなり、ウィンドーの雪を落とすワイパーの機能も低下することに加えて、目印テープが周囲の景色と全く同じ色になってしまい、文字通り「何も見えない」状態に陥ります！

オペレータがそのような事態を対処するには、何か対策を講じる必要があります。例えば、積雪の多い時期に紙の目印テープでマーキングされた境界線では、ライン上の立木を蛍光塗料で塗るなども一案です。目印テープは、重く湿った（凍っていない）雪が降る場合には機能しないことを知識として持っておきましょう。

カルチャースタンプとハイスタンプ

地上から1.3ｍの高さの「カルチャースタンプ」（文化的遺産箇所を示す目印用の切り株）と、３～５ｍ程の高さのハイスタンプ（下巻**写真14-1**参照）には、それぞれ別のメッセージがあります（訳注：スタンプは切り株の意）。オペレータがカルチャースタンプをつくることで、次に現場に入った者はそこに文化的、先史的な遺跡があることに気がつくことができます（**写真5-14**）。

一方、同一箇所にカルチャースタンプとハイスタンプを混ぜてつくるとしたら、その意図を理解するのは不可能です。文化遺産の保護エリアでハイスタンプを残すことは、その現場は更新補助としての土壌掻き起こしに適しているというメッセージとして解釈されます。

丸太を使ったメッセージ

さらに、その他の情報または指示を伝える方法として、ハーベスタが林内搬出路に沿ってグラップル一掴み分の丸太を置くことがあります（**写真5-15**）。これは次にここを通るオペレータに対して、「このルートを走行するべきでない」という意味をはっきりと伝えるサインです。こうしておけば、まず誤解は起こらないでしょう。

林内搬出路や土場をマーキングすることで伝えられるメッセージの他に、例えば１本、もしくは一掴みの丸太を使う方法があります。

組織・チームのコミュニケーションチェーンは一番弱いコマから壊れる

上記で説明した方法はすべて、コミュニケーションを図り、伐採班が正しくかつ合理的に仕事を進める補助となるものです。

一方、組織・チームのコミュニケーションチェーンは通常、最も弱いコマから崩れます。これがいかに容易に起こり得るかを説明するために、伐採現場に文化的・先史的遺跡がある場合を例にして考えてみましょう。

コミュニケーションの大切さを示す例

伐採現場にかつて食糧貯蔵に用いられた古い小屋（**写真5-16**）があって、さらに周囲の立木は強風でなぎ倒されてしまったと仮定しましょう。そして、この乱雑な現場を伐倒して整理する際に、小屋が伐倒木で完全に覆われてしまいました。この小屋には文化的・先史的遺跡としての価値があり、これを保全することが求められています。その目的を達成するため、以下に整理されるように、明確かつ信頼性の高いコミュニケーションチェーンが必要です。

伐採現場で更新補助のための土壌掻き起こしを計画し、立木購入者（伐採契約を結ぶ林業会社）から森林所有者へ連絡を取る際には、すべての手順を的確に進めなければなりません。コミュニケーションチェーンの成功例を、以下に記載します。

- 森林所有者は、立木購入者へ小屋が現場にあることと、その位置を伝えます。

写真5-14　この写真で、1.3 mの高さのカルチャースタンプ（切り株）が示すメッセージは「炭焼き窯を壊さないこと！」である。これよりも高いハイスタンプには、全く別の意味があるので注意！

写真5-15　搬出路に沿って数本の丸太が並べられているときのメッセージは、「この搬出路に立ち入るな！」である。

- 林業会社（契約で立木を伐採・購入する事業者）は、現場で作業するハーベスタのオペレータに森林所有者から聞いた情報を明確かつ正確に伝達します。
- そのオペレータは、現場の小屋について林業会社から聞いた情報を、シフト交替時に次のハーベスタオペレータに、同じく明確かつ正確に伝達します。
- ２番目のオペレータが、小屋周辺の立木を伐倒・造材する際、ハーベスタで払った枝条を小屋周辺に溜めないように留意した上で、小屋に目印テープを付けます。

  この例では、オペレータは本来なら設けるはずのカルチャースタンプ（文化財の箇所を示す切り株目印）を作ることができませんでした（周りの立木がすべて倒されていた！）。そのため、２番目のハーベスタオペレータはフォワーダのオペレータに、小屋の位置と目印テープでマーキングしたことを明確かつ正確に伝えます。
- フォワーダオペレータは、小屋に関する情報（ハーベスタオペレータから聞き取った内容）を、シフト交替時に次のフォワーダオペレータに、同じく明確かつ正確に伝達します。
- ２番目のフォワーダオペレータは小屋に関する情報を正しく受け取ることができたため、小屋を傷付けることなく搬出作業を行うことができるでしょう。

写真5-16　ハーベスタのオペレータが小屋をマーキングしていたが…。

以上のように、この例ではコミュニケーションがうまく機能しました。すべての現場作業者・関係者が小屋の位置情報を正しく共有できていたからです。

組織・チーム内のコミュニケーションの崩壊

以上の例で、小屋が土壌窒素分の豊富な場所に建っていたと仮定してみましょう。すると、そこが肥沃な土壌であるため、キイチゴや他の植生によって小屋がすぐに被覆されてしまうでしょう。数年も経てば、現場全体がやぶで覆われるようになり、土掻きをしなければならなくなるでしょう。そして残念なことに、小屋周辺にはカルチャースタンプ（切り株目印）はなく、こうした状況ではチーム内のコミュニケーションは途絶えてしまいます。更新のための重機による土壌掻き起こしを行うオペレータには、小屋がどこにあるかなど思いも寄らないことでしょう。

以上の例では、組織・チーム内のコミュニケーションの断絶が起こることで、重機による土壌掻き起こし作業中に小屋が壊されてしまう結果となる可能性があります。一方、GNSSで位置情報を的確にマーキングすることで、この問題に対処することができるでしょう。

写真5-17　これは、よいコミュニケーションが最終的に必要となる例である。雪でできた壁の上に椪積みされていたが、雪が解け始めたことで椪が道路のほうへ滑り出す危険が発生している。トラック運転手へ、至急丸太を運び出しに来てもらうよう電話することが、重大な事故を回避することにつながる。

第6章

車両系林業機械のメンテナンス

車両系林業機械は重要な生産設備であり、長期にわたって大きな収入をもたらします。一方、林業機械の価値を最大限に保ち、本来計画された使用期間にわたって十分に機能を発揮させるためには、適切なメンテナンスが欠かせません。メンテナンス不足は決して見逃せるものではなく、コスト増、生産効率低下など経済的打撃となって返ってくることとなります。

適切なメンテナンスは経済的利益をもたらす

「一歩先へ」を見た機械のケアを

林業機械のメンテナンスというと、退屈なことのように感じるかもしれません。適切なメンテナンスをしたからといって、すぐに収益が得られるわけではなく（むしろ作業が中断する分損失になり）、逆にメンテナンス不足で即時に機械が停止してしまうわけでもありません。

しかし、長い目で見た時に、定められたスケジュールに沿った定期的かつ予防的なメンテナンスを継続することが必要であると断言できます。メンテナンスの目標は、機械が今週だけ調子よく動けばよいということでも、機械の性能を1,000時間引き出せばよいということでもありません。メンテナンスの目的は、高額な修理を伴わずに機械を数千時間以上稼働させることなのです。

メンテナンスの不備が１つあったからといって、1,000時間程度の稼働時間では何の影響もないでしょう。しかし、プロのオペレータによる操作と適切なメンテナンスが継続されれば、２万時間稼働後も機械が利益を生むことができるでしょう！

機械種によって必要なメンテナンスが異なる

取扱説明書と推奨メンテナンススケジュール

すべての林業機械には、メンテナンスにおける一定の基準があります。このため、機械の種類に応じた取扱説明書とメンテナンススケジュールがあります。取扱説明書の内容は機械の設計に基づいているため、機械によって大きく異なることがあります。そのため、オペレータは自分が使用する機械の取扱説明書に精通することが重要です。

稼働時間に基づくメンテナンススケジュール

すべての林業機械のメンテナンス項目は、常に推奨される時間内に行われるべきです。メンテナンスは通常、一定の稼働時間（エンジンが回った時間）とリンクしており、伐採した立米数や勤務日数との関連はありません（1日のうちで稼働する時間にはかなりの開きがあるので、例えば潤滑油注入を行う間隔が適切でないケースもあります）。

仮にグラップルローダーが「20時間ごとにグリースで潤滑すること」とされていたとすれば、それを遅らせて30時間ごとにしてはいけません！

メンテナンス作業の責任は誰にあるか？

オペレータの責任、雇用主の責任

メンテナンスの一部は、必ず認定整備士が行うこととなっています。しかし、かなりのメンテナンス項目は、オペレータが自身の技量に応じて行うこととなります。管理者としては、個々のメンテナンスをどのオペレータが担当するかといった社内ルールを明確に決めることが重要です。このことは、特に1台の林業機械に乗るオペレータの人数が増えるほど重要となります。

したがって、オペレータ側も、林業機械をどのように保守・点検をするべきか明快な指示を受けておかなければなりません。こうした指示は、班の中の経験豊かな先輩から出されるべきでしょう。オペレータとして覚えておくべき点検事項について注目しましょう！　時に、特定の作業現場、特定の機種の場合に必要となる特別な定期メンテナンス作業があります。

さらに、オペレータとして、林業機械の取扱説明書に記載されるメンテナンス事項に精通する責任を持ちましょう。

訳注：車両系林業機械（木材伐出機械）について日本の法令では、点検項目については、労働安全衛生規則で以下のように規制されています。

・規制対象の木材伐出機械等
伐木等機械：フェラーバンチャ、ハーベスタ、プロセッサ、木材グラップル機、グラップルソー
走行集材機械：フォワーダ、スキッダ、集材車、集材用トラクター

検査、点検、補修（安衛則第151条の108、109、110、111、116、122）〈①②は努力義務〉
車両系木材伐出機械については、
① 1年以内毎に1回、定期に、原動機、動力伝達装置、走行装置、制動装置、操縦装置、作業装置、油圧装置、車体、ヘッドガード、飛来物防護設備、アウトリガー、電気系統、灯火装置、計器について、異常の有無を検査するよう努めてください。
② 1か月以内毎に1回、定期に、制動装置、クラッチ、操縦装置、作業装置、油圧装置、ヘッドガード、飛来物防護設備について、異常の有無を検査するよう努めてください。
③ その日の作業を開始する前に、制動装置、操縦装置、作業装置、油圧装置、前照灯の機能、ワイヤロープ、履帯または車輪の異常の有無を点検してください。また、走行集材機械、架線集材機械については、作業に使うスリング、積荷の固定に使うワイヤロープの状態も点検してください。
④ 検査、点検の結果、異常があった場合は、直ちに補修その他必要な措置を講じてください。

オペレータの責任とタスク

林業機械のオペレータには、幅広い責任があります。時間の経過とともに、オペレータは機械を最もよく知っている人間になります。したがって、機械に対する一番の責任は当然ながらオペレータが負います。

また、林業機械は通常、数名の人間が操作します。機械が性能を十分に発揮するためには、個々のオペレータが、自分たちに課せられた適切な管理とメンテナンス項目に対して責任を果たさなければなりません。機械の保守・管理に携わる全員の関与が、機械の性能を維持・向上させます。メンテナンスの改善に関するアイデアを雇用主へ提案することを躊躇してはいけません。

雇用主もまた人間だということを覚えておきましょう！　なぜなら、雇用主も重要なメンテナンス項目を失念したり、機械のメンテナンスについて重要な情報を伝え忘れたりすることがありうるからです。

オペレータのタスクの概要

オペレータの保守・管理について、以下に箇条書きでまとめます（訳注：日本の法令での検査、点検、補修に関する規制は上記訳注の通りです）。

- 機械の始動・操作開始の前に行うよう定められた点検など、日常の管理スケジュールで示されている項目を実施します。
- 機械の全性能を継続的に観察します。
- 機械の動作が通常の状態から逸脱していないか注意します。
- 機械がいつも通り機能していない場合、普段通り作業を始めるかどうかについて、必要であれば誰かに相談した上で判断をします。
  ここでいう相談の中には、単純に助けを求めることのほか、部品の交換や修理のための準備作業（機械のクリーニング、故障部品の取り外し、整備士へ作業現場への移動経路を示すこと）などが該当します。
- グリスアップ（潤滑油注入）やその他の日常保守整備を行います。
- 簡単な修理と、油圧ホースや電球などの交換を行います。

林業機械走行前の点検

通常、オペレータは林業機械の使用前（訳注：朝もしくはシフト交替時）に特定の点検を実施します。この際、林業機械は必ず完全な水平状態にしておくべきです（**写真6-1**）。そうするためには、（前日の）夜間に水平な場所に機械を駐車しておく必要があります。

走行前の点検項目として、以下を適切に実施しましょう。

- ラジエター冷却液の液面（通常は拡張タンクのレベル）を点検します。必要に応じて、冷却液（氷点下でも働く混合液）を足します。
- オイルスティックでエンジンオイルの油面を点検します。必要に応じて、適当な種類のオイルを注ぎ足します。
- 作動油の油面は、一般的に透明な（ガラスまたはプラスチック製）チューブやパネルから見ることができます。必要に応じて、満タンにします。

漏れがないか探します。もし多量のエンジンオイルや作動油の注ぎ足しが必要な場合は、油漏れの可能性について誰かに相談するべきです。

毎日点検していても是正処置（オイルの注ぎ足しなど）がほとんど不要なため、最も単純な日常点検は無視されることがあります。詳細な指示は不要もしくは愚直とさえ感じることがあります。そうなると、オペレータはこう考え始めます。「他のオペレータが昨晩に機械を停めたときに何もおかしなことはなかったはずだから、点検する必要はない」と。

ところが、林業機械に備わっている大きな価値という点から考えると、始動前にきちんと点検しないことによる作業の停止は大きな損失につながります。

始動前に林業機械を点検するべき理由の一例として、オイルレベルが落ちているかどうかを見る

写真6-1　この写真の林業機械は傾いている。そのため、この状態でエンジンのオイルレベルを点検しても信頼できる結果を得ることはできない。オイルを点検する際には、機体を長さ方向、横方向ともに水平の状態にしなければならない。

写真6-2 細い幹が機械に入り込まないようにするのもオペレータの責任の一部である。エンジンスペースに押し込まれた細い幹は、些細な問題から大きな故障まで様々なトラブルを起こすことがある。

ことが挙げられます。たとえ昨晩には問題がなかったとしても、作動油の油面が朝になって下がり、コントロールシステムが警告を出すことがあります。

これについてよくある原因は、昨晩には作動油がギリギリ最低のレベルであり、夜間に冷えたことでその作動油の体積が若干収縮したことによります。つまり、これはタンクを満タンにするタイミングなのです！

機械操作中の継続的な点検

すべての機能を常時確認する

オペレータのタスクの中で最も重要なポイントは、継続的に林業機械のすべての機能を常時確認することです。機械の機能が通常の挙動と異なっているときには、必ず気づくようでなければなりません。今すぐに何をなすべきかを判断し、決断することは機械の価値と生産性に多大な影響を与えます。自分の中で確信がないと感じている場合、この問題の対応策について、誰かに相談することが賢明な方法だということを覚えておきましょう。つまり、管理者や整備士、修理士との会話はオペレータの判断を助けることとなります。

計器パネルを注視する

林業機械の機能を常時確認する中で重要なポイントは、計器パネルに気を配ることです。そうすることで、警告灯やブザーが作動したらすぐに反応することができます。取扱説明書を読んで、複数ある警告灯とブザーが表す意味を確認しておきましょう。

耳と目、鼻で機械を点検する

林業機械の確認では、五感をフルに使いましょう。例えば、作動油の漏れには鼻でにおいをかぎ、漏れが液状か霧状かは目で見て確認します。また、雪面に緑か赤のシミがあれば、冷却液に用いるグリコール溶液の漏れだとわかるでしょう。

トランスミッションやエンジンが普段と違う音をしていれば、注意深いオペレータであればすぐに気が付くでしょう。

通常の動きとの違いに気付く

オペレータは、林業機械が行う仕事とその生産性を維持するための最大の役割を担っています。主な作業としては、林業機械の様々な機能に気を配り、もし何かの機能が低下し始めたら、それに気付くことです。これは、どこかが損傷しているか、もしくは一部の構成部品の故障が発生していることを意味します。

こうした事態に適切に対処するためには、トレーニングと経験の両方が必要となることが多く、とりわけオペレータが初見で機械の故障の対処法を正しく判断すべき場面に当てはまります。

通常の動きとの違いを説明できなければならない

オペレータの役割は、常に問題を（自分で）診断しようとすることではなく、「林業機械の通常の動き」とどう違うかを具体的に言葉で正しく説明することです。このことから、オペレータの仕事の主要な役割は、林業機械の通常の挙動から「目を離さない」ことだと言えます。こういった方法について、例を挙げて説明しましょう。

例１　オーバーヒートの発見と判断

作動油の温度が60℃に達していることに気が付いた場面を想定しましょう。一方、今日と同様の外気温で同様の作業をしていた先週は、作動油の温度は50℃ほどでした。

これは、オーバーヒートを起こす何かしらの原因があることを意味しています。機械が適正に機能しているときの動きに気を配ることで、オペレータはこのようなときに問題があるかどうかを判断することができます。そして、修理すべき箇所・修理内容と、どう修理すべきかの決定をより速やかに行うことができます。

例２　測長システムの故障の発見と判断

ハーベスタの測尺機能を点検している際に、計測した長さに異常に大きなバラつきがあることがわかったとしましょう。ここで、オペレータは測尺装置が正常に機能していないだろうと推測しました。同様の条件（例えば、冬季に同じ温度）で同じ点検を最近していた場合、そのときの長さのバラつきと比較することができます。すると、オペレータは対処すべき行動を迅速に、かつ正しく決定することができます。おそらく、特定の部品、例えば測長ホイールの圧力を調整する部品に問題の原因があるでしょう。

機械に乗っている時間が長いほど、そして記憶している観察内容が多いほど、機械の動作が正常か異常かについて、より明確に評価することができるでしょう。さらに、機械のわずかな兆候も正確に評価し、管理者へ的確に説明することができるでしょう。

新人オペレータへ点検項目を伝える

新人オペレータは機械のどの部分を点検・記録するべきかわからないため、初めて１人で機械を使用する際の最初の数日間は、その機械に精通した者が何をしてほしいのかをしっかりと伝えるべきです。この役には、整備士もしくは指導経験の豊富な者が適任です。

故障の疑いがあるときには正しい行動を

上述の通り、林業機械の一部が正常に動作していないとオペレータが感じたとき、対応策を正しく判断することが重要です。まずは、機械のことをよく知る者へ相談するのが得策でしょう。相談は、まれにしかしないよりも、頻繁すぎるほうがよいと言えます。

故障が発見されたときの行動チェックリスト

林業機械に故障の疑いがあれば、正しい判断をすることが大切です。以下のチェックリストは、確認すべき質問内容と取るべき行動の判断を含んでいます。

- すぐに機械を停止しなければならないだろうか？
- 問題の箇所を詳しく調べる前に、公道まで機械を走行させることができるだろうか、するべきだろうか？
- 自分のシフト（勤務時間）を終え、シフト交替のタイミングで問題の箇所を修理するために助けを呼ぶことができるだろうか？
- 自分で問題の箇所を修理できるだろうか、もしくは助けを呼ぶべきだろうか？—修理士に電話で連絡する前には、管理者へ一度相談するべきでしょう。
- 必要なスペアパーツは何だろうか？—ここでも、管理者とのコミュニケーションが必要となるでしょう。
- 電話で修理工に来てもらうよう頼んだのであれば、その到着までに林業機械を掃除して準備をしておくべきです。その上で、故障部品の取り外しも行いましょう（適当な工具と専門知識があれば。そうでなければ、絶対に行わないこと！）。
- 野外で助けを頼んだ場合は、作業現場までの道順を説明するか、目印テープでわかるように示しておかなければなりません。

間違った対応を避けるために

新しい林業機械は、徐々に複雑化する傾向があります。オペレータの不適切な行動と慌てて間違った修理が不具合を拡大してしまうおそれがあるため、オペレータは林業機械に問題が発生したら、いかに行動すべきかを落ち着いて考えることが必要です。とりわけ、機械の操作を停止すべきかどうかの判断に関わることは重要です。

また、管理者などへの事前の相談なしに、修理を依頼してはならないということを理解するのも大切です。

異常高温のチェックリスト

林業機械の動作中にエンジンや作動油が異常に高温になったら、以下のチェックリストに従って行動するべきです。

- エンジンをアイドル状態よりやや高い回転数でしばらく回して、温度が下がるか確認します。
- 管理者か林業機械に精通した者に相談します。ラジエターを清掃することで、機械が正常に動作することがあります。回復しない場合、機械は何らかの修理が必要な状態でしょう。
- 目と鼻を使って、冷却液または蒸気の漏れを確認します。
- 冷却液が沸騰するほど長い間エンジンを回さないこと。

冷却液が沸騰している場合のチェックリスト

冷却液が沸騰している場合には、以下の通りに対処するべきです。

- エンジンを停止します。
- 管理者か林業機械に精通した者に相談します。ラジエターを清掃することで、機械が正常に動作することがあります。その他のケースでは、問題の対応には修理が必要なことがあります。
- 過熱状態のエンジンに冷却液を注がないこと！　エンジンにクラックが入り、修理不能となります！
- 沸点に達しているときにフタを外して、冷却液を入れてはいけません！　冷却システム内には高圧が発生しています。その状態で冷却液を入れると、吹き出して火傷するおそれがあります！　熱い状態のエンジンからフタを取り外さなければならないときは、安全手袋を着用して顔を近づけないようにしましょう。そして、フタは極めてゆっくりと動かしましょう。

機械の管理

操作後の林業機械の管理

オペレータとしてのシフトを終えた際には、人間と同じように、機械に「優しく思いやりのある世話」をしましょう！　例えば、燃料タンクを満タンにしたり、特に冬場には翌朝に動かすときのためにブロックヒーター（下記訳注）をつけてあげましょう。ブロックヒーターは、オペレータが２人いて装着作業を連携して行えるような日中にも、もちろんつけるべきです。ブロックヒーターを使用すると、エンジンが適正な動作温度に達するのが早くなるため、エンジンの損耗を低減し、エンジンオイルを汚れにくくする効果もあります。

訳注：ブロックヒーター…極めて寒冷な地方でエンジン停止中の冷却液の凍結を防ぎ、始動を容易にする電熱器。

チェーンとキャタピラの管理

シフトの交替時に、必要であればクローラバンド（トラックベルト）と呼ばれる履帯、タイヤチェーンの張りを強めるのもおすすめです（訳注：クローラバンドやトラックベルトと呼ばれる履帯はホイール式車両で前後の２輪にはめるタイプを指しています）。タイヤチェーンを縮める必要が生じる場合は、グラインダーやトーチカッター（溶断）を用いて切らなければなりません。

履帯にどれだけ張りをもたせるかについては、取扱説明書に記されています。いわゆる「環境適応型トラックベルト」では、ホイールセンター間の直線から50㎜の「垂れ下がり」の状態が正しい張り具合とされています。

古いタイプの履帯では、この「垂れ下がり」は80～100㎜とすべきでしょう（訳注：日本製の林業機械については、各機種の仕様に従ってください）。

履帯は張りすぎないように留意しましょう。張りすぎの状態だと、履帯のリンクの損耗が増し、ホイールベアリングと車軸の両方にかかる圧力が高まります。

荷台は常に整理整頓

冬季にはたくさんの雪に加えて、枝条がフォワーダ荷台の床に溜まります。荷台を適宜掃除しなければ、有効な積載容量が減るとともに、底部に圧縮された雪がゲートの一部を損傷するリスクもあります。

雪と枝条を取り除くには、グラップルを使用することをおすすめします。これがうまくいかなければ、スコップを使って人力で荷台を掃除しなければなりません。この作業を行う際、必ず地面に立って行うようにし、林業機械の上に乗ってはいけません。特に１人作業の時には、機械に登らないとできないような掃除は決して行ってはいけません。

林業機械を検査に出すような場合（例えば、作業中に損傷を引き起こすおそれのあるクラックや欠陥を見つけた場合）、機械は事前に掃除しておきましょう。検査の目的は、できるだけ速やかに起こりうる問題を発見することであり、それによって「機械の休止時間」を最短化することができます。

車両系林業機械の潤滑

グリースの目的―なぜ潤滑状態にするのか？

ベアリング（軸受）には、種類を問わず単純かつ明快なルールがあります。それは、表面に直接触れないということです。これはあらゆる種類のベアリング、つまり滑り軸受（プレーン）、転がり軸受（ボール）、ころ軸受（ローラー）などで当てはま

写真6-3　オペレータが写真のようにチェーンをグラップルで掴んで持ち上げているが、チェーンがグラップルのツメの間に挟まってしまっている。これでは、オペレータがチェーンを落とす際に大問題となる…。

写真6-4　チェーンを持ち上げる唯一の正しい方法は、グラップルのツメで挟んで、注意深く持ち上げることである。

ります。

もしグリースの被膜がないか、そこに欠落があれば、ブッシュとシャフト（ピン）が互いに接してしまい、ベアリングが故障するリスクが高まります。グリースがしっかりと利いていれば、ベアリングに侵入しようとするほこりやチリ、その他の不純物を取り除きます。

また不純物の代表例としては他に水分があり、毛管圧力によりベアリングに混入する傾向が強いものです。グリースは水分を押し出すことで、ベアリングの故障と腐食を防止します。

適時の潤滑が必要

潤滑チャート（一覧表）は、車両系林業機械の納車時に付属しているメンテナンスハンドブックに掲載されています。メーカーが推奨する潤滑の時期（間隔）を超えないよう留意しなければなりません。間隔が伸びるほど、ベアリングの故障やそれにまつわる問題が発生するリスクが高まります。

ベアリングの損傷が引き起こす不具合

ベアリングの損傷はピストンアームの屈曲につながり、ひいてはシリンダーキャップへ食い込むことになります。これにより、金属片が油圧システム内などに放出されることになります。そうならないため、適正な潤滑は不可欠です。

潤滑スケジュールに従うことに加えて、いずれの種類のベアリングに関しても、「たまにたくさん」よりは「頻繁に少量」の潤滑のほうが効果的です。

潤滑の間隔を調整する理由

マニュアルで推奨される潤滑の間隔は必ず超えないようにするべきですが、林業機械が行う作業の種類によって、潤滑の時期を若干変更することも有効です。つまり、時にはその間隔を短くするとよいでしょう。こうすべき理由を２つの例を挙げて補足しましょう。

例１　異なる種類の作業を行うハーベスタ

ハーベスタが良好な条件で立木の細い林分で作業している場合、その作業負荷は軽く、アームやシャーシにかかる重量は許容限界をめったに超えることはありません。この状況では、取扱説明書で規定する間隔（稼働時間、インターバル）で潤滑をすれば十分です。

しかし、同じ機械で、厳寒期に地上で固く凍った太い風倒木を扱うとなると、潤滑の必要性はずっと高くなります。そのため、後者では潤滑の間隔を、機械のおかれた使用条件に合わせて、必要に応じて短縮させることが極めて重要です。

例２　異なる種類の作業を行うフォワーダ

フォワーダの作業が次のような条件だと仮定しましょう。

大きな立木／乾いて締まった地面／トラック道からほど近い林分／日に12回ほどの搬出が可能

この場合、大部分の時間がグラップル操作に当てられるため、潤滑の間隔は延長すべきではありません。

同じ機械で、立木が大きく搬出距離がかなり長い林分では、オペレータは日に6回しか搬出できないことになるでしょう。雨が激しく降れば、わだちが冠水しやすくなります。この状況では、ローダーへの潤滑の間隔を伸ばしても問題ないと感じるかもしれません。

しかし、機械は斜面を長時間走行し、その中には冠水した箇所もあることに配慮すれば、ボギーボックス（bogie box）のベアリングについては、メーカー推奨の潤滑の間隔を決して超えないようにしなければなりません。

上記の推論は、推奨される潤滑の間隔を特定条件下で引き延ばすことを勧めるものではありません。言い換えれば、林業機械における実際の潤滑の必要性とは、作業時間や作業内容に合わせるべきものであり、定められた時間よりも先に潤滑するべきケースもあることについて、理解を深めてもらうのが目的です。

潤滑部が変われば潤滑の必要性も異なる

自身が乗る林業機械の潤滑部すべてに対して、潤滑の必要性を熟知することは極めて重要です。フォワーダのグラップルをよく潤滑させることももちろん重要ですが、アームのアタッチメントの旋回軸やアーム側のシリンダー（訳注：バックホーで言うところのバケットシリンダー）のベアリングをしっかりと潤滑することはより重要です。潤滑不足によるベアリングの破損となれば、それが招く結果は非常に高くつきます。

ていねいに潤滑を行うべき潤滑部については、負荷のかかっていない状態で行うよう徹底することが重要です。ホイールローダーは、グラップル（またはハーベスタヘッド）を地面に接地させてローダー全体に負荷（自重）がかからない状態にします。

ベアリングの種類に適合するグリースを使う

潤滑部が変わればベアリングの種類も異なるため、それぞれに合う種類のグリースが必要となることがあります。これは潤滑チャートに明示されています。いくつかのケースでは、グリースの混合は厳禁となっていることを覚えておきましょう。

各潤滑部への「適量の」グリースとは？

ベアリングへどれくらいの量のグリースを注入するべきかは、いつも単純なことではありません。ベアリングが変われば、適量が異なることがあるためです。

例えば、小さなリンクベアリングであればポンプを２回押せば済むのに対して、長いスライドベアリングを持つ大きな旋回軸では15回必要となります。

漏れ出るまでグリースをポンプする

適量のグリースを大雑把にベアリングへ注入する一般的な方法は、「ベアリングのある位置」からグリースが漏れ出る（滲出する）まで送りこむことです。ほとんどの場合、この方法でうまくいきます。個々のベアリングや旋回軸からグリースが漏れ出るまでに概ね何回ポンプを押せばよいかがすぐにわかります（次回まで覚えていれば！）。

グリースの滲出が聞こえるまでポンプする

場所によっては、グリースが漏れ出るのが見えないケースもあり、**その場合はエンジンを停止させた上で耳を澄ませましょう。**

前もって決められたポンプ回数に従う

あるケースでは、グリース注入の際に滲出の様子をオペレータが目で確認できない箇所に潤滑部があることがあります。そうした場合は、プリセットされた量のグリースが注入されたことがわかる道具（例えば、通常の手動グリースガンで、単純にポンプ回数を数えるなど）を使用しなければなりません。圧縮空気で操作するグリースガンでは、どれくらいのグリースが供給されているか的確に表示されます。

中には、漏れ出るほど多量のグリースを注入してはならないベアリングもあります！　この種のベアリングでは、シールが破損してしまいます！この場合、グリースが少量のみベアリングに押し入れられるよう注意深く注入しなければなりません。これはまた、プリセットされた量のグリースがベアリングに注入されたことがわかる道具（通常の手動グリースガンなど）を使用しなければならない状況でも同様です。

閉塞したグリースニップル

かなり頻繁に林業機械を潤滑させていると、ニップルを通してグリースを注入するのが困難になります。例えば、一般的な手動のグリースガンで１～２回しかポンプできないような場合です。

こうしたケースの解決策の１つとして、わずかでもニップルが閉塞している感覚があれば、交換してしまうことです。

グリースニップルには、その他にも交換するタイミング（物理的な損傷）があります。そのため、すぐに使用できるスペアのニップルを、個別の種類ごとに機械に常備する習慣をつけましょう。さらに、ニップルを交換する適当な工具も備えておきましょう。機械の潤滑に必要なニップルと工具を手頃な袋やポケットに入れておくのは妙案です。

新人オペレータには明確な潤滑マニュアルとサポートが必要

機械に付属する潤滑マニュアルは、経験者にすら理解が困難なこともあります。潤滑作業をほとんど行ったことのない経験の少ないオペレータは、その複雑さに圧倒されてしまうでしょう。加えて、機械を潤滑するためには、その新人は機械にあるすべてのニップルの位置を把握し、それらの潤滑の間隔（稼働時間）を知らなければなりません。さらには、個々のニップルへどれくらいグリースを注入するかも学ぶ必要があります。

このように、潤滑とその関連作業は複雑で、大きな責任を伴うものです。そのため、機械に不慣れな新人オペレータが潤滑作業をする際には、機械に熟知した者がフォローするべきです。

機械の潤滑作業を単純化し、かつ作業品質を向上させるためには、メーカーの推奨に基づいた独自の潤滑スケジュールを組むことがおすすめです。こうした取り組みを通じて、潤滑のインターバルに関する情報をできるだけわかりやすくするべきです。その際、個々のニップルにどれくらいグリースを注入するべきかも明確に示しましょう（写真6-5）。

明快な指示こそチームワークの要です。特に複数名のオペレータが1台の機械を使用したり、新人オペレータが働き始める際に役立ちます。

潤滑と清潔

潤滑の前にはすべてのニップルを常に清潔にするべきです。汚れていると、グリースに混入したほこりがベアリングとブッシュを損傷します。ほこりがベアリングに入り込むと、寿命を縮めてしまいます。

林業機械には交換可能なベアリングがありますが、ころ軸受は交換するには非常に高価です。ある種のハーベスタでは、ローダー（時にはキャビンも）はころ軸受に架装されているため、ころ軸受は主要部品となっています。

ある種の林業機械のシャーシとボギーの間には、交換可能なベアリングがあることがあります。そうしたベアリングのグリースニップルには、砂や礫が付着していることがあります。このような状況では、グリースガンをニップルに当てる前に、常にニップルを掃除する習慣を付けましょう。そうしなければ、砂や礫などが直接ベアリングに入り込んでしまいます。

写真6-5　写真で見えるグリースニップルは8時間の作業ごとに潤滑させる。黄色で囲われたニップルは4回ポンプし、赤色で囲われたニップルへは7回ポンプする。潤滑スケジュールは、このような単純作業である。

低温下での潤滑

１年の中で寒冷な時季は、低温によりグリースが固くなるため潤滑に支障が出ることがあります。この問題を避けるため、グリースを（暖房の効いた場所で）温めておくようにしましょう。一方、冷たいグリースがすでに機械の様々な箇所（ベアリングやホースなど）に入っているという根本的な問題は解消されません。このような状況では、機械を数時間使用して、アームや他のパーツがやや温まってから機械を潤滑するほうが都合がよいでしょう。

一方、低温で詰まってしまった潤滑の通り道に対しては、潤滑時にグリースを移動させる前に、かなりの熱量を加える必要があります。

潤滑ルールのまとめ

機械の潤滑に際して完全に理解し、覚えておかなければならないことについて、以下にまとめます。

- すべての種類の機械には、その設計に応じた潤滑マニュアルがあります。個々の潤滑部では、潤滑のインターバルが操作時間によって規定されていますが、過酷な条件下では潤滑の頻度を短くするべきです。
- 重要な部位を潤滑する前に、圧力を軽減させます。つまり、その部位に負荷がかからないようにします。
- ベアリングが変われば、使用するベアリングも異なります。グリースの中には互いに混合してはいけないものもあります。
- それぞれの潤滑部には、適量のグリースを加えます。
- 潤滑をする際、スペアのニップルとその交換に用いる工具をすぐに取り出せる状態にしておくべきです。
- 潤滑は、常に清潔な状態にした上で行います。
- 氷点下となる冬季にはグリースを暖かい場所で保管するべきです。極端な低温状態では、機械を数時間動かした後に潤滑するのが得策です。

潤滑と併せて行うべきメンテナンス

ラジエターの点検

コケ類や針葉樹の葉といった植物性固体やほこりなどが、ラジエターのグリルをふさぐことがあります。すると、ラジエターは熱を放出する機能を失い、エンジンや油圧系統のオーバーヒートにつながることがあります。そのため、機械を潤滑する際にはラジエターの点検を常に行うようにしましょう。これは特に１年のうちで暑い時季には重要なことです。

メンテナンスの注意箇所

損傷を探す

車両系林業機械の潤滑時には、油圧ホースや配管の物理的損傷や油圧シリンダーからの漏れ、ピストンロッドの屈曲がないかよく探しましょう。

シャーシの中で大きな負荷のかかる部分で起こりうるひび割れにも気を配りましょう。そういった箇所では塗装がはがれて変色し、クラックが見つかることもあります。

ローダーを注視する

林業機械の潤滑や操作時には、ローダーの旋回軸が本来の位置からずれていないかもよく確認するべきです。

電球の交換

潤滑時に電球も点検し、必要に応じて交換しましょう。トレーラーを待っている隙間時間などに、この作業をしてもよいでしょう。

ハーベスタのメンテナンス

ハーベスタのメンテナンスには、機械の操作に欠かせない部品の点検とその交換作業が含まれます。こうした作業の多くは「週間点検項目」に該当し、それにはスペアパーツやオイル、ホース、軽油の注文なども含まれます。

枝払いナイフ

枝払いナイフの刃の切れ味は毎日点検すべきで、ハーベスタの潤滑時に行うとよいでしょう。ナイフは斧に似た形で機能し、同じく研ぎを必要とします。ナイフの刃がつぶれてきたら、速やかに研ぎ直さなければなりません。

ナイフの研ぎには、十分な知識と経験が必要です。切断面と刃の角度は正しくなければならず(正しい刃付け)、理想的な刃の角度は、伐採する立木の種類や伐採時期によって異なります。ブレードに沿った切断面が適切な大きさであるとともに、枝払いナイフの形状も適切でなければなりません。

ナイフを全損させる原因の1つは、刃の角度を小さくしすぎることです。

ナイフを研ぐ際には、ナイフをよく切れるようにするとともに、熱しすぎないことです。これは、熱により鉄の組成が変化してしまうためです。このリスクを最小限に抑えるには、研磨用フラップディスクの使用が推奨されます。

週間メンテナンス

それぞれの機械に付属している整備マニュアルの中には推奨される週間メンテナンス項目が掲載されていて、例えばバッテリー液の液面がバッテリーの極板より1cm以上上にあるかといった項目が含まれます。バッテリーは毎週点検し、必要に応じて蒸留水を加えます。

日常的な週間メンテナンスにおいて、伐採班の中で気付いた者が、破損した油圧ホースの交換なども行うべきです。管理者からオペレータへ、なすべきことの指示が出ることもあるでしょう。

写真6-6 フィードローラーが回転している最中にタイヤに巻いたチェーンやトラックベルト(履帯)に接触すると、フィードローラーは故障するだろう。たとえ1ピッチの損傷でも、送材の機能に支障が出ることがある！

油圧系統のメンテナンス

作動油充填時の不純物混入を避ける

油圧系統の管理では、不純物が**システム内**に混入しないことに細心の注意を払います。混入は、作動油の充填時に起こることがあります。そのため、使用する缶は常に清潔にしなければなりません。なにはともあれ、作動油を入れる間にシステム内に水分が侵入することは避けなければなりません。作動油は、必ずリターンオイルフィルターを通過させる方法で入れるようにしましょう。

油圧ホース交換時の不純物混入を避ける

油圧ホースの交換や、他の油圧システム構成部品の修理において、不純物がシステム内に侵入することがあります。油圧ホースの交換では、清潔に対する細心の注意が不可欠です。

ホースはメーカーが穴をふさいだ出荷状態のまま、汚れのない乾燥した場所で保管されるべきです。ただし、穴をふさいであったとしても、水分が侵入する可能性があり、ホース交換時のバキュームポンプの使用は、オイル流出のリスクを最小限に抑えることができます。一方、これは油圧系統に不純物が吸引されるリスクを高めることにもなります。

不純物や空気による損傷リスクを避ける

油圧系統の修理には、不純物の侵入リスクが付き物です。さらに、システム内には常に一定量の空気があり、これが特に油圧ポンプの損傷を招きます。

ホースの中でも太いものを交換する際には、以下のルールに従って、不純物や空気の侵入とシステム損傷のリスクを最大限減らす方法で行いましょう。

- 油圧ホースへ作動油が充填されるよう、エンジンを数分間アイドリングさせます。
- エンジンを低回転数で回した状態で、数分間フィードローラーを低速回転させます。これによって不純物と空気が排出され、あわよくば不純物はリターンオイルフィルターに留まります。同時に、空気は油圧ホースや他の油圧システム構成部品から除去されます。キャビンに座って「送材前回転」ボタンを押す代わりに、フィードローラーを「空回し」させるオプションメニューがあるはずです。

油圧ホース交換時のバキュームポンプの使い方

油圧ホースの交換の際に、作動油タンク内で吸引力を発生させるのにバキュームポンプが用いられることがあります。これによって、油圧ホースを取り外す際に作動油が「こっそりと」漏れ出ることを防ぎます。

しかし、バキュームポンプの使用は、機械の始動時に空気が作動油へ侵入するリスクを高めます。空気の存在は、油圧ポンプの故障リスクも上昇させます。そのため、始動時に作用する通気口がリターンオイルフィルターに備えられている機械もあります。整備マニュアルを参照して、自分が乗っている機械に通気口があるかどうかを確認し、（もしなかったとしても）システム内の空気に対する正しい対処方法を知っておきましょう！

作動油の分析結果に対する理解を高める

作動油のサンプルを定期的に取り寄せ、専門的な試験を依頼することで、作動油と油圧系統の状態を良好に保つ方法を知りましょう。

油圧ポンプが故障した後には、必ずこうした作業を行うべきです。

軽油と作動油への不純物混入を避ける

車両系林業機械へ作動油や軽油を注ぎ足す作業では、常に不純物が混入するおそれがあります。

そのため、すべての容器は清潔に、かつ適切なものを使用することを徹底しましょう。例えば、ジェリー缶(19ℓ入りの燃料用容器)では、燃料システムに障害を来す塗装の剥片が出ることがあります。そのため、ジェリー缶に保存している軽油を機械へ給油する前に、必ずフィルターを通すようにしましょう。

また、軽油はドラム缶で輸送することが一般的ですが、以前にグリコール溶液を保管していたドラム缶(または他の容器)は決して使用しないこと!

水分、サビから燃料を守る
—給油前には現場をきれいに

不純物や水分が車両系林業機械のタンクに溜まるリスクを減らすため、給油する場所は常にきれいにしておくべきです。実際に、燃料や作動油に対して、水分は自然に存在する中で最もありふれた物質であり、接触する構成部品の寿命を縮め、時には高額な修理代がかかることがあります。林業機械に作動油や軽油を入れる際、雨や雪、氷など野外からの水分が林業機械へ入り込むことがあります(**写真6-7**)。

一方、空気中の水分は凝縮するため、実際に容器内には必ず水分が含まれています。したがって、軽油を貯蔵する農家のタンク(庭先に建てられた貯蔵タンク)や他の容器から、車両系林業機械の燃料タンクへ注ぎ入れる際に、水分や他の不純物を除去するフィルターを備えるべきです。

水分やサビが、農家のタンクの底部に沈殿物として溜まっていることもあります。こうした水分やサビを含む沈殿物は、定期的にタンクの下にある排液栓から除去するべきです。タンクから排出する際は、沈殿物を地面に捨てずに適当な容器で

写真6-7 この燃料タンクのフタは外部に露出しているため、給油時にタンクへ不純物が混入しないよう、普段より余計に注意しなければならない。混入した場合、燃料パイプが閉塞するトラブルが発生する!

受けるようにしましょう。

農家のタンクからの混入問題を避けるため、移動させた場合はすぐに燃料を入れないようにしましょう。タンクを移動させると、その中にある澱状の沈殿物が撹拌され、軽油と混ざります（**写真6-8**）。

林業機械に損傷を来す濃度の水分や不純物が含まれているおそれがあるため、ドラム缶やその他のタンクの底部にある軽油なども可能な限り使うのは避けましょう。たまにしか使わない容器は特に当てはまります。

容器にははっきりと印を付ける

車両系林業機械の点検に使用するすべての容器には、中身を記したラベルを貼ってわかりやすくしておくべきです。決して自分の記憶に頼ることはやめましょう！　新しいオペレータが入ってきて誤って混合させてしまうと、林業機械の所有者にとって多額の損失となります。グリコール溶液を保存する容器にはとりわけはっきりと印を付けて、目に留まりやすくしておきましょう。グリコール溶液を扱うじょうごや保存容器、その他の装置は他の液体と兼用してはいけません！

ターボユニットの保守

最新の林業機械のエンジンには、ほとんどターボチャージャーが搭載されています。

作業終了後、エンジンを停止させる前にターボユニットが冷める時間を設けなければなりません。そうしないと、損耗が早まります。したがって、作業終了後にエンジンを最低でも１分間はアイドリングさせなければなりません。急斜面を無理して登った後など、エンジンを酷使した場合は特にこの時間が重要です。

また、ソーチェーンを交換する際は、毎回ハーベスタのエンジンを停止させなければなりません。これは日に何度かエンジンを停止させることを意味し、その度にオペレータは、機械をフル稼働させていることを認識するべきです。

メモをとる、
またはバックアップをとる

林業機械を十分に稼働させるためには、大量の情報を機械のコンピュータに蓄積しておかなければなりません。こうした情報の中には、ローダーの設定や造材ユニットの調整、機械の各種パラメータが含まれます。

多くのセッティングは「特異的」なもの

どの林業機械も独特であり、たとえ同じ型式の機械であっても、わずかに異なっているものです。そのため、林業機械のコンピュータの設定の大部分は、その性能を引き出せるよう個別に調整する必要があります。これらの設定を適切な数値に調整することは、かなりの技能を要するとともにひどく時間がかかることがあります。

また、林業機械のコンピュータ設定は、何らかの原因で消去されることもあります。例えば、シフトの交替時などに、誰かが誤ってオペレータの個人設定を消してしまったり、コンピュータのハードドライブが何らかの理由でクラッシュしてしまったりということが起こり得ます。コンピュータの故障により設定が失われてしまうと、１日かそれ以上の間、機械が完全な使用不能状態に陥ります。

バックアップをつくる

オペレータは設定のバックアップを取るべきです。ローダーの設定のメモを取るのでも十分ですが、ハーベスタヘッドやその他の機械パラメータについて、最も単純かつ便利な選択肢はメモリースティックに保存することです。

整備士とともに、何のバックアップを取るべきか確認しましょう！　そして、メモリースティッ

写真6-8　タンク底部の沈殿物が燃料と混ざるため、給油前のタンクの移動は可能な限り避けること。

写真6-9　写真のように、造材部の鉄製ローラーでタンクを移動させるべきではない。持ち上げ用の持ち手が鉄製の場合、フィードローラーホイールを損傷するおそれがある。ローラーが傷付かないようにするため、木製の横棒を代わりに使用すべきである。

クを安全で、なくす可能性の少ない場所に保管しておきましょう！

タイヤの保守・管理

ほとんどのオペレータは、ディーゼルエンジンとその保守管理について、ある程度の知識を持っているでしょう。

例えば、エンジンオイルを定期的に点検することや、使用するオイルの種類や量、次回のオイル交換をいつ頃行う予定かといったことは、オペレータには周知のことです。一方、最適なタイヤ空気圧や、空気圧を最後に点検したのはいつかとオペレータに尋ねると、答えられないことがよくあります。

しかし、タイヤはエンジン同様に入念に管理するべき部品です。タイヤは少なくともエンジンと同じくらいの経済的価値を持っているというのが、大きな理由です。さらに、タイヤの管理がずさんであると、その性能や生産性、林業機械の経済的収益性を低下させます。

以下の情報とガイドラインは、トレレボリ社（スウェーデンのタイヤメーカー）の出版物の内容を要約したものです。

林業用オフロードタイヤの手引き

訳注：以下は、ホイール式ハーベスタ、ホイール式フォワーダなどに使われるタイヤを前提に記述しています。

林業用オフロードタイヤの空気圧や取り付け、保守管理の概略

タイヤの空気圧

タイヤ空気圧は、タイヤの寿命や林業機械の生産性に大きな影響を与えます。タイヤの機能性を保護するとともに、タイヤが林内で受ける負荷に対して安全率を確保するためにも、空気圧は慎重に設定するべきです。

タイヤメーカーは特定の機械や使用条件、目的に応じて推奨する空気圧を以下の基準で公表している

- 荷重（kg単位）
- タイヤの寿命
- 機体の安定性

空気圧の推奨値は、最低・通常・最大で示されています。最適な空気圧を評価するため、以下の「タイヤ空気圧の影響」を見てみましょう（**表6-1**）。

特定の林業機械に対する推奨値が利用できない場合、タイヤが受ける荷重（kg：機体重量と荷の重さ）や地形条件に合わせて空気圧を調整するべきでしょう。

タイヤ空気圧を地形条件や荷に合わせて調整する

- 地表に岩がほとんどないか、支持力の高い場所では、低めの空気圧を使用します。
- 険しい地形で積載量が多いときには、高い空気圧を使用します。

タイヤ空気圧の点検

- タイヤは毎日目視により点検し、空気圧は最低でも月に1度点検するべきです。
- 使い始めの1週間には、一定間隔でタイヤの付け外しを行い、その際に合わせて点検を行うべきです。その理由は、タイヤとインナーチューブの間に空気溜まりが起こる可能性があるためで、それを取り除くことでタイヤの空気圧を減少させます。
- タイヤ空気圧は一般に、寒冷時では温暖な時よりも低下します。

履帯（トラックベルト）を用いた走行

- トラックベルトと呼ばれる履帯使用時には、推奨されるタイヤ空気圧とします（訳注：トラック

表 6-1　タイヤ空気圧の影響

空気圧が低めの場合

メリット	デメリット
乗り心地がよい	安定性に欠ける
接地面が広い	インナーチューブの損傷や裂けのリスクが増す
接地圧が低い	
路面の損傷が少ない	
牽引力が増す	

空気圧が高めの場合

メリット	デメリット
安定性が増す	乗り心地が悪い
キャタピラ使用時には必須	路面にある鋭利な障害物による裂けや穴開きのリスクが増す
	点荷重が増す
	わだちへの損傷が増す
	表面力が低い

ベルトと呼ばれる履帯はホイール式車両で前後の２輪にはめるタイプを指しています。)。

- トラックベルトの張りを正しく調整します。トラックベルトは、ホイールセンター間の中央で50㎜ほど垂れ下がるのが適正な張り具合です。
- トラックベルトがタイヤにしっかりとはまっていることを確認します。片側で、トラックベルトの側面サポートとタイヤの間に15㎜ほどのスペースを持たせるべきです(著者コメント：側面サポートとタイヤの間に手がピッタリと入るくらい)。
- チェーンの使用は、タイヤ空気圧には影響しません。

タイヤの整備

- タイヤの定期点検と整備は、タイヤの寿命を延ばします。
- 日々の目視点検を通じて、タイヤへの損傷の可能性に注意を払うことは大切なことです。損傷の例として、鋭利な物体による穴開きや、大きな切れ目や裂けからタイヤ内部へ湿気が侵入することなどが挙げられます。インナーチューブのタイヤフレームから外側のゴムが剥離する前に、こうした損傷を修理するべきです。
- 滑り止め装置の張りを点検し、緩みのあるリンクやタイヤを傷付ける鋭利面がないことを確認します。
- タイヤとリムの隙間に入り込んだ枝や木片を取り除きます。

オフロードタイヤに液体を封入する

- タイヤに液体を入れることで、機体の安定性と牽引力が向上します。
- トレレボリ社では、この目的のためタイヤの容積の50％に相当する液体を入れることを推奨していて、最大でも75％までとしています(図6-1)。
- おもり(液体)は塩化カルシウムを加えた水または氷点下用のグリコール溶液にするべきです。
- 塩化カルシウムは、水１ℓに対して1.2kgを加えると35％の濃度になります。
  ホイールを回転させてバルブピンを押すことで、タイヤの容積の50％または75％が液体で満たされていることを容易に確認できます。

ホイールへの荷重の計算

ホイールへの荷重を計算する際は、おもりの全重量を機体重量に加えます。

- 液体充填タイヤは空気のみのタイヤと比べて、空気の割合が少ないため弾力性が低くなります。このため、液体充填タイヤは点荷重に対す

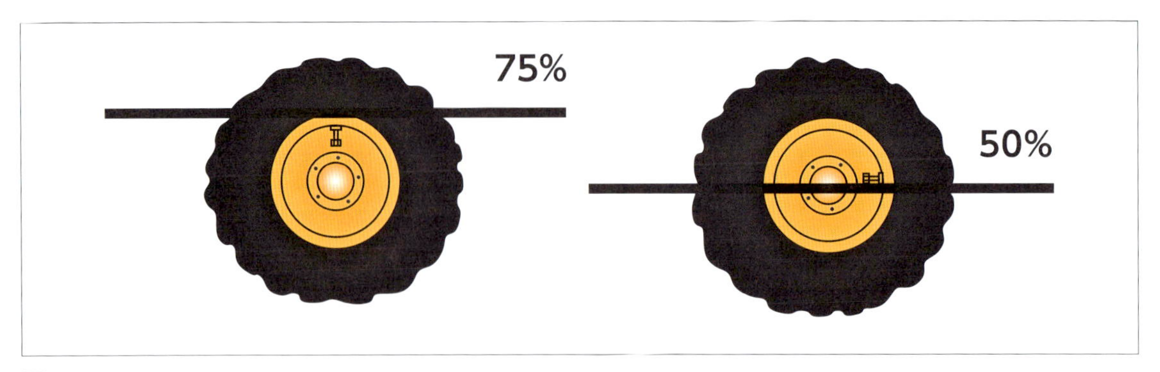

図6-1　オフロードタイヤへの液体封入割合

る感度も高まり、さらには回転抵抗や、リムとホイール取り付け面への動的外力が増します。

- 液体混合式に対応した圧力ゲージのみを使用しましょう。
- 使用する液体の適量を知るため、トレレボリ社（スウェーデン）の技術マニュアルを参照しましょう。

タイヤの取り付け方法

- タイヤの取り付けでは、信頼できる品質で自然乾燥タイプのマウンティングペーストを用いるべきです。
- インナーチューブは、タイヤの内側に収めた後、いったん空気を入れるとよいでしょう。こうすると、インナーチューブにしわが寄るリスクが低減します。

ステップ1

- 取り付けの際には、以下の空気圧を超えないようにすること。
- 直径15インチまでのタイヤには1.5bar。
- それ以外のタイヤには1.0bar。

ステップ2

- 安全装置（破裂保護ケージや遠隔式の空気充填装置）を用いて設定空気圧まで高めます。
- ビード角15°のリムに取り付ける22.5、26.5、30.5インチのタイヤには5 bar。
- ビード角5°のリムに取り付けるタイヤには2.5bar。設定空気圧は、図6-2のようにタイヤに表記されています。これを最大空気圧（表記よりももっと高い）と勘違いしないようにすること。
- 新たに取り付けたタイヤは、24時間以内に強い反ねじれ運動を受けるべきではありません。

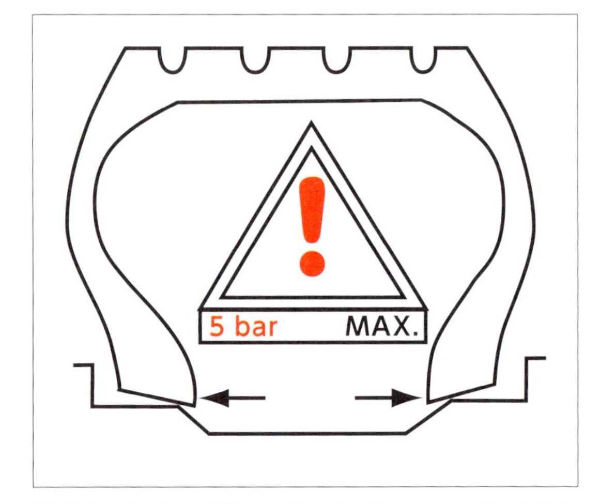

図6-2　タイヤ取り付けの際には、指定の空気圧を超えないようにすること。

バッテリーのメンテナンス

最新の車両系林業機械を始動させるには1つし

か方法がありません。それは、セルモーターを用いることです。しかし、何らかの原因で大量の電気を消費し、バッテリー容量が足りなくなる事態もあり得ます。例えば、オペレータがメイン電源を切り忘れるといった不注意など様々な原因があります。

バッテリーは、機械の重要な構成部品です。必要なときには蒸留水を添加し、過度の放電を起こさないようすることで、バッテリーを適切に管理することが重要です。バッテリーの液面が下がりすぎると、損傷につながります。バッテリーの電力需要が高まる場面(非常な低温時の始動など)に備えて、充電させておくとよいでしょう。伐採現場で充電を行うには、可搬式の発電機に接続されたバッテリーチャージャーを用います。

バッテリーの摩耗

消耗しきったバッテリーは、性能的に始動が困難なだけでなく、その他の問題も抱えています。バッテリーが古いと、林業機械の休止状態を引き起こし、不要な出費の原因となってしまいます。バッテリーが放電状態にあり、使用開始から２年以上が経過していれば、新品への交換時期だと言えます。説明しがたいバッテリーの摩耗は、適切な能力を持つ技術者に見てもらうようにするべきです。

爆発のリスク

林業機械のメンテナンス作業で最も危険な部類に入るのが、バッテリーに関わるものです。酸水素ガスは、バッテリーの内部と周囲に当たり前に存在します。これは、爆発性のある、酸素と水素の混合気体です。この気体が十分に換気されずに停滞していると、わずかな火花で引火することがあります。バッテリーが爆発すると、その上部は吹き飛びます！　これが起こると、あなたや同僚は深刻なケガを負います！

クランプやブースターケーブルをバッテリーの電極に接続する際には、防護メガネを使用するべきです！

ワニ口クリップの付いたブースターケーブルを使用する場合は、以下の内容を遵守して、火花の発生を避けましょう。

電圧スパイクのリスク

林業機械は通常、繊細な構成部品を電圧スパイク(「異常電圧」とも言う。電圧の瞬間的な急増に関連したもの)から保護するよう設計されています。しかし、林業機械の中でも電気部品は、電圧スパイクから完全に守られているわけではありません(例えば、建物は落雷からかなりの部分守られているが、それでも完全ではないのと同じように)。ブースターケーブルを使用すると電圧スパイクが発生するリスクが高く、その結果としての構成部品の交換と機械の停止によって、機械の所有者は高額(５万ドル以上)の出費を被る可能性があります。

ブースターケーブルでの始動

林業機械へのブースターケーブルの使用は、電気部品が損傷する高いリスクを伴います。

ジャンプスタートソケット

現在、林業機械の中にはジャンプスタートソケットに適合した機種があり、ワニ口クリップ付きのブースターケーブルの使用から置き換えられた構造になっています(**写真6-10、6-11**)。それによって、ジャンプスタート(他車のバッテリーから始動させること)が必要な際の作業安全性が飛躍的に向上します。

以上の通り、ジャンプスタートソケットの使用は、火花が引き起こす爆発のリスクを著しく低減させます。したがって、このようなシステムの採用(まだない場合は)が奨励されます！

写真6-10　ジャンプスタートソケットに適合したケーブルが、写真では使用されている。

写真6-11　プラグを正しくつなげるよう、差込口が設計されている。

ブースターケーブルの使用

ブースターケーブルの使用には、高価な電気部品が損傷するリスクが伴います。通常のブースターケーブルを用いると、爆発のリスクもあります。ジャンプスタートソケットが取り付られているかどうかで異なりますが、適切な手順を常に守るべきです。

以下の説明は、爆発と電圧スパイクの両方のリスクを考慮しています。

個々の林業機械はバッテリーの陰極からシャーシを伝わってアースがとられています。機体には触れるべきではありません。

ジャンプスタートソケットの使用手順

1. メイン電源を切ります。
2. コンピュータに電力が供給されていないことをしっかりと確認します。コンピュータの電源が切れるのに時間差がある場合、1分間ほどかかることがあります(機械によってこの機能は異なり、個別のスイッチが付いていることもあります)。
3. コンピュータへの電力供給を断ちます。
4. メイン電源のスイッチをON状態にします。
5. ケーブルを差込口へ接続します。
6. 20分以上充電させます。時間が長いほどよいでしょう。
7. 機械を始動させます。
8. ケーブルの接続を外します。機械を始動させた後、15分以上エンジンを回します。
9. エンジンを停止します。
10. メイン電源を切ります。
11. コンピュータに電力が供給されていないことをしっかりと確認します。
12. 外していたコンピュータへの電力供給を再び接続させます。
13. メイン電源のスイッチをON状態にすると、機械は使用可能な状態となります！

ワニ口クリップ付きブースターケーブルの使用手順

1. メイン電源を切ります。
2. コンピュータに電力が供給されていないことをしっかりと確認します。コンピュータの電源が切れるのに時間差がある場合、1分間ほどかかることがあります(機械によってこの機能は異なり、個別のスイッチが付いていることもあります)。
3. メイン電源を切ります。
4. 以下の手順に従ってケーブルを接続します。
5. 20分以上充電させます。時間が長いほどよいでしょう。
6. メイン電源のスイッチをON状態にします。
7. 機械を始動させます。
8. ブースターケーブルの接続を外します。必ず**写真6-18、6-19**のように行いましょう！
   機械を始動させた後、15分以上エンジンを回します。
9. エンジンを停止します。
10. メイン電源を切ります。
11. コンピュータに電力が供給されていないことをしっかりと確認します。
12. 外していたコンピュータへの電力供給を再び接続します。
13. メイン電源のスイッチをON状態にすると、機械は使用可能な状態となります！

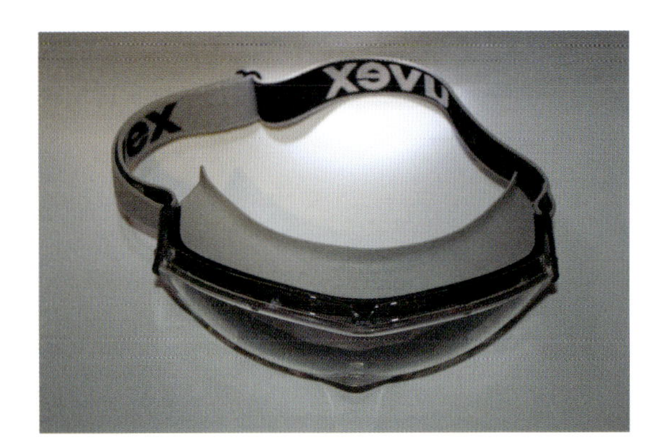

写真6-12　バッテリーの電極に何かを接続する際は、どんな場合でも写真のような防護メガネを着用すべきである。このメガネのように、上側の縁が顔にぴったりフィットすることで、酸が目に流れ込むことを防ぐ機能を備えたものを着用しなければならない。

通常のワニ口クリップ付きブースターケーブルの接続方法

クランプは、シャーシとバッテリーの正極（プラス側）に必ず接続します。クランプを正極につなぐことが極めて重要です！　この**図6-3**のように、ケーブルを通じて電極からメイン電源へ24ボルトの電流が流れます。

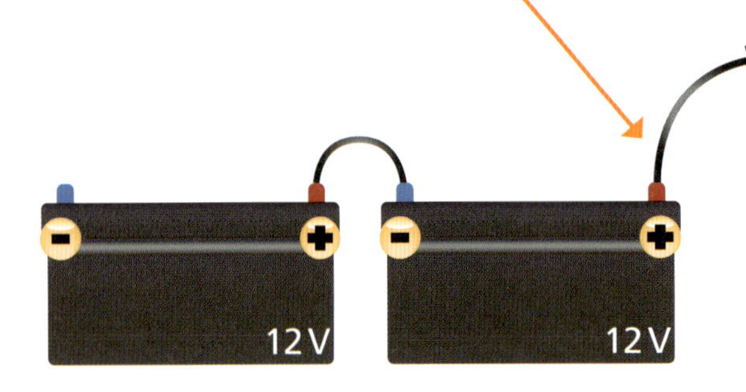

図6-3　クランプは、シャーシとバッテリーの正極(プラス側)に必ず接続します。

写真6-13　通常のワニ口クリップ付きブースターケーブルの接続方法。

通常のワニロクリップ付きブースターケーブルの接続手順

火花とそれによって発生する爆発のリスクを最小化するため、通常のブースターケーブルを以下のように接続することが推奨されます（**写真6-14～6-17**）。

通常のワニロクリップ付きブースターケーブルの接続解除手順

ブースターケーブルは、接続と逆の順序で外すようにすべきです。最も重要な点は、**写真6-18、6-19**で示しているように、黒いケーブルを先に外すことです。その後に、赤いケーブルのクランプの接続を外しますが、これはどちらから外しても構いません。

写真6-14　始動に問題が生じている車両系林業機械で、赤いケーブルを正極に接続する。

写真6-15（別の機械の）始動を助ける機械で、赤いケーブルを正極に接続する。

写真6-16　始動に問題が生じている機械で、黒いケーブルをシャーシへ接続する（バッテリーと十分距離をとって）。

写真6-17　始動を助ける機械で、黒いケーブルをシャーシへ接続する（バッテリーと十分距離をとって）。

写真6-18　先に始動を助けた機体のシャーシからクリップを外す。

写真6-19　始動に問題のあった機械のシャーシからクリップを外す。その後で、赤いケーブルのクランプの接続を外す（順序は問わない）。

第7章

車両系林業機械の火災時対応

自分が操作する車両系林業機械から出火することは想像したくないことではありますが、それは起こり得ます。そのため、機械で火災が発生した状況に事前に備えておかなければなりません。

火災に対処する十分な技能があるだろうか？

車両系林業機械から出火した際に、迅速かつ正しい行動をとることが極めて重要です。最初の1分間か、場合によっては最初の数秒間のオペレータの行動が結果を左右します。個々の機械について、取扱説明書の出火時の対処方法の項を読んでおきましょう。

一方、保険業者が受理した保険金受取請求が有効と見なされるには、オペレータが火災時に扱う装置類に習熟していることが条件とされています。オペレータの知識が不十分か、不適切な行動をとった証拠があると、損害に対する補償額が減額されることがあり、保険業者によっては、補償額を20％以上減額することがあります。

訳注：上記および次項の保険については、原著の出版国（スウェーデン）での車両保険等の情報についての記載です。

火災時の安全確保と火災予防

保険会社は、個々の機械に対する火災時の安全装置やスプリンクラーなどの年次点検を要求します。もしこれがなされずに機械が火災に遭うと、保険契約者からの請求に対して20％以上減額されることがあります。

メイン電源を切る

火災時の安全確保ルールの1つに、オペレータが機械から離れ、誰も乗車していない状態では、必ずメイン電源を切るというものがあります。これは火災時に限ったことでなく、修理や清掃のために機械を駐車している状態にも当てはまります。もしこれがなされずに林業機械から出火すれば、受取保険金が減額される可能性があります（**写真7-1**）。

手動の消火器の交換

手動の消火器は通常、林業機械の中でも手に取りやすい場所に設置されています。消火器の設置場所が悪いと、消火器がホルダーから脱落するなどして、消火器やホルダーの破損につながる場合もあります。

消火器が空になったり、なくなったり、故障したりした際には、すぐに新品の（中身の入った）消火器を機械の適切な位置に取り付けなければなりません。もしこれがなされずに機械から出火すれ

写真7-1　保険会社損害査定員は、火災後にオペレータが機械から離れた際にメイン電源を切っていたかどうかを確認するだろう。

ば、受取保険金が減額される可能性があります。

火災の兆候

出火が起こるには、いくつかの兆候があるはずです。これらの兆候には、警告灯や機械の感知器によるブザーも含まれます。警告の信号を見聞きすることに加えて、当然のこととして火が見えたり煙のにおいを嗅いだりすることで気づくケースもあるでしょう。

消火システムは半自動

林業機械の消火システムは、通常、半自動型です。これは、メインサーキットブレーカーがON（OFFにしていない）の場合に、オペレータは消火システムを手動で起動させなければならないことを意味します。メインサーキットブレーカーがOFF状態であれば、消火システムは全自動で働きます。たとえ主ブレーカーがOFF状態であっても、火災が発生したら消火システムを手動で起動させるよう準備は必要です。

消火システムの使用は「安価」

言うまでもなく、使用できる消火装置を用いて火を消すことは、一般的にベストだと考えられています（オペレータが負傷するリスクがなければという前提。リスクがある場合は、オペレータはすぐにその場から離れるべきです）。

ほとんどの機械には、消火システムが備わっています。最も一般的なタイプは「セーフガード」と呼ばれています。このシステムを起動させ、後に再補充する作業は、単純かつ比較的安価だと言えます。システム使用後の清掃も不要で、つまり余計な費用はかかりません。

消火システムの使用には、機械の下の地面に広がった火を弱める効果もあります。

火災時の行動計画

様々な条件下での火災時の行動計画は、以下の通りです。

機械操作中に火災の疑いがあれば

最新型の機械の操作中に、火災ではないかと感じたら、以下の行動計画に従うことが現在では推奨されます。

- 車両系林業機械のエンジンを停止させます。火災のおそれがあれば、キャビンから降ります。緊急の問題がないようであればキャビンに留まり、以下のように行動します。
- すばやく機械の周囲を見回して、出火していないかを確かめます。火を見つけるか、わずかでもその可能性があれば、消火システムを起動させます。
- キャビンから降ります（今すぐ火傷を負うリスクがなければ、携帯電話を忘れないこと）。機械がまだ燃えていることを確かめるか、その可能性を感じたら、機械に備え付けられている手動の消火器を使用します。消火器の粉末が火元に向かって噴出されるよう全力を尽くします。
- それでも消火しきれない場合は、緊急通報用番号（日本では119）で消防署に電話します。また、同僚にも連絡して救援を求めます。

車両系林業機械に火災が発生した状態では

林業機械のエンジンが回っていて、オペレータが機械の近くの地面に立っている状態で機械に火災が発生した場合は、以下のように行動すべきです。

- メイン電源のスイッチを使って、エンジンを停止させます。消火システムが自動で作動します。システムが自動的に起動しない場合、機械的に消火システムを起動させる手動操作を行います。起動ハンドルはメインサーキットブレーカーの隣に配置されています。このハンドルを引き、消火システムを始動させます。
- 機械がまだ燃えていることが確認できるか、その可能性を感じたら、機械に備え付けられている手動の消火器を使用します。消化器の粉末が火元に向かって噴出されるよう全力を尽くします。
- それでも消火しきれない場合は、緊急通報用番号（日本は119）で消防署に電話します。また、同僚にも連絡して救援を求めます。

車両系林業機械に火災発生、かつエンジンが停止した状態では

エンジンは停止しているものの、オペレータが機械の近くの地面に立っていて、かつ機械が燃えているおそれがある場合は、以下の手順に沿って行動すべきです。

- メイン電源の隣に、機械的に消火システムを起動させるハンドルがあります。このハンドルを引き、消火システムを始動させます。同時に、メイン電源を切ります。
- 機械がまだ燃えていることを確かめるか、その可能性を感じたら、機械に備え付けられている手動の消化器を使用します。消化器の粉末が火元に向かって噴出されるよう全力を尽くします。
- それでも消火しきれない場合は、緊急通報用番号（日本では119）で消防署に電話します。また、同僚にも連絡して救援を求めます。

急激に燃え広がる火災

時に火は急激に燃え始め、そして燃え広がることがあります。例えば、高温のオイルが吸気口やエキゾーストマニホールド、排気管やターボなどに噴射された場合などがそうです。ラジエーターのファンが回っていると、作動中のエンジンが火

に対して大量の空気（酸素）を送ることとなり、非常に危険な状態になります。このような事態では、迅速に行動しなければならず、まずはキャビンからすぐに降ります。この種の状況は、オペレータの生命に切迫した危険を及ぼします。

火災予防

機械を常に整理整頓

火災を予防する効果的な方法の１つは、林業機械を極力きれいにすることです。これはとりわけ、機械の中でも熱を持ちやすい部分に対して当てはまります。エキゾーストマニホールドやマフラーに、針葉樹の葉や細かい枝、その他の可燃性の物が入り込んだままにしておいてはいけません。機械に刺さった枝を含めて、機械に落下、付着している可燃性物質は常に取り除くようにします。

オペレータは、検査に立ち会おう

すべての林業機械は、火災時の安全確保に関して定期検査を受けなければなりません。この検査に、オペレータ全員が立ち会うことが推奨されます。これによって、個々のオペレータが火災時の安全確保に関する重要な要素を理解するのに役立ちます。

訳注：車両系林業機械（木材伐出機械）に関する日本の法令では、定期的な検査、点検項目について、労働安全衛生規則で規制されています。詳細は、本書第６章（108頁）参照。

規制対象の木材伐出機械等

伐木等機械：フェラーバンチャ、ハーベスタ、プロセッサ、木材グラップル機、グラップルソー

走行集材機械：フォワーダ、スキッダ、集材車、集材用トラクター

写真7-2　林業機械が持っていた大きな価値が、煙とともに失われてしまった。

第8章

水資源の保全、水質の保全

第8～11章では、伐採現場での作業計画を作成する際の基礎情報を解説していきます。これらのポイントが第12章「伐採作業の計画」で統合しますが、8～11章ごとに、内容を深掘りしています。なかでも土壌と水資源の保全・維持を扱う本章と9章は、相互に密接な関係があります。本章では、水資源の保全（水質保全を含む）は、特定分野の知識を要する重要なポイントとして解説します。

水資源保全、水質保全は重要分野

本章の最大の目標は、経験の少ない読者が、森林施業に伴う土壌への損傷が様々な大きさの水路や湖の水質にどう影響するかについて、十分な知識と理解を深めることです。そのため、提供された情報に基づいて、そのような損傷を避けるために必要な知識を読者が身に付けられるようになるべきです。水路や排水溝、路網に沿って水が流れる場所で、土壌を傷めずに通過する方法について、とりわけ注意する必要があります。

ここでは、あらゆる種類の流水を「水路(watercourse)」と呼ぶことにします。

損傷の修復は解決策ではない

地表面が損傷を受けた後、エクスカベータ（訳注：日本で言うところのユンボ）などを使って修復することは理論的かつ正しいことのように思えます。表面をならせば、修復結果の見映えもよいでしょう。しかし、実際には変化したのは外見だけです。こうした補修作業は通常、重金属（その他の物質を含め）の溶出を促進することが、調査結果から明らかとなっています。そのため、修復によって水質環境はより悪化することとなります。したがって、修復を要する地表面への損傷を伴う作業を下手に計画・実施するべきではありません。

法令、通達と森林認証システム

伐採作業中に水路の周辺で配慮しなければならない環境要因および特徴については、いくつかの法令によって規制されています。スウェーデンでは、基本的要件は森林法第30項に記されています。その他の関連情報は、環境基準（MB）第2章に一般的な保全通達が、第5章と11章にEUとスウェーデンにおける水の保全に関する規制が、それぞれ表されています。スウェーデンで働くオペレータがこれらの規制を知っておくことは不可欠であり、他の国のオペレータにとっては関連する国内法および国際法を理解しておかなければなりません。

訳注：伐採等施業と水資源、水質保全等に関する日本の法令、指針の事例

・保安林は伐採等の制限があり、保安林整備等の取り扱いに当たっての指定作業要件には「水質の保全に配慮して設定することとする」と規制されています。
　資料：林野庁「水質保全に配慮した保安林整備等の取扱いについて」最終改正：平成12年6月8日 12林野治第1313号
・森林作業道開設についてのガイドライン
　周辺環境への配慮として渓流への土砂流出防止対策が示されています。
　資料：林野庁「森林作業道作設ガイドライン」（平成27年度版）

森林認証システム

FSCとPEFCの森林認証は、水質保全を含む環境のための行動規範を示しています。

訳注：森林認証制度での環境のための行動規範例

・SGEC（PEFCとの相互承認）
　「SGEC森林管理認証基準・指標・ガイドライン」基準3　土壌及び水資源の保全と維持
・FSC
　FSC®の原則と基準（第5-2版）原則6：環境価値とその価値への影響

新しい基準

EUは、最新の調査に基づいて、環境品質基準のための新たな提案を発表しています。これら現在の発表内容が受理されると、スウェーデンの湖沼の90%以上で水銀濃度が推奨値を超えることとなります。林業は、スウェーデンの湖沼における水質問題の主因とされており、高い水銀濃度は以前に行われた林業活動に関連しています。そのため、林業部門は湖沼の水質に対して一定の責任を引き受けるべきかもしれません。

訳注：EUの環境品質基準
環境品質基準（Environmental Quality Standards Directive（EQSD））は2000年制定、流域の水質保全等を図る基本的枠組みである「EU水枠組み指令（Environmental Quality Standards Directive（EQSD））」に基づいている基準。

水路に影響する活動には許可が必要

水資源保全に関する作業ガイドラインは、様々な環境基準から引き出すことができます。水路を撹乱する可能性がある作業を行う場合、作業者は必要事項にすべて配慮した上で作業を実行できる十分な能力を有していなければなりません。

作業者はまた、損傷が発生した際には修復する責任も有します（本書第11章と環境基準の関連項目を参照）。

水資源や水質に影響する排水路やその他の水路のそばでの作業は、スウェーデンでは**「水際の作業（water activity）」**と呼ばれています。こうした作業には、例えば小川に排水溝を設置するなどがあり、これによって水の流れがかなり影響されることから、水際の作業を行うには特別な許可が必要です。環境基準の多くは、作業に当たる者（水路を横断する計画を立てる者など）の責任を明確に定めています。

また、作業計画が小川の掘削を含む場合、地方委員会への報告が義務付けられています。

訳注：上記の水際作業に関する規制は、スウェーデンの法令に準拠した記述で、日本国内では該当しません。

許可申請義務の例外

以下の文章は、環境基準（スウェーデンMB第11章12項）からの引用です。

「水際の作業に伴う水質への影響によって公共ならびに個人の関心の対象ではないことが明白な場合、本基準が定める許可またはMB第11章9a項が定める報告は不要である」

これは、他の物事と同じく、公共および個人の関心に支障がないことが明らかな水際の作業については、許可を必要としないことを意味しています。

協議

スウェーデンでは伐採計画や間伐作業を報告する場合、例えば小川の横断などに関する協議が森林管理局から要請されることがあります。環境にかかわらず、水路や排水溝に沿って作業を行う際には、こうした協議（MB第12章6項）を求めるのが望ましいでしょう。

地方委員会への報告

さらに伐採計画に小川の掘削作業が含まれる場合、地方委員会への届け出をしなければなりません。

林業活動に起因する環境への影響

浸食

地面からの土壌の洗堀は、浸食と呼ばれます。浸食された粒子のうち、特に微細粒子は流水によって長距離を運ばれることがあります。そして、運ばれた粒子は湖沼や果ては海洋まで行きついた後に沈殿して、堆積物となります。一般的に、水の流れが止まって運搬作用が弱まると、粒子はすぐに沈殿します。

流水で運ばれる微細な土壌粒子は様々な問題を起こします。例えば、魚類や両生類の産卵場所を破壊したり、大量の水生生物の呼吸（酸素の吸収）を阻害して致命的なダメージを与えたりすることがあります（図8-1）。

腐植に吸着する重金属

土壌中の腐植は有機物（動植物や微生物の死骸）から主に構成されています（訳注：腐植とは、林床で落葉などの有機物が微生物の作用で徐々に分解されてできた通常は黒色の物質。有機物と無機物の混合体である土壌における有機成分となる）。

腐植の量は、そうした死骸の分解度合や鉱質土壌の量、混合物が団粒を形成する程度の差によって異なります。固い地面であればどこでも、腐植の分解度合は最表面で最も低く、地面を掘り下げていくほど高まります。

様々な重金属は、腐植と結合しているという調査結果があります。とりわけ、腐植が流水で運ばれる際、メチル水銀（メチル基CH_3）が水路に流れ込みます。

泥炭─非常に安定した環境

木材などの植物由来の物質が、泥炭層で非常にゆっくりと分解されることはよく知られています。これは、泥炭湿地には分解に必要な酸素がほとんどないためであり、分解速度が極めて緩慢になります。泥炭からの物質の溶出もまた、非常に少なくなります。

しかし、林業機械が泥炭地を走行すると、泥炭は圧縮または撹拌されます。こうした作用は両方とも、泥炭の酸素濃度を変化させ、有機化合物の酸化と分解を促進し、重金属を付近の水路へ溶出させる結果となります。ひとたびこうなってしまうと、重金属は周囲の土壌粒子とすぐには再結合しません。

幹線路の下り走行

水路に深刻な損害を与える伐採作業の1つとして、荷を積んだフォワーダが長い斜面を下ることがあります（幹線路を含めた路網の定義は、第12章を参照ください）。

よく計画された作業においても、フォワーダが

図 8-1 機械の前方に押し出された水は泥（水と細かな土壌粒子）に変わる。この泥が水路や湖沼へ流れ込むと、悲惨な状況になることがある。

長い斜面を走行し丸太をトラック道へ下ろすことが一般的なため、このような光景は極めて日常的です。問題が生じるのは、凍結していない路面での走行の場合で、大量の水が林業機械の通り道に沿って斜面を流れ落ちることとなります。このような条件でフォワーダ（またはハーベスタ）が斜面を下ると、大量の水を前方へ押し出すことになります。この水は通常、大量の微細な土壌粒子や腐植が混ざった泥を運びます。特に大雨の時に深刻な問題を引き起こします。

斜面上方から流れる水
―環境悪化の大きなリスク

上記のように水が流れるのを防止する方法の1つに、（斜面下方の）土場まで一直線とならないように路網の線形を設計することがあります。環境上の理由から、路網を流れる水は決して水路に達することがないようにするべきです。

もしそうなった場合、水中の生物にとって大きなダメージとなります。細かな土壌粒子を大量に含んだ水は、水路に甚大な被害をもたらします。これはまた、水路まで達することの多い排水溝にも当てはまります（**図8-1**）。

路網を流れる水によって、その他の問題と費用も発生します。特に、トラック道に集まって流下した水が、排水溝を泥で詰まらせることがあります。さらに、路網から水路に達することで、水銀やその他の重金属も一緒に流れ込むことになります。

路網を流れる水のリスク―必要とされる行動計画

前述の通り、素材生産業者へ発注して森林の伐出生産を行う事業者には、伐採現場に至る幹線路を計画する責任があります。この計画において、プランナーは水の流れる可能性（季節変動を考慮する）と水が引き起こす損傷についても評価するべきです。そして、プランナーが水による損傷のリスクありと推測した場合、事業者と（受注した）素材生産業者同士で伐採前に協議するべきでしょう。

路網から流れ出す水による損害
―責任は誰にあるか？　それは契約業者！

事業者には、幹線路を計画する責任があります。一方、伐出作業を受注する素材生産業者と林業機械のオペレータは、伐採作業中に発生する上述のような様々な損傷に対して責任を負わなければなりません。したがって、上記のような問題が起こった場合は、常に上司へ連絡するようにしましょう。水の流れを止めるのに役立つ方法がいくつか見つかることもあるでしょう。

水の流れを止める方法

斜面や尾根を通るように幹線路を配置する

水の流れを止める1つの方法は、地形条件が許せば、路網が土場方向へ一直線に伸びないようにすることです。

水の流れを止めるためには、路網が斜面や尾根を通ったり、水の流れを止めるために盛土するなどして、直線的な流れができないように計画するべきです。

「泥溜め」をつくる

水の流れを止めるもう1つの手段は、大量のトウヒ枝葉を路網の中央に敷き詰めて、泥溜めをつくることです（**写真8-2**）。これによって水の流れがある程度止まり、水はその脇へ流れていきます。車両系林業機械が枝の束に達したとき、少しの間、林業機械を停止させるべきで、そうすれば前方へ押し出された水が元の場所に戻ってきます。

道に沿って溝を掘る

最も単純で、おそらく最も有効な方法として、エクスキャベータ（ユンボ）を使って溝を掘ることがあります（**写真8-3**）。路網に沿ってかなりの大

写真8-1 機械の走行によって小川付近の路網に深いわだちができている。水はわだちに沿って流れつつも、一部は小川へ向かっている。これは明らかに水質環境を悪化させる望ましくない状況である。

きさの溝をつくることで、流れてきた水を比較的損傷の少ない道脇へ誘導することができます。

最も安価な方法

伐採現場から土場への木材搬出作業で生じうる林地の損傷を極力抑えるために講じるべきいくつかの方法は、上記に示した通りです。

次に、最も重要かつ安価な方法について解説します。それは、伐採の前と作業中にわたって十分に計画を練り、そしてそれを適切に実行するということです。路線を綿密に計画し、伐採作業に適した時季を選ぶことで、損傷リスクをかなり低減することができます。

小川の横断

伐採現場から土場へ向かう路網の計画中に小川に行き当たった場合、「林業機械が小川を通行する必要があるのか？　イエスと言うなら、どこをどうやって通るのか？」と関係者は尋ねるでしょう。

小川の通行に関しては、計画と決定を明確に行わなければなりません。つまり、通行せずに伐採作業が可能なのか？　通行は必須なのか？　後者であればどうやって行うのか？ということです。

目標1：水路を横断しない

水路沿いの伐採計画では、可能であれば、**いか**

写真8-2　伐採作業において、小川に向かって急勾配で路網がつけられている。トウヒの枝葉が溜められている壁に注目すると、路網から小川に向かって流れていく雨水による小川の環境劣化を低減する効果が見られる。

写真8-3 路網を横切る溝を掘ることにより、上方から流れてきた水の進路を変えることができる。損傷を最小限に抑える場所を的確に選び、そこへ排水すること。

なる水路や溝であっても車両系林業機械で横断することは避けましょう（写真8-1、8-4）。

浸食や重金属の溶出が起こる可能性があるため、損傷を許容範囲内に抑えながら水路を横断できる可能性は低いと言えます。

図8-2　悲惨な状況！

写真8-4　この写真の現場で水路を横断したのは、ずっと昔の1970年代ではなく2006年の秋である。破線は従来あった水路を示している。誤りを犯した可能性は極めて高い。

目標２：できるだけ損傷を抑えて水路を横断する

いかなる種類の水路においても、それを横断する際の原理・原則は、規模にかかわらず共通しています。その目標は、元来浸食されていた場所もしくは掘られた溝を水が流れるようにすることです。そうした場所の縁辺部を林業機械が走行するのは避けなければなりません。たとえ（通行する林業機械の）接地圧が低くても、こうした場所の湿った土壌は損傷を受けやすくなっています。

１年の中で適期を選ぶ

水路や溝を横断することについて有効な方法が見当たらない場合、作業開始前に綿密な計画を練らなければなりません（**写真8-5、8-6**）。

最初に考慮すべき要素は、伐採作業が１年の中で最適な時季で計画されているかどうかという点です。水路を横断する必要がある場合、可能であれば、地面が凍結する冬季に作業を計画するべきです。

最適な横断箇所を選ぶ

作業開始前に、最適な横断箇所を見つけておかなければなりません。そのポイントは、条件によって大きく異なります。通常は支持力の高い場所を選択すべきで、石の多い場所が最適です。

写真8-5　車両系林業機械による小川の横断時に、多くのミスが発生している！　誤った時季に作業が行われ、横断箇所の選択にも配慮がなされていない。加えて、オペレータは小川への損傷を抑える対策を何も行っていない。

写真8-6　伐採作業における機械の横断により水路への深刻な損傷が発生しており、さらには何年にもわたる浸食が続いた結果、林地環境へのダメージが拡大している。

橋の使用

機械による水路の横断時にどのような形であれ、橋を利用できる場合は必ず使用しましょう！選択肢として、プレハブ型の鉄製の橋や余りの部材を現場まで搬送して使用することがあります。もう１つの方法として、現地調達で木製の橋をつくることがあります(**写真8-7**)。

橋を用いない横断

時に、橋を使わずに機械が小川を横断することが適している場合もあります。このような状況では、石の多い場所を選ぶべきです。小川の底に細かな堆積物がないことが望ましく、また両岸は大量の枝葉で補強するべきです(たとえ排水溝を使用しない場合でも)。

小川の中に丸太を置かない

単純に小川の中に丸太を置いて、その上を走行するのは決してよい方法とは言えません(**写真8-8**)。丸太が水をせき止めることで乱流を発生させ、小川の水位を上昇させることとなります。

こうなると、土壌の微細粒子や腐植が小川に流入するリスクが高まります。また、上昇した水位は、丸太を浮き上がらせて下流へ流す可能性を高めます。そのため、機械が小川を横断する際に橋がバラバラになることがあります。

小川に接する林地を保護する

機械による小川の横断によって両岸に２本の深いわだちができると、それが通路となって細かな土壌粒子や腐植が小川に流れ込むことになります(**写真8-1、8-9**)。さらに、こうしたわだちは伐採後もそのまま残ることとなり、土壌や腐植が何年も小川に流入します。調査結果によれば、こうして伐採後７～８年間は水銀濃度が上昇します。そのため、置かれる環境によりますが、丸太橋

写真8-7　オペレータが小川を横断する橋を設置したことで、小川を汚すことなく伐採作業が行えるようになった。

写真 8-8 オペレータが数本の丸太を通行のために敷いたが、小川への被害を避ける方法としては不適切である。

写真 8-9 小川には機械の横断による損傷はないように見える。しかし、オペレータは小川の周囲を補強し忘れていて、結果として深いわだちができている。これによって浸食と（重金属の）溶出、小川への流れ込みが発生することとなり、向こう何年にもわたって小川の生態系へ悪影響を及ぼすことが考えられる。

（または類似した素材を使った橋）をつくるか、大量の枝葉を敷くなどの対策を講じなければなりません（**写真8-10、8-11**）。加えて、わだちが小川につながらないようにすることも、とても重要です。

支持力の低い箇所では、計画された伐採に耐えうる支持力が得られるよう、地面を補強しなければなりません。岩の割合が高いなど、地面が十分に固ければ、小川から片側５ｍの範囲を補強しましょう。縁辺部の壊れやすさは、横断箇所ごとに評価しなければなりません。

水路の縁辺部を補強するのにトウヒの枝葉を用いる場合は、作業を行いながら枝葉の追加が必要かどうかを継続的に確認するようにしましょう。地面に敷いた枝葉の床は、機械が走行することですぐに粉砕されてしまいます。そのため、作業が続く間はできるだけ長く枝葉の床が保持されるよう注意しなければなりません。

少々の枝葉が水路に流れていくのは許容範囲です！　ただし、束になった枝葉や植生が小川に流れた際には取り除きましょう。

スカリファイヤーが小川を横断するか？

小川（または溝）の機械横断の計画時に考慮すべき問題として、土壌かき起こし機（スカリファイヤー）が横断するかどうかがあります。これは、横断箇所の決定に影響する場合もあるためです。もしそうであれば、伐採作業の終了後にも丸太橋をしかるべき箇所に残しておくべきです。

恒久的な横断構造物

多くの場合、最善の方法は恒久的な橋をつくる

写真8-10　小さな小川での車両系林業機械の横断。水路の底は岩がちである。浸食のリスクを低減するため、オペレータは数回分の荷に相当する枝葉を小川の際に敷いて補強している。

写真8-11 橋を撤去した後、小川の中もしくは周囲の生態系に被害が生じていないことがわかる。小川の両側が岩がちな箇所であり、慎重に横断箇所が選ばれたことは注目に値する。

ことであり、伐採作業後にも使用する場合はなおさらです。このような場合、経済性や生態系への配慮の両面を考慮しなければなりません。

排水溝は（魚類の）回遊の障害となるほか、水の流れの妨げとなり、橋の材料が浸食される可能性もあります。こうした問題を回避するため、「半円筒型の排水溝」が推奨されます。この形状の排水溝には通常礫を敷き詰めておき、長期にわたる水位の変化によらず、水流に影響を受けない程度の大きさが必要です。この方法における基本ルールは、２m幅の小川には２mの大きさの半円筒型排水溝を用います。半円筒型排水溝は、同じ大きさの、筒状の排水溝よりも確実に安価です。

一方、筒状の排水溝を用いる場合は、小川の水位に関係なく、中を流れる水が半分を超えない大きさの直径のものが必要となります。

しかし、円筒型は、緩やかな勾配と（岩のない）軟らかい河床をもつ小川の区画ではうまく機能すると通常考えられています。

水路損傷を防ぐ様々な手法

これまでの解説は、林業機械による損傷を避けるのに有効な方法を解説したものです。ただし、問題は複雑かつ様々な方面から議論が投げかけられる性質を持つものであるため、関連要素と適用される手法について紙面を割いて以下に概略を述べます。

図8-3　斜面から路網に排水される模式図

水路の損傷に関する3つの分類

伐採作業によって水路近辺で生じる損傷のタイプは、３種類に分類することができます。

①路網から小川（または溝）へ流れた水によって起こった損傷。このタイプが最も深刻かつその影響が長期に渡るおそれがあります。

②水路の周辺部で起こる損傷も、重度かつ長期間影響することがあります。

③小川（または溝）自体への損傷。このタイプは何としても回避すべきものですが、図で示した路網ほど深刻な影響とはなりづらいでしょう。

①写真8-12
稚拙な路網計画によって、以下のような結果が長期に及ぶおそれがある。
・養分や重金属の溶出のリスクの高まり
・菌根菌の生育抑制
・それに伴う植物の成長不良
雪解けや大雨といった特定の環境下では、壊滅的な状況に陥る可能性がある。路網が通り道となって、数百㎥もの微細粒子が水路に流れ込むかもしれない！

②写真8-13
水路の周辺部で起こる損傷によって、浸食ならびにそれに付随した養分・重金属の溶出が長期にわたって起こることがある。

③写真8-14
小川（または溝）自体への損傷によって、比較的短期間に水質の劣化が起こることがある。

第9章

地形、土壌を読む

地形や土壌については、内容が多岐にわたるため、本章ですべてを言い表すことはできませんが、本章のタイトルである「地形、土壌を読む」ことは、地形が持つ性質を見極めた上で、伐採作業全般を通じて最適な判断を行うために、地形（地面の形状や地表面）、土壌、植生などを学ぶことです。作業計画作成や林地の保全、効率的な木材生産において極めて重要な判断と技術が必要であるため、地形と土壌に焦点を絞ります。

林地と水の保全に注目する

本章では、地形、土壌を読む技術を養うための情報を記しており、「地形、土壌を読む」技術は、「現場にある機械を活用しながら、地形、土壌、植生を素早く観察することにより、伐採現場における困難な状況を把握する能力」と定義しています。

この技術に必要な知識はとても複雑で、文章で伝えきることは困難です。そのため本章の内容

図9-1　林業では、図の彼よりもスマートに作業をするべきである…。

は、長年の経験をかけて高めていくべき技能を継続的に習得するための土台として、位置付けられるべきものです。土壌と水を適切に保全することは最優先項目であり、ここでは地面と水路の損傷を避けることを主要課題としています。

なぜ、どのように、そして警告サインを読み取る

本項では、経済的観点を除いた立場から、地形を読んで伐採作業を計画することが**なぜ**重要なのか、また併せて**どのように**作業を行うべきかについて解説しています。

この狙いは、読者に（現場における隠れた）**警告サインを読み取り判断する**知識を提供することです。つまり、**通常では行わない方法、もしくは明らかな禁止作業**は論外として、どこに土壌を損傷するリスクがあるのかということと、伐採作業によって土壌への損傷が起こりうる際に、それをできる限り小さくする方法を学ぶということです（**写真9-1**）。

伐採現場での作業を陰で支える「地形を読む」技術には様々な視点があり、次にいくつかの項に分けて解説します。

写真9-1　十分な補強（切り株や枝葉）もなしに、凍結していない泥炭地で数百㎥を搬出した跡地を想像するのは難しいことではない。例えばこの写真にも、警告サインを読み取る重要性が示されている！

タイガ：一例として

本章ではスウェーデンの環境条件について詳述していますが、条件はタイガ（北半球の針葉樹林帯。訳注：自然植生で針葉樹が優占する気候条件）全体を通じて似通っています。さらに、多くの現地調査の結果、タイガ以外の伐採作業においても適用できることが示唆されています（例えば、湿地帯を走行する際に考慮すべき要因など）。植生や土壌型、土壌の支持力の評価のために地形を読むことは、常に必要不可欠であると言えます。

地形区分体系

スウェーデンでは、特にプランナー（計画担当者）の間で地形区分体系が利用されてきました。しかし、土壌の支持力を判断する場合などに、この体系情報に頼るだけでは限界があることがわかっています。

伐採作業の計画・実施時にコミュニケーションを図る機会があれば、参加する全員があらゆる関連情報を共有することは欠かせません。

そのような情報が失われたり伝えられなかったりすると、たいていはマイナスの結果、例えば経済的な支出や不必要なわだちが発生することとなります。地形区分体系は重要な変数の値を示していますが、重要な情報が不正確（もしくは得られない）であったり、さらに悪いことに根本的なエラーが起こる可能性もあります。このため、体系の活用には注意が必要です。

本章の最後に、様々な土壌型における支持力を判断するシステムにおいて、土壌への損傷やスタックなどの経済的損失を避ける方法などを紹介しています！

「地形を読む」技術
―他の区分体系よりもはるかに重要

現場での伐採を巧みに行う可能性（例：土壌を損傷しない）は、ひとえに林業機械のオペレータの技能や判断（特に土壌の支持力や土壌への損傷リス

図9-2　林業会社に所属する者は全員、現場の状況について考える時間を持たなければならない。

クの評価)、綿密な計画によって決まります。

例えば、計画が粗雑であれば、地形区分体系で十分な支持力があるとされている現場の土壌をひどく傷めてしまうことも考えられます。一方、支持力がより低い現場環境であっても、熟練したオペレータが作業すれば被害を最小限にすることも可能です。

コミュニケーションチェーンの欠落による損害

スウェーデン林業では、主要な土壌粒子の径を基にした土壌(または堆積物)の分類にアッターベルグ法を用いるのが一般的です(下記訳注)。しかし、本書ではいくつかの理由から、スウェーデン地質工学学会が1981年に発行した区分を用います。最も重要な点として、学会の区分には支持力を判断する地理的な基準が示されており、それによって現場の地面の特徴に関して、よりシンプルで明確なコミュニケーションをとれることが挙げられます。例えば、砂という分類では通常砂やシルトと呼んでいるものについて説明されています。シルト質土壌の支持力は低下しやすく、伐採作業に大きな問題を来すことがあるため、これは大事なポイントです。

学会の区分は、土をならしたり掘削したりする土木会社で利用されており、英国規格協会(BSI)やISO14688-1といった、その他の一般に利用されている区分システムと類似しています。

訳注：日本における土壌分類方法
森林に関する土壌分類については、当時の林業試験場でまとめられた「林野土壌分類」1975(1975年に改訂された林野土壌分類法のマニュアル)が使用されています。

たいていの現場では、木材搬出に適したルートを見つけることができます。

地形—幅広い概念

ここで言う地形という用語は、伐採現場における総体的なランドスケープ(景観、訳注参照)を指します。地形の性質は、通行の容易な砂質の原野から、岩が多くて機械が通れない場所、土壌の支持力が低すぎて人が歩くことすら困難な湿原まで、極めて変化に富んでいます。

また、斜面の勾配も、機械の通行に大きく影響します。

訳注：ランドスケープ(景観)は生態系の空間スケールを表す学術用語。森と草地のような異質な生態系(景観要素)がモザイク状に分布する空間の全体的なシステムを表します。林分のスケールが集まった、より大きな空間スケールがランドスケープ(景観)となります。
参考：日本景観生態学会サイト

地形を評価する３つの基準

地形の性質を評価するのに、3つの基本的な基準があります。

- 土壌支持力(路面条件とも言う)。
- 表面構造。つまり、穴、岩、巨礫、切り株(地形区分体系にはないが)など。これらはすべて、車両系林業機械の走行に影響します。
- 傾斜。

ここでは、いくつかの理由から土壌支持力に対して多大な注意が払われます。そして、これは最も評価することが難しい要素です。一方、土壌支持力の的確な評価は、土壌や水への損傷を最小限に抑えるのに極めて有効なだけでなく、伐採作業における現場の表面構造や斜面の影響を推測する際にも役立ちます。

プランナーの作業は極めて重要

一連の現場（伐採が計画されている複数の現場）で最善の結果を達成するためには、車両系林業機械の性能と限界を考慮に入れた優れた計画が欠かせません。その上、作業は適期（気候やその他の条件が申し分ない、1年の間のとある季節）に行われなければなりません。

例えば、土壌支持力の弱い場所では、地面が凍結（スウェーデンや、他の高緯度に位置する国々では）してから伐採を行うべきであり、また搬出に用いる路網も事前に十分検討しておかなければなりません。こうした点を踏まえて、プランナーが的確な計画を立てることが伐採作業には欠かせません。計画が不十分なことから、森林所有者と契約事業者（素材生産業者）の両方の経済的収益性が悪化し、土壌と水の損傷を深刻化させた例は、過去に山ほどあります。

「事務所で」行う評価

事務所（伐採現場に行く前）にいても、プランナーは様々な情報源を使って、現場の性質をある程度まで評価することができます。以下、例を挙げます。

- 図面は、必ず把握しておかなければならない現場の水路の可能性を示しています。
- 図面と、その地域の土地勘があれば、主要な搬出路の計画ルートを判断する材料になります。これは、収益の最大化と、土壌と水の損傷の低減の両方にとって非常に重要になります。
- 等高線を重ね合わせた現場の航空写真は重要な斜面情報を表しており、例えば搬出路のための掘削といった、労力のかかる予備作業が必要かどうかなどがわかります。
- 航空写真からはまた、地面の性質や土壌支持力の低そうな箇所など、地形、土壌から発せられるサインを得ることができます。その地域の土壌の生成と分類（土壌の成り立ち）に関する知識があれば、これに役立てることができます。スウェーデンの主要な土壌生成過程に関しては、本章の中でその要約を示します。
- 地質図から、土壌型（砂・シルト・粘土・漂礫土など）の概要を知ることができます。
- 森林管理計画時の森林評価を通じて得られる現場の生産性（肥沃度）は、土壌の性質を表します。例えば、高い土地生産性（訳注）は通常、微細粒子が土壌中に高い割合で含まれていることや、植物の生育期間（1年の間で植物の成長が旺盛な時期）に十分な水分供給があることを示唆しています。

訳注：土地生産性とは、単位面積当たりの生産量や付加価値額を意味し、地位等の指標で示されることもある。伐採作業の効率を表す（㎥／人日）などの数値は労働生産性の一形態である。

- 現地の状況に関する知識（土壌中の岩石が多いエリアや、降雨時の支持力など）は重要で、計画時に最大限活用すべきです。
- その地域の降水パターンを知ることも重要であり、降雨量、最も激しく降るのがいつか、という点は知っておくべきです。
- 冬季に地面が凍結する可能性も、計画時に考慮しておかなければなりません。
- 地質図や、レーザースキャンなどによる画像も有効ですが、これらは簡素化されている場合もあることを理解しておかねばなりません。つまり、ある土壌型として示されている地域で他の土壌型、それも土壌支持力や性質が全く異なるものも存在する可能性があります。そのため、これらは全体計画に対する大まかな道筋を示すだけのものとして捉えるべきであり、そこから得られる情報は経験者による現地調査で補完されなければなりません。

全体計画に役立つツールがあっても、経験者による現地確認は必ず実施しなければなりません！

現場での評価

プランナーは、伐採現場の状況を現地で確認しなければなりません。本章のねらいは、様々な条件下での伐採現場の現地評価に関する重要な知識を伝えることです。

チームとして、地形条件に注意を払う

本書全体を通した考え方として、ハーベスタとフォワーダの連携は不可欠であり、伐採作業の全工程で両機種の連携条件を留意しなければならないという点があります。作業計画中に、地形、土壌（および現場の条件に対処する機械の性能）を十分に検討しておかなければ、ハーベスタと特にフォワーダの両方の生産性を大きく下げてしまいます。フォワーダでの搬出作業の費用は、地形条件を考慮しなければ、困難な地形では倍になってしまうほどです。

優れたリーダーシップが欠かせない

土壌や水路への損傷のほとんどがフォワーダによるものであり、フォワーダのオペレータは損傷を減らせる方法のすべてを実行しなければなりません。しかし、プランナーとハーベスタのオペレータには、より重い責任があるとも言えます。なぜなら、的確な作業計画（プランナー）と前作業の実施（ハーベスタのオペレータ）を通じて、フォワーダ作業を大いに助けることができるためです。

伐採作業の管理者からフォワーダのオペレータに至るまで、チームの各員がこの目標を共有しなければならず、また各々の活動を調整するための適切な管理が重要であるのは明らかです。

オペレータの知識は極めて重要

プランナーの作業は非常に重要なものですが、時にオペレータによる綿密な計画が作業の結果に大きく影響することがあります。目標にすべきは、地面の損傷や、林業機械の転倒、スタック、過度の負荷を避けること（つまり、林業機械を適切に取り扱うこと）であり、一方でハーベスタとフォワーダの両方の生産性を最大化させることです。

ハーベスタのオペレータが中心的な役割を担う

ハーベスタのオペレータは、幹線路と魚骨路（第12章を参照）の全線が斜面を通るように線形を決めていきます。フォワーダのオペレータは、ハーベスタのオペレータの作業判断に依存することとなります。つまり、造材された丸太は道沿いに集積されるため、通常フォワーダはハーベスタと同じ路網を使用しなければなりません。もしフォワーダのオペレータが新しい道を選ばなければならないとすると、やぶの多い道の付近を走行したり、横断するといったリスクを抱えて丸太を運ばなければなりません。これは作業の遅延に加えて、通常は地面への損傷が増すことを意味します。

ハーベスタのオペレータが計画と作業を適切に行えるかどうかは、地形の難易度によります。地形条件が良好な場合よりも困難な条件のほうが、ハーベスタのオペレータには大きな責任がかかります。それは通常、路網の計画に加えて、ハーベスタが（伐倒・造材した）丸太をどこにどうやって集積するかを決めるためです。

例を挙げれば、シングルグリップのハーベスタの場合、立木を伐倒して幹を送材すれば、元口は25m以上移動することとなり、それはつまり土壌支持力の低い場所から高い場所へ移すには十分な距離であったりします。さらに、ハーベスタのオペレータがフォワーダの作業条件をよりよくする方法がいくつかあります。

ハーベスタのオペレータは、特に困難な地形で

のフォワーダの作業条件を決定するため、ハーベスタのオペレータの技能が高いことは非常に重要です。ハーベスタのオペレータは、自分が操作する機械のことや、それが最高の状態でどれだけの仕事が可能かという点だけではなく、（後工程となる）フォワーダに何ができて、フォワーダでの搬出効率を上げるためにどのように作業を組むべきかについても、知っておかなければなりません。

土壌と水の保全は、組織全体で徹底しなければならない主要管理項目、かつ共通目標です。

現場に即した作業を

伐採班の必須要件として、現場の状況に即して作業の計画・実施を行うべきです。地形条件が複雑な場合、この要件を達成するためには、現場の判断にかなりの労力を要することとなります。船乗りが吹いている風を利用しなければならないのと同じように、オペレータも実際の状況を的確に把握し、その状況に逆らうことなく地形に沿って作業を行わなければなりません。

林業機械から見た、地形を読むということ

車両系林業機械のあらゆる性能、ならびに機種間の性能差に関する基礎的知識は、「地形、土壌を読む」技術における重要な要素です。

フォワーダとハーベスタの違い

フォワーダでもハーベスタでも、機種が異なれば斜面の走行性能は異なります。機体重量やタイヤの寸法、ホイールの数といった要素が異なるこ

図9-3　オペレータは、様々な方法で林業機械を扱えるようでなければならない…。

とによって、低い支持力の土壌に対する走行性能が変わります。とりわけ、フォワーダとハーベスタでその性能を比較すると、その差は大きくなります。一般的にフォワーダはハーベスタよりずっと地形の影響を受けやすい機械であり、ハーベスタと同じわだちを満載状態で走行する場合は特に当てはまります。つまり、フォワーダはより高い支持力を必要とする性質を持っており、片勾配の地形によりシビアに反応することに加えて、ハーベスタほど鋭く旋回することができません。

一方、フォワーダはハーベスタと比べてホイールベースが長い特徴があります。これは、急斜面の走行では大きなメリットとなることがあります。フォワーダが前軸を中心にして縦方向に転倒するリスクはほとんどありませんが、急斜面を走行中のハーベスタにはそのリスクがあります。

「地形、土壌を読む」に当たり、オペレータが認識しておくべき要素を以下に詳述します。

満載状態のフォワーダの挙動は、荷を半分程度積んだ状態と大きく異なり、より高い土壌支持力を必要とします。

経済性とオペレータ健康維持の両方に配慮する

「地形、土壌を読む」能力は、作業効率面での理由だけでなく、オペレータの身体にかかる影響を最小限に抑える点においても不可欠と言えます。作業計画が適当であれば、オペレータの作業環境（最小限の振動と片勾配）も良好になります。その上、オペレータの健康と生産性、作業の円滑さには相関があります。

もし作業計画が粗雑であれば、生産性に悪影響が出るとともに、オペレータの健康も害することとなります。極端な例を言えば、粗雑な計画によって林業機械の転倒が起これば、オペレータが負傷するかもしれません。適切な計画と作業の実行を一貫して行うためには、「機械センス」とでも言うべき経験が必要です。

「機械センス」を磨く

ほとんどのベテランオペレータは「機械センス」を十分に磨いており、本書ではこの用語を「短期・長期の両面において、斜面上で車両系林業機械が発揮できる性能を認識する十分な知識」と定義します。このため、適切な計画づくりの必須要件は、機械の操作方法を知ることであり、つまりは短期・長期にわたって十分な機械センスを持つということです。機械センスの短期的要素とはすなわち、熟練した機械操作を行うための技能や感性であり、転倒や様々な損傷、不要なスタックなどを起こさないことです。

機械センスの長期的要素とは、機械を保守・管理して十分に機能させ、長年にわたって機械所有者に収益をもたらし続けることができる能力です。

車両系林業機械は元来、何千時間もの間、非常に高額な修理費を必要とせずに使用され、かつ生産活動を行うべきものです。したがって、収益を向上させるために、複数の要素でバランスの取れた林業機械の扱い方をしなければなりません。

満足のいく収益を得るためには、林業機械を使って高い生産性を引き出すべきです。その一方で、修理代がうなぎ上りになって、かつ作業の休止も発生するような乱暴な機械の操作は行うべきではありません。

つまり、積極的すぎる林業機械の操作は、好ましくありません。例えば、長く太い丸太で荷台を満載にして、メートル級の岩がある非常な急斜面をアクセル全開で登ろうとすることは、勧められるものではありません。また、数メートルの深さがありそうな泥炭湿地で、荷を満載にして走行することは、エンジン部品が浸水するおそれがあり、これも好ましくありません。オペレータは分別を持って林業機械を扱うべきであり、それはつまり、機械性能と困難な地形条件をうまく調和させるということです。言い換えれば、機械を壊さないために、「機械センス」を働かせましょう。

機械センスの概念は、読者の多くにもなじみ深

図9-4　この男は、考えられる最短ルートを取ろうと考えて荷物を運んでいた。

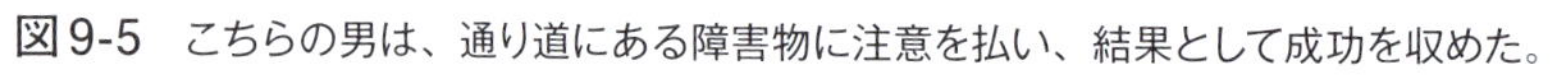

図9-5　こちらの男は、通り道にある障害物に注意を払い、結果として成功を収めた。

いであろう、自転車の様々な乗り方を例にして次に解説します。

機械センスの理解―自転車を例に

高額な修理や維持費をかけずに、自転車を長持ちさせるには、様々な要因が関係しています。当然のこととして、その1つに自転車の設計があります。その他に、自転車をどれくらい、どこで、どのように乗っているかという要因もあります。

仮に自転車をアスファルトの舗装路（でこぼこの砂利道を避けて）で、適度な重量負荷で使用していれば、かなり長持ちさせることができるでしょう。見方を変えれば、自転車の性能の一部は使われないままということになります。

もし、でこぼこの砂利道で同じ自転車に乗れば、より早く乗りつぶすことになります。ただし、そのようなでこぼこ道でも、軽い重量負荷で短い間だけ乗るのであれば、損耗はそれほどひどくはならないでしょう。自転車はそれでもかなり長持ちすることに加えて、本来持っている性能が十分に発揮されることとなります。

ここで、大きな重量がかかっている自転車を想像してみましょう。ハンドルバーの両側にそれぞれ重いバッグをぶら下げて、2人乗りしている状態の自転車です。これは、自転車の寿命を著しく縮めます。スポークの交換がすぐに必要になるでしょうし、過度の負荷でパンクが起こりやすくなります。

また、道路にあるいくつかの穴ぼこに突っ込むようなことがあれば、ホイールがへこんで交換を余儀なくされるでしょう。それに、穴ぼこに高速で突っ込むようなことをすれば、自転車のフレームまで壊してしまうでしょう。そうした自転車の乗り方は、自転車をすぐに壊してしまうとともに、乗り手がケガをするリスクまで負うことになります（**図9-4、9-5**）。

次の例として、一般の舗装道路だけで乗るように設計された自転車と考えてみましょう。乗り手がこの制約を無視してオフロードバイクのように乗ることを決め、ホイールベアリングや他の部品が浸水するような湿地に乗り込んだとしましょう。さらに、自転車のベアリングの汚れをきちんと落として乾かし、グリースを充填する時間、もしくは知識がなかったため、ベアリングが酸化して使い物にならなくなってしまいました。この例では、自転車は長持ちするような方法で使用されていなかったことは明らかです。

このような乗り方は自転車の寿命を短くし、故障が絶えません。自転車が正しい乗り方で使われている場合とは程遠い乗り方だと言えます。

機械センスの概念の具体例

読者の大半は自転車を持ったことがあり、これまでの例を実体験と重ね合わせることができるでしょう。しかし、自分が新人オペレータだったとして、林業機械を所有したこともなく、また機械について学ぶ機会もなかったとしましょう。そうした立場では、林業機械がどのように使われるものなのかを感じ取れるようになるには、大きな困難を伴います。これについて、以下に具体例を示します。

- 機械は、困難な地形条件に対処する十分な性能を有していますが、それには限界があります！オペレータは地形を読み、機械にとって適切なルートを選択し、地形に応じて荷の量を調整しなければなりません。
- 機械がわだちに深く沈み込むような、軟らかくて湿った地面を走る必要がなければ、それに越したことはありません。地形を読み、土壌支持力のより高いわだちを選択し、地形に応じて荷の量を調整しましょう。
- 機械は本来、ある一定の重量（と容積）の荷までを扱えるように設計されています。その性能を最大限に発揮させるためには、地形の中で最適な走行ルート（巨礫がなく、適当な支持力がある

図9-6　林業機械に乗るオペレータは、作業の計画時に土壌の支持力や表面構造、傾斜を判断しなければならない。

場所）を見つけ出さなければなりません。適切な走行ルートが存在しなければ、積載量を減らさなければなりません。

- 片勾配の斜面で機械が横転せずにいられるのは、一定の角度までです。そのため、片勾配がきつすぎない走行ルートを選択し、地形に応じて荷の量を調整しなければなりません。
- 地形を読みながら機械の振動を察知し、それに合わせて速度を調整しなければなりません。

つまり、オペレータは自身の機械について学ぶとともに、機械を「傷付けず」にどれだけ荒っぽく走らせることが可能なのかをつかんだ上で、それに合わせた作業計画の立て方を学ばなければなりません。

機械センスは、費用対効果を高めるために不可欠です。

機械センスの理論と実践―車の運転を例に

地形、土壌を読み、計画を立て、作業を調整する技能の重要性をさらに深堀りするため、車の運転と比較してみましょう。

ドライバーは、運転の実際的な面と同じくらい、理論的側面についても知っておかねばなりません。そして、交通関連の法律や道路標識を学び、知っておかねばなりません。ベテランドライバーはまた、さらに重要なスキルを持っています。それは、交通条件を「読み」、判断する技能です。経験豊かなドライバーは、路面が滑りやすくなっている場所で考えもなく走り抜けるようなことはしません。その代わり、スピードを調整し、条件に合わせた運転スタイルに変えていきます。こうすることで、自分も他人も事故に遭うことなく車の運転を続けることができるのです。

車のドライバーのように、オペレータも車両系林業機械を上手に走らせることのできる基礎知識を身に付けなければなりません。

さらに、（ベテランドライバーのように）オペレータは、走行中に現場の条件を読み、解釈できるようでなければなりません。オペレータは地形、土壌を読み、林業機械の性能と、克服すべき現場の条件の間でうまくバランスをとれるようでなければなりません（図9-6）。これを簡単にまとめると、機械センスと地形、土壌を読む技能が1つになることで、適切な伐採計画をつくる土台となり得るということです。

斜面では、林業機械の走行方法を示す標識はありません。したがって、オペレータは「地形の読み方」を知っておかねばなりません。

十分な知識があって、よい決定ができる

「地形、土壌を読む」ことと連動して、オペレータは地形が示す景観（ランドスケープ）を解釈し、判断しなければなりません。判断の要素は、伐採現場での作業計画の土台づくりに沿って考えられなければなりません。景観の成り立ち、構成要素を理解することは、こうした土台をしっかり固めることとなります。現在のスウェーデンの景観が成立した過程を解説のために以下に簡潔にまとめますが、形成過程の大部分がすべての森林地帯の景観に作用しており、伐採作業に関する実用的意義のほとんどは、森林景観を保全する普遍性を持っています。

内陸の氷が現在のスウェーデンの地形を形成

数千年前、氷がスウェーデンを覆っていて、現在われわれが見る地形の原形を形成し始めました。その当時生成された原生岩の一部が、現在の斜面にある鉱質土壌の材料となり、それは今でも特定の場所で見ることができます。

基岩からモレーン、漂礫土、堆積土へ

現在ある鉱質土壌のほとんどは元々、基岩が氷河によって研磨・粉砕・掘削されたことでつくられたものです。こうした過程で、様々な大きさの粒状の鉱物が大小ばらばらの岩石と一緒に形成されました。

氷床や氷河の末端で形成されたこのような物質の集合体はモレーン（氷成堆積物、氷堆石）と呼ばれ、粒状の鉱物や岩、様々な粒径の礫が混ざり合ったものです。そして、モレーンから洗い流された混合物を漂礫土、さらに細かい粒子が氷床からはるか遠くへ流され、選別され、堆積したものが堆積土と呼ばれています。

氷の川の影響

氷が解けてできた水が大河に集められると、氷の下に空洞ができ、そこを氷が素早く移動するため、粉砕された物質が大河から大量に運ばれていきます。これらの物質が空洞を抜ける際に流速が落ちるため、最も粗い（大きい）物質の多くはちょうど空洞の出口付近に堆積し、モレーンとなります。その他の物質は、流速がある程度まで下がったところで堆積するため、細かな物質ほどより遠く（もしくは河川の湾曲部の外縁や段丘）で堆積し、粒径が「選別」されて漂礫土や堆積土となります。最も微細な粒子は、緩慢な水流であっても浮遊しているため通常一番遠くまで運ばれ、川谷や低地に達するほか、時に湖沼付近に堆積します。**氷の川の「選別」作用によって、モレーン・漂礫土・堆積土の特徴には大きなばらつきがあります。**当然ながら、時が経つことで河川の流路が変わるほか、実に多くの過程で土壌の粒径分布が影響を受け続けていますが、初期にできた流路の多くがそのまま現在でも残っています。

波と潮の影響

ある一定期間、大陸の大部分は海の中にありました。

海に没していた大陸の最も高い高度を「最高位の海岸線」と呼び、通常HCと略されます（スウェーデン語の略）。この場所は斜面からくっきりと見えることがあり、例えば段丘や砂利の平野、露出した基岩がそうです。

こうした地形の形成は潮汐作用によるもので、遠い昔の海で打ち寄せる波が細粒物質を洗い流しました。HCよりも下の、海に沈んだ部分では波の影響で様々な深さで漂礫土が見られます。こうした漂礫土は、特に保水力や支持力に関して、HCより高い位置の漂礫土とは大きく異なる性質を持ちます。これらの過程が総体的に作用し、土壌の細かい鉱物粒子は基本的に地形の中で最も低い位置に堆積しています。

影響を受けていない漂礫土

海に沈んでいない漂礫土がある地域では、漂礫土は波や潮の影響を受けていません。そのような漂礫土は、内陸の氷が消失した頃の状態ととてもよく似た状態のままとなっています。この物質の重要な特徴は、微細粒子の割合が高いため、水分を吸収・輸送・貯蔵する能力が高いことです。これはまた、土壌の支持力に影響します。

堆積土

上述した複数の種類の物質はすべて水の影響を受けており、様々な直径の粒が水に運ばれて、水の流れによって個々の画分（訳注：複数の成分から構成される混合物から選り分けられた成分のこと）に選別されました。最も遠くまで運ばれた物質は（通常）最も微細な粒子（砂や、より細かな粒子。以下の定義を参照）を含んでおり、堆積土として知られています。ある種の堆積土はまた、風によって運ばれ、選り分けられました。

堆積土（砂や粘土。以下参照）の重要な特徴は、一般的にかなりよく選り分けられていて、つまり非常に均一な組成となっており、通常いくらかの

石や礫を含んでいます。しかし、水の流れが強いと、礫や石、ときには巨礫をも運搬、堆積することがあり、岩尾根にあるような堆積土で多く見られます。

腐植と泥炭

上記の選別過程があってもなお、スウェーデンだけでなく他国においても、単一の粒径の鉱物だけで構成される土壌はありません。さらには、すべての土壌には植物の根や多様な微生物など植物および微生物の組織である有機物が含まれ、分解されて腐植と呼ばれる黒色の物質に変わります。腐植は、土壌の特徴に多大な影響を与えるもので、黒色土に豊富に含まれています。

一方、寒冷もしくは温暖な冠水した場所では有機物は分解されず、泥炭と呼ばれる物質として集積し、場所によっては非常に深くにまで泥炭層が及びます。泥炭は湿地や沼地、沼沢などで見られ(**写真9-2**)、主に動植物の死骸で構成され、鉱質土壌はほとんど含みません。

> **機械走行に関して、泥炭は種類によらず、支持力は極めて限定的（低い）です。**

土壌の支持力について―敵と味方

機械走行に関して、斜面における重要な性質は土壌の支持力であり、これはつまり**刻々と変化する条件下で**土壌が機械をどれだけ支えることができるかを意味します。丸太を満載したフォワーダの走行性に大きく影響するため、この要素は最重要だと言えます。

もし支持力を十分に検討しなければ、計画は頓挫し、結果として追加の費用(特にフォワーダでの搬出について)が発生することとなります。さらに支持力は、気象条件の変化などによって、伐採作業中にも変動します。例を挙げれば、伐採作業が始まった乾燥した夏の終わりには、漂礫土由来の土壌は本来の硬い状態であったのが、その後の秋の長雨が続いた後は液状の泥のようになることもあります。このように、土壌の含水量は支持力に大きく影響するため、支持力を判断する際に念頭に置くべき重要な要素でもあります。

その他の重要な要素としては、土壌型や降水、水文学的要素(水の流れ)、地面の凍結、凍結した土壌の融解が挙げられます。加えて、オペレータは、切り株や枝葉がどれだけ地面を補強して支持力を高めているかも、併せて判断しなければなりません。次項では、土壌支持力の変動の基本的な観点についてまとめます。

支持力の一番の敵は水

泥炭土や泥炭質土壌の支持力は、常に極めて限定的です。一方、すべての鉱質土壌は、十分に乾燥していれば高い支持力を持ちます。なぜなら、土壌中の含水量がかなり少なければ、粒子間の摩擦が支持力を高めるためです。

反対に、ある種の土壌では、含水量の多さによって水が土壌粒子間で潤滑油のように作用し、土壌の支持力を低下させます。なお、含水量は以下の点を含む複数の要素によって決められます。

- その地域における通常の地下水位や水の流れを含む水文学的要素は、(他の要素と相まって)地勢に強く関連しています(**図9-7**)。緩やかな斜面の低地では、含水量は非常に多くなるため、沼地や泉となることがあり、当然ながら尾根の頂部よりもずっと低い位置(標高)にあります。
- 伐採作業前や作業中の間の降雨。
- 植物の生育期間中(1年のうちで植物が成長する時期)に植物に吸収された水分量。
- 地勢や基岩の性質によって、ある場所では水が流れることがあります。
- 土壌型における水の保持または排水性は、粒の直径(「土性」とも言う)に強く影響を受けます。

写真9-2　湿地に溝が掘られていて、泥炭層の厚みは1.5mほどである。材として利用できる径級のアカマツが溝からほんの数m離れた位置に立っていることに注目すべきである。

粗い粒径が主要な構成分である土壌は、細かな粒径の土壌よりも一般に排水性がよく、降水量が多い時期などでは特に高い支持力があります。
- 凍結した土壌の融解。

砂質土は常に支持力が非常に高いですが、その他の土壌型では水は支持力の最大の敵となります(**写真9-4**)。したがって、含水量の変動は支持力を判断する際に必ず検討しなければなりません。この点において、ある種の植生は常に一定の含水量と関連しているため、「地形を読む」のに役立ちます。

支持力の一番の味方は石

漂礫土にはある程度の石が含まれており、支持力を判断する際に石の量と大きさは重要な要素となります。土壌が大量の岩、それも30㎝以上の幅の岩を含んでいれば、地面には大雨の後であっても十分な支持力があります。岩はまた、円形よりも横長のほうが理想的です。

土壌中の岩の割合が少なく、特に小さいものや円形のものであると、支持力は大きく低下します。まとめると、多くが30㎝かそれ以上の大きさの岩が表面に散らばった土壌では、支持力に何ら問題はありません。

10㎝かそれ以下の幅の小さな岩を含む漂礫土では、均一な土性の石のない堆積土同様、支持力

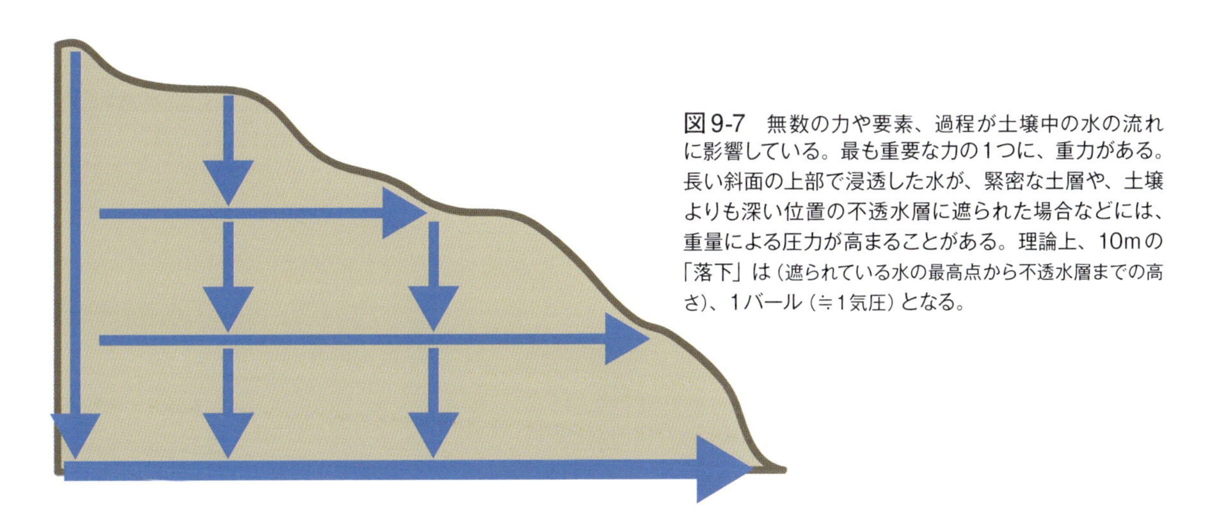

図9-7　無数の力や要素、過程が土壌中の水の流れに影響している。最も重要な力の1つに、重力がある。長い斜面の上部で浸透した水が、緊密な土層や、土壌よりも深い位置の不透水層に遮られた場合などには、重量による圧力が高まることがある。理論上、10mの「落下」は(遮られている水の最高点から不透水層までの高さ)、1バール(≒1気圧)となる。

写真9-3　長く伸びる斜面の舗装路において、道路の下にある地下水の高圧が路面に穴を開けた。

写真9-4 漂礫土から流れ出した水。土壌の支持力が極めて低いため、ここを走行することは避けねばならない。わだちができることで水の流れに影響し、ひいては周囲の立木の成長を阻害する。

は乏しくなります。例えば、シルト質の漂礫土は、「純粋な」シルトの堆積土と大まかに同じ支持力となります（長雨などで含水量が多くなると支持力はもっと低下します）。

土壌型の決定

地形条件の評価には、伐採現場で見られる土壌型の判断が含まれていなければなりません。スウェーデンで最も一般的な土壌型は漂礫土です。

ただし、上記で述べた通り、漂礫土は土性と地勢（標高や傾斜など）の両方の変化が大きいため、ばらつきが強い傾向があります。そのため、漂礫土は伐採作業に対して実に様々な影響を及ぼします。加えて、支持力の違いといった伐採作業の技術的観点から見ると、漂礫土と分けて考えることが重要な意味を持つ、その他の土壌型が数種類あります。そのような違いを平易に理解するため、以下の項からはスウェーデンにおいて分布面積の少ない順に各々の土壌型について解説していきます。また、漂礫土の性質や、伐採作業とのかかわりは、本章の後半で解説します。

土壌試料が判定のカギとなる

土壌型と土性の同定は必ず、土壌試料を採取・分析して行うのが適切です。同定をどのように行うかの実例と、土壌型の基準について以下に示します。

正確な情報を得るためには、腐植を含んだ黒い土層の層界より20cm以上深い位置まで、土壌試料を採取しなければなりません。

土壌型の分類

オペレータの観点から主要な土壌型を細分化するとともに、車両系林業機械で通行する際の基本ルールについて以下に解説します。

図9-8 図はスウェーデンで最も一般的な土壌型を表しており、併せて解説のための用語を加えている。

ここで論じる土壌型：

- 沼沢（林業の文献では泥炭土に含まれることがあるものの、泥炭土とは大きく異なる特徴を持つため、分けて考えるべき）
- 生産力のある泥炭土（「黒色土」と呼ばれることもある）
- 泥炭土と混ざり合った岩石地
- 堆積土の割合が高い土壌
    - 砂質
    - シルト質
    - 粘土質
- 漂礫土

沼沢

沼沢と生産力のある泥炭土の両方は、海岸線に沿った穏やかな気候から尾根部付近の厳しい気候に至るまで、多様な林地で形成されています。沼沢の生産力は極めて低く、そのためそこでは造林を行う道理はなく、少なくとも林業の観点からは荒地と判断されます。沼沢の土地生産性は一伐期（100年以上の見込み）の平均で1㎥/ha・年以下です。

沼沢では造林が全くされないため（加えて、伐採作業が隣接地で行われる場合、沼沢の周囲はバッファーゾーンとされる）、最もシンプルな土壌型と言えるでしょう。また、伐採現場の中に沼沢が部分的に存在することもありますが、その場合であっても収穫作業が行われることはありません。さらに、沼沢はその他の土壌型との区分が容易で、林業機械がその上を通行することはほとんどありません。沼沢の中にある泥炭土（通常は生産力のある泥炭土）は、そのほとんどが有機物で構成されているため、鉱物粒子の割合は極めて低く、一般に岩は全く含まれていません。

ただし、泥炭層がさほど深くなければ地表で岩が確認できる場合もあります（沼沢では岩は「浮いて」きません）。そして、岩が地表に顔を出している場合、その起源は泥炭層の下にあるモレーン（または漂礫土）でしょう。

どんな土壌型であっても、沼沢と隣接している

写真9-5　検土杖を使った深さ、土質の検査
土壌型と支持力（推定の範囲内）は、検土杖（ボーリングステッキ）やフォームテスト（写真9-7）によって容易に同定することができる。主に微細粒子で構成されている土壌の現場では、他よりも粒子が粗いルートが見つかることがあり、そこでは地面が高くしまっているため、主要な搬出路のルートとして利用できる。こうした判断をするためにも検土杖はプランナーにとって最重要ツールの1つである。

可能性があります。沼沢が形成される必須条件は十分な水の供給があることであり、それは少なくとも植物の生育期間中は持続しなければなりません。沼沢は、広域に広がっていることもあれば、含水量が多い斜面のくぼ地や穴といった局所に形成されることもあります。

沼沢の土壌の支持力

沼沢や湿地を車両系林業機械が通行する場合、必ずベテランスタッフによる事前の計画を経て、裸地を通るようにします（可能であれば避けるのが得策）。無立木地である場合、このことは特に重要です。この種の地面を林業機械が走行することは、わだちが補強されていて、土壌が十分な深さまで凍結している場合に限るべきです。夏季に人が沈み込まずに歩ける沼沢で、林業機械の重量が負荷となってのしかかる前の凍結深は40cm以上なければなりません。

この他の方法として、丸太橋やログマットといった下敷きの上を通行するものがあります。**土壌が十分に凍結していない時季に沼沢を走行するのはリスクが高く、避けるべき行動です。**湿地や沼沢の縁辺部は、硬くしっかりとした土壌から流れてくる水によって軟化しているため、硬くしっかりとした土壌の付近では、沼沢の支持力は最も低くなります。そのような場所では湧水が起きることもあります。

少しの区間だけであれ、沼沢を通行しなければならない場合は、慎重に慎重を重ねて計画を立て、通行時は用心深くわだちの補強や橋を利用するようにしましょう。

生産力のある泥炭土

生産力のある泥炭土とは、地上もしくは地上の極めて近くに30cm以上の厚さの泥炭層があり、生産力のある林地と呼ぶに十分な栄養分を保持している土壌を指します。泥炭層の厚みは様々で、数m以上になることもあります。沼沢と同様に、泥炭の地表も通常、ほとんどが有機物です。泥炭は実質的に鉱質土壌を全く含まず、そして当然岩もありません（海岸部そばの泥炭地では、例外的に移動してきた砂が混ざっていることがあります）。地表で岩が確認できる場合、泥炭層がさほど深くはないのでしょう（岩は泥炭土で「浮いて」きません）。その場合、岩の起源は泥炭層の下にあるモレーン、もしくは漂礫土でしょう。泥炭地の形成には、植物の生育期間中の含水量が多いことが必須条件です。

泥炭土は、様々な大きさの穴や、常時水分の豊富な平坦地および緩斜面で見られます。そのため、泥炭土は一般的に細粒の漂礫土または堆積土上に形成され、砂質土の上にはめったに見られません。泥炭土が十分に排水され、有機物が分解される程度に気候が穏やか（寒冷すぎない）であれば、黒色土と呼ばれる暗色の土壌へと変化します。有機物の分解によって豊富な栄養分が土中に

写真9-6　約2mの深さの分解された泥炭層を持つ黒色土に溝が掘られている。このような土壌には豊富な栄養分が蓄えられているため、トウヒの大木が生育するのに十分な程である。

蓄えられることとなり、森林の生育に非常に適しています。

泥炭土の土壌の支持力

生産力ある泥炭土の支持力は、どこであっても極めて低いという特徴があります。ただし、これは互いに明確な違いがある2種類のタイプ、つまり湿地と黒色土に分類することができます（後者は厳密には泥炭土に由来しますが）。湿地の表面は沼沢と類似していて、その色は明るい茶色からこげ茶まで様々です。さらに、生産性はかなり低く、それは有機物の分解が非常に遅いためです。しかし、同じ理由から、湿地の表面は、黒色土よりも支持力が若干高い性質があります（両者が同様の含水量である場合）。

黒色土では、本来あった泥炭層の大半は分解されています（**写真9-6**）。表面直下には網目状の根の層があり、つまりは植生から伸びた根と付随する微生物によって土壌が補強されています。樹木の根によってしっかりと補強されることは周知の事実でしょう。網目状の根の下は分解によって結合するものがほとんど何もないため、林業機械のホイールが根の層より深く掘り下げてしまうと、熱したナイフをバターに刺した時のように沈み込んでしまいます。これは特に地面が浸水している場合に顕著です。

泥炭土の種類とは無関係に、支持力の低さはそこでの伐採作業をかなり難しくします。表面は、枝葉や梢端（もしあれば刈り払った植生も）で補強しなければなりません。加えて、根系による局所的な支持力も運転時に活用するべきでしょう（詳細は第10章を参照）。

作業を順調に進めるための戦略としては、土壌の支持力が幾分改善される、乾燥した真夏に伐採作業の時期を合わせることです。

一方、秋の長雨の最中に伐採時期を選ぶことは難易度が非常に高くなります。泥炭地では、平坦もしくは下り勾配での走行は比較的容易かもしれませんが、斜面の登坂は問題となることが多いです。主要な搬出ルートがこの種の土壌の上にすでに計画されている場合、丸太橋をつくるなどして支持力を増強しなければなりません。さらに、計画や支持力の増強といった準備作業と、車両の走行の両方の作業を、かなり慎重に行う必要があります。

また、こうした土壌の泥炭層の厚みを誰も測定していない場合、車両系林業機械を乗り入れる前にオペレータが必ず測定しなければなりません（**写真9-5**）。40cm以上の深さの泥炭層では、機械の走行により、完全にスタックするリスクがとても高くなります。

泥炭地周辺の基岩

モレーンや漂礫土のある場所では、あちこちに基岩を見ることがあります。

露出した基岩や泥炭地とその周囲では、生産性が著しく低いため、林業活動は通常行われません。にもかかわらず、伐採現場の一部にこのような箇所がある場合もあります。厚い基岩は、時に泥炭土（その厚みは様々）に覆われていることもあります。

泥炭地周辺の露出した基岩の支持力

露出した基岩上にある道路には、当然ながら抜群の支持力があります。ただし、厚い基岩や隆起した場所での走行は片勾配を伴うため、横滑りなどの困難な状況に陥ることがあります。そのようなことから、比較的平坦な景観を持つ泥炭地へ路

写真9-7　フォームテスト
フォームテストは、土性とそれに関連した特徴を調べるために、土壌の主要成分（粒径）を判断する際に用いる方法である。土壌試料は必ず、程よく湿っていなければならない。

写真9-8　土壌を押しつぶして角砂糖（または小さなボール）状になり、粒子がくっついていれば、「成形可能」と判断される。

写真 9-9 写真のわだちには全く岩がないため、土壌型はシルトか粘土が主要成分の堆積土と推測される。

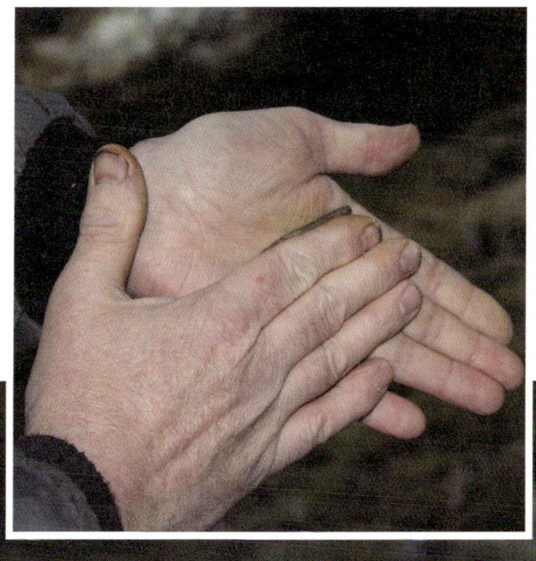

写真 9-10 ローリングテスト
ローリングテストは、土性についてより詳細な情報を得るために行うものであり、ここでも程よく湿った土壌試料を用いる。

写真 9-11 土壌試料を転がして「細糸」の状態をつくることができれば、土壌には高い割合でシルトか粘土が含まれることがわかる。このような土壌型はすべて支持力がとても低く、高い保水力を持っている。

網を通したくなるかもしれません。ところが、泥炭土の支持力が低いのは上述の通りであり、その上、露出した基岩の周囲にある泥炭土は輪をかけて条件が悪いものです。これらの土壌の組み合わせは、基石に隣接した泥炭土が湿っているために非常に低い支持力となっていることを意味しています。これはつまり、水が地中方向へ沈むことができず、水を溜めた穴がいくつか基岩にあるためです。

基岩の上を走行していたかと思えば次の瞬間には非常に支持力の低い泥炭土上にいるといった場所は、オペレータにとって気持ちの面でも大いに骨の折れる現場だと言えます。

平坦な泥炭地へ路網を通したくなるかもしれませんが、それは是が非でも避けるべきです。反対に、可能な場所では隆起した基岩に道を入れなければなりません。

泥炭地と基岩の間の移行帯では、枝葉などによる補強が必要となることがあります。その理由の1つに、泥炭地の斜面を登る際、車両系林業機械には強い牽引力が必要となるためです。

堆積土

「堆積土（より厳密には堆積した粒子の割合が高い土壌）」として分類される土壌型では、最重要となる性質とそれぞれの違いに絞って解説していきます。

砂地

砂は、水や風によって運ばれた粗い粒子で構成される画分であり、細粒、中間、粗粒に細分され、それぞれの粒径は0.06～0.2㎜、0.2～0.6㎜、0.6～2㎜とされています。すべての画分の中から、砂は容易に見分けることができます。また、これは砂浜で見かけるものそのものであり、砂同士が「くっつかず」、手のひらに乗せても粘ついた感触はありません。

砂には礫や石は含まれません（もし砂地に礫または石があれば、一般的にそれは地中の漂礫土由来のものです）。砂は、砂丘や砂地、大きな河川の水際に溜まった堆積土などでよく見られます。広大な砂地（荒地）が、湖のほとりにある場合もあります。砂地は、地形を「読んで」作業を行うのが非常に簡単に思えるものですが、地表に若干の岩があり、砂がもっと軽い粒子と混ざってるケースもあり、その場合は「選別された」砂というより漂礫土と呼ぶほうが正しいかもしれません。

砂地の見分け方を以下に示します（**写真9-7、9-8**）。

- １～２㎤程度の土壌を手に取ります。
- 土壌を湿らせます。
- 親指と人差し指で押しつぶして鉱質土壌の粘着性を確認しながら、角砂糖の形をつくります。粗砂で構成された土壌では、粘着がなく固まりません。細砂であれば角砂糖の形をつくれるかもしれませんが、細糸のように丸めることは絶対にできません。

堆積土の割合の高い土壌において、異なる土壌型が隣接していることがあり、それは堆積土が形成された原因に由来しています。砂地は、シルトや粘土の割合が高い土壌（困難な状況に陥ることがある）と接していることがあります。特に湖のそばの砂質土は、粘土質土壌（開拓地や耕作地になっていることもある）と隣接している場合があります。地形を精査する際、移行帯がほとんどないために複雑さが増すこともあります。

ただし、砂質土とその他の土壌を判別する方法の1つは、現場で森林調査を行うことです。砂質土の林分は通常アカマツの純林で構成されており、これはアカマツの水分要求量が低いことと、砂は水を保持し、かつ植物のために上方へ移動させる性質に乏しいためです。仮にトウヒ（水分要求量が高い）の大木が並んだ林分があれば、その土壌の最上層が砂質ということはあり得ません。

砂質土の支持力

砂質土の支持力は1年を通して抜群で、水による影響もほとんどありません。そのため、砂質土の伐採現場では、秋の長雨や雪解けの時季であっても、めったに問題は起こりません。

> 砂は、「砂浜」で見かけるものと同じであり、細砂のフォームテストでは成形可能な場合もありますが、細糸に丸めるまでには至りません。写真9-12を見ればおわかりのように、砂質土の支持力は抜群です！

シルト

シルトは堆積土の成分の中でも特に注意が必要なものです(**写真9-9**)。それは、シルト質土壌の重要な特徴として、その支持力が含水量によって大きく変動するためです。シルトは砂よりも細かく、粘土よりも粗い粒径を持ちます。この土壌型は微細粒子に富んでおり、水を保持する性質と移動させる性質の両方が優れています。この一見矛盾した性質の組み合わせは、水を素早く移動させることができる粗めの粒子があることが大きな原因です。ただし、このために土壌が液状化状態に陥る可能性もあり、その結果、春の雪解けによって穴が形成されることもあります。

また、シルト質土壌では、養分が豊富で水も移動しやすいことから、卓越した生産力を有しています。例えば、一般的にトウヒやシラカバはこの土壌型での成長が良く、また蓄積の非常に高いトウヒ林はこの土壌型で見られることがあります。

ここで、シルト分の多い土壌の見分け方を以下に示します(**写真9-10、9-11**)。

- 1～2㎤程度の土壌を手に取ります。
- 土壌を湿らせます。
- 「パン生地」のようになるまで、土壌をよく練ります。
- 平らな板の上(なければ両手のひらの間)で土壌を強く転がします。できるだけ細い糸状になるように丸めていきます。シルトは直径3～4㎜以下の糸状にまで丸めていくことができるでしょう。もし途中(もっと大きな直径)で糸が切れるようであれば、粗めの粒子が含まれていることを意味し、逆に3㎜以下の糸状にまで丸めることができれば、その土壌試料は粘土ということになります。

シルト質土壌の支持力

シルト質土壌の支持力は、土壌が乾いていれば良好ですが、水分が増すと急激に低下します。これは、粘土と比較したときの大きな違いです。長雨が続いたときのように、シルトが冠水すると液状化を起こします(シルト質の漂礫土も同様)。冠水したシルトに車両系林業機械が突っ込むと、お粥並みの粘性しかないため、文字通り「沈み込む」ことになります(**写真9-9**)。

こうなった場合、オペレータにやり直しのチャンスは一度しかありません。つまり、引揚げのサポートを要請せずに、より支持力の高いしっかり

写真9-12　砂質土の支持力は1年を通して抜群

した土壌へ機械を移動させるために、あらゆる手段を講じなければなりません。シルトは赤茶色を呈するケースもあり、その場合は「赤色土」と呼ばれることがあります。一方、灰色など他の色であることもあります。

要約すると、この土壌型での作業では、とても「気分屋」な土壌であることを認識した上で、前もって十分に計画を立てておかなければなりません(含水量によって非常に変化が激しいため)。

粘土

粘土質土壌は斜面の下部に見られ、湖と隣接していることもあります。そして、微細粒子を大量に含みますが礫はほとんどなく、その直径は数千分の1㎜でしかありません(もし粘土質土壌に中礫があれば、それはおそらく地中の漂礫土由来のものです)。粘土は非常に強い水分保持能を持ち、常に一定量の水を保っています。含水率が高まると、微細な粘土粒子間の水は潤滑油のような働きを持ち始めます。そうなると粘土は緩み出し、べたついて、石鹸のように滑ります。

粘土の割合が高い土壌に成立している森林は通常、以前に耕作されていた土地もしくは長期間森林に覆われていた土地のいずれかです。耕作されていない土地の粘土層では、厚い泥炭層(砂地にはめったにない)が見られることがあります。耕作の有無によらず、粘土の割合が高い土壌では、砂地などとは異なる意味で大変な状況が起こりえます。そのため、粘土質土壌を車両系林業機械が通る際には細心の注意を要し、砂地から粘十質土壌への移行帯などでは特にです。

粘土の割合の高い土壌は、現在または以前に耕作されているため、容易に区別できるでしょう。その上、地表は平坦または湖に向かって緩やかな勾配が付いています。

この土壌型では気候が許す限りの多様な樹種が生育可能です。なぜなら、養分および水分条件に関して、他と比較にならないほど良好な状態が持続する性質を持つためです。そのため粘土質土壌では、トウヒやシラカバだけでなく、生育期間中に一定量の水分を求める性質を持ったその他の樹種も旺盛な成長を示します。また、蓄積の非常に高いトウヒ林は、この土壌型で見られることもあります。

ここで、粘土分の多い土壌の見分け方を以下に示します。

- １～２㎤程度の土壌を手に取ります。
- 土壌を湿らせます。
- 「パン生地」のようになるまで、土壌をよく練ります。
- 平らな板の上(なければ両手のひらの間)で土壌を強く転がします。できるだけ細い糸状になるように丸めていきます。粘土は、直径３㎜以下まで丸めることができるでしょう。もし途中(もっと大きな直径)で糸が切れるようであれば、粗めの粒子が含まれていることを意味します。

粘土質土壌の支持力

その他のすべての鉱質土壌と同じように、粘土質土壌は十分に乾燥さえしていれば、非常に高い支持力を発揮します。真夏に排水溝によってしっかりと排水され、植物が地中の水分を吸い上げた林地であれば、この土壌型の土地を車両系林業機械で走行するのは容易で、あわよくばスウェーデンでは「凍った夏の土壌」として知られている状態で伐採作業を実行できるでしょう。

それが(土壌が湿り過ぎていて)通用しない場合、伐採作業は土壌がしっかりと凍結した時季を選ぶようにするのが望ましいでしょう。腐植を多く含んだ土壌は、支持力がさらに低いことにも留意すべきです。

乾燥も凍結もしていない状態で、さらに腐植の割合も高い粘土質土壌では、シルト質上壌や泥炭土を走行するのと似たような方法をとるべきです。ただし、機械の走行によって土壌を傷め、スタックするリスクが高いことから、枝葉や梢端、(もしあれば極力)刈り払った植生で、地表面を補強しなければなりません。

漂礫土

スウェーデンで最も一般的な土壌型は、氷床の末端から洗い流されたモレーンや漂礫土の上に形成されたものです。この土壌型は多様ですが、巨礫、石、砂利のすべて、または一部の存在によって分類されます(石や砂利は地表で見えるとは限らない)。地表に露出した岩が多いと、林業機械がその上を走行できない場合もあります。土壌が水によって受ける影響の度合いによって漂礫土の組成は大幅に変わり、以下のように分類されます(図9-9):

礫質、粗砂質、細砂質、シルト—砂質、
砂—シルト質、シルト、粘土

シルトや粘土と名の付く漂礫土はすべて、支持力が低い性質を持ちます(乾燥している場合を除く)。

一般的に、これらの土壌型は多量の水分を含んでおり、これは水の保持および輸送能が高いためです(上述した堆積土のシルトや粘土画分と同様)。

こうした漂礫土の土性を判断するためには、前述したフォームテストやローリングテストを用います。

- 礫質漂礫土：砂利に富み、砂よりも細かい粒子は少ない。石の割合が高いこともある。フォームテストでの成形は不可能。
- 粗粒砂質漂礫土：砂質画分の割合が高く、通常は適度に石や岩が混ざっている。フォームテストでの成形は不可能。
- 細粒砂質漂礫土：角砂糖の形に成形できる場合もあるが、細糸状に丸めることはできない。
- 砂質シルト系漂礫土：直径4～6㎜の細糸に丸められる場合もある。
- 砂質シルト質漂礫土：直径3～4㎜の細糸に丸められる場合もある。
- シルト漂礫土：直径3㎜の細糸に丸められる場合もある。
- 粘土質漂礫土：直径2㎜の細糸に丸められる場

図9-9　漂礫土の組成(粒径区分の割合)
長雨の最中、および後における粗粒砂質漂礫土の支持力は、砂質シルト系漂礫土とは大きく異なる。図に示した通り、これらの土壌型は異なる土性(粒径区分の割合)を持っている。砂質シルト系漂礫土のほうが支持力はずっと低く、それは粗砂の割合が比較的少ないことと、その分だけ微細粒子が多いことが主な要因である。

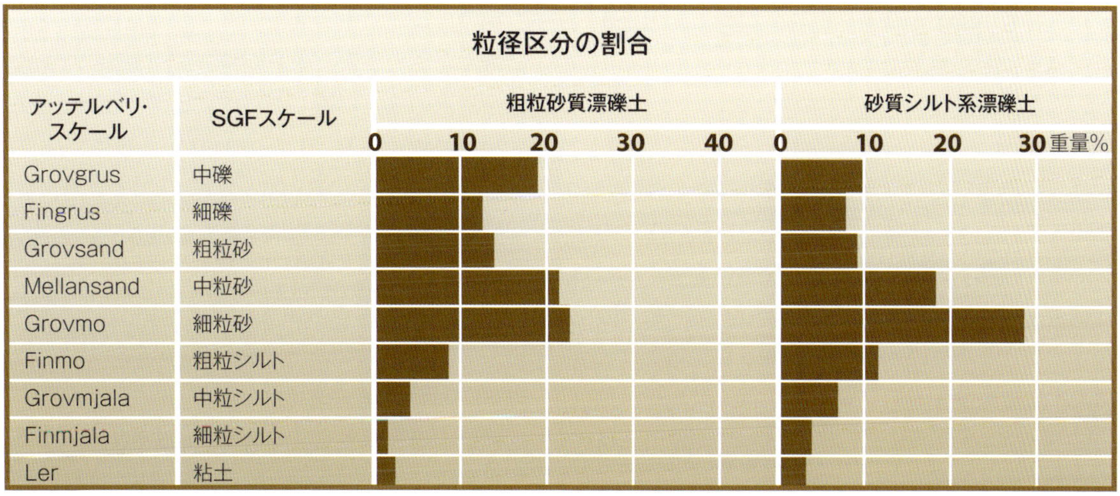

粒径区分の割合

アッテルベリ・スケール	SGFスケール	粗粒砂質漂礫土 (0 10 20 30 40)	砂質シルト系漂礫土 (0 10 20 30 重量%)
Grovgrus	中礫		
Fingrus	細礫		
Grovsand	粗粒砂		
Mellansand	中粒砂		
Grovmo	細粒砂		
Finmo	粗粒シルト		
Grovmjala	中粒シルト		
Finmjala	細粒シルト		
Ler	粘土		

合もある。

> 湿っているか濡れた状態で粘着性のある土壌の支持力は、通常低い。

土壌の支持力の観点から定めた漂礫土の細分類

上記で示したそれぞれの漂礫土には特異的な性質がありますが、粒径区分の割合によって漂礫土の性質は変化し、特に支持力に関しては予想外の状態になることもあります。いくつかの種類の漂礫土上に成立した林分については、地面が凍結した冬か乾燥した真夏にしか伐採作業を行えない場合もあります。反対に、その他の土壌型では春の雪解けの最中でも伐採が可能です。

自然界にありうる土壌型すべてを本書で説明しきることは避け、以降では便宜的にグループ化します。また、1つの伐採現場に複数の土壌型（および細分類）が見つかることもあります。オペレータとしては、すべての土壌型を判別する能力までは不要ですが、その代わり、様々な方法を取り入れながら、主要な土壌型を同定すること（および、その結果としての支持力の判定）に努めるべきです。同様に、普段と全く異なる地域で機械を操作する場合には、その地域の主要な土壌型を知り、推定される土壌の支持力と気候の影響の両方に注意を払うことが重要です。

礫質漂礫土

礫質漂礫土は完全に水で洗い流された土壌で、極めてまれです。土壌の中でも非常に低い生産力しかなく、基本的にアカマツが成林します。水はけはよく、水分保持能は非常に低いです。礫質漂礫土では、シラカバやトウヒはめったに見かけません。下層植生としては、レッドハイデルベリー（コケモモ）はありますが、ブルーベリーやアシはめったにありません。

礫質漂礫土の支持力

この土壌型の支持力は、季節や降水量、凍結の有無などに関わらず非常に高いです。

粗粒砂質漂礫土

粗粒砂質漂礫土も水に洗い流されてできた土壌ですが、礫質漂礫土ほど完全に洗われてはいません。

その分布域は（スウェーデンでは）広く、不毛な（生産力が低い）土地と言えます。水はけはよく、水分保持能力はかなり低いです。降水量が少ないか斜面の上部にあるために、含水量の低い場所がこの土壌型であれば、典型的なアカマツ林となります。ただし、降水量が高ければトウヒの成長もかなり見込むことができます。これは、地表面の流水が斜面下部で起こり、肥沃度が中位な場所では特に当てはまります。

粗粒砂質漂礫土の支持力

この土壌型は、秋の長雨の時季であっても、とても高い支持力を発揮します。ただし、そのような状態で斜面下部を走行するのは避けるべきです。この土壌型では、雪解け時季の伐採作業も行うべきではありません。

細粒砂質漂礫土

細粒砂質漂礫土もスウェーデンではごく一般的に分布しています。水分保持能も十分あり、輸送能も樹木の成長に適した程度にはあります。そのため、この土壌型ではトウヒ林が一般的です（地表面の流水と非常に高い生産力がある場合は特に）。下層植生は様々な植物種で構成されます。ブルーベリーやアシが一般的ですが、斜面下部では草本類（丈の高さは様々）も生育します。

微細粒砂質漂礫土の支持力

漂礫土の支持力を評価する際、粗粒が多く、細粒が少ないほど、支持力は高まります。細粒砂質漂礫土は、砂質「シルト系」や粘土質漂礫土と比べると排水性は高いです。一方、粗粒砂質漂礫土と比べて、この土壌型（微細粒砂質漂礫土）は水分保持能がずっと高く、支持力の区切り点と見なすことができます。

微細粒砂質漂礫土の現場では、幹線路や集材路を（下部よりも）乾燥した斜面上部に配置しておけば、たとえ長く続いている秋雨の最中であっても、伐採作業を行うことが可能です。

豊富な降水量は特に斜面下部の支持力を低下させるため、そのような場所を通る幹線路・集材路では必ず刈り払いをしておかねばなりません。一方、この土壌型では、雪解け時季に伐採作業を行うべきではありません。この土壌型の林地での伐採作業で推奨される方策については、本章最後のフローチャートに示されています。

シルト質および粘土質の漂礫土

漂礫土の中でも以下の4種類は、ひとまとまりにグループ化されます。

- 砂質シルト系漂礫土
- 砂質シルト質漂礫土
- シルト質漂礫土
- 粘土質漂礫土

このグループでは、微細粒子（粘土から粗粒シルトまで）が高い割合を占めている点が共通しています。これらの土壌試料では細糸状に丸めることができ、微細粒子の割合が高いほどより細くまで丸めることができます。

この土壌型の水分保持能力は高く、また移動能力（特に植物の根のある上向き）にも優れています。そのため、トウヒが優先しやすい土地であり、成長量も期待できます。下層植生は変化が激しく、ブルーベリーやアシが一般的ですが、斜面下部では草本類（丈の高さは様々）が生育します。

シルト質および粘土質の漂礫土の支持力

これらの土壌型が1グループにまとめられる主な理由として、支持力が似通っていることが挙げられます。つまり、支持力は変化が激しく、それ

写真9-13　この場所は写真の通り、秋の長雨によって地下水位が地表近くまで上がっているため、この場所の支持力は天候が良好な時季と比べてずっと低い状態にある。写真では、立木のすぐそばの根系が機械の走行によって大きな損傷を受けている。

は特に含水量の影響によるものです。真夏の乾燥した時季では抜群の支持力（特に斜面上部）を発揮しますが、長雨の後となると著しく低下し、とりわけフォワーダへの影響が大きくなります。そうなると路面の補強が欠かせなくなり、また幹線路および集材路は、可能な限り斜面上部に配置しなければなりません。これらの土壌型の中には、直径30㎝以上の大石を多く含むケースもあり、こうした石は支持力にとって非常に有効に働きます（図9-10）。

これらの土壌型の一部（例：「選別された」シルト）で起こる自然状態の変化には、驚くべきものがあります。水分に対して一定量の粗粒画分を含んでいると、土壌が急に冠水した場合、液状化によって特徴的な性質を示します。これらの土壌型では、雪解けの最中にフォワーダによる搬出作業を試みるべきではありません。また、秋の長雨の時季に伐採作業を行う場合、計画と作業の両方の段階で慎重を期す必要があり、可能であれば土壌が凍結する時季を選ぶのがよいでしょう。

この土壌型の林地での伐採作業で推奨される方策については、本章最後のフローチャートに示さ

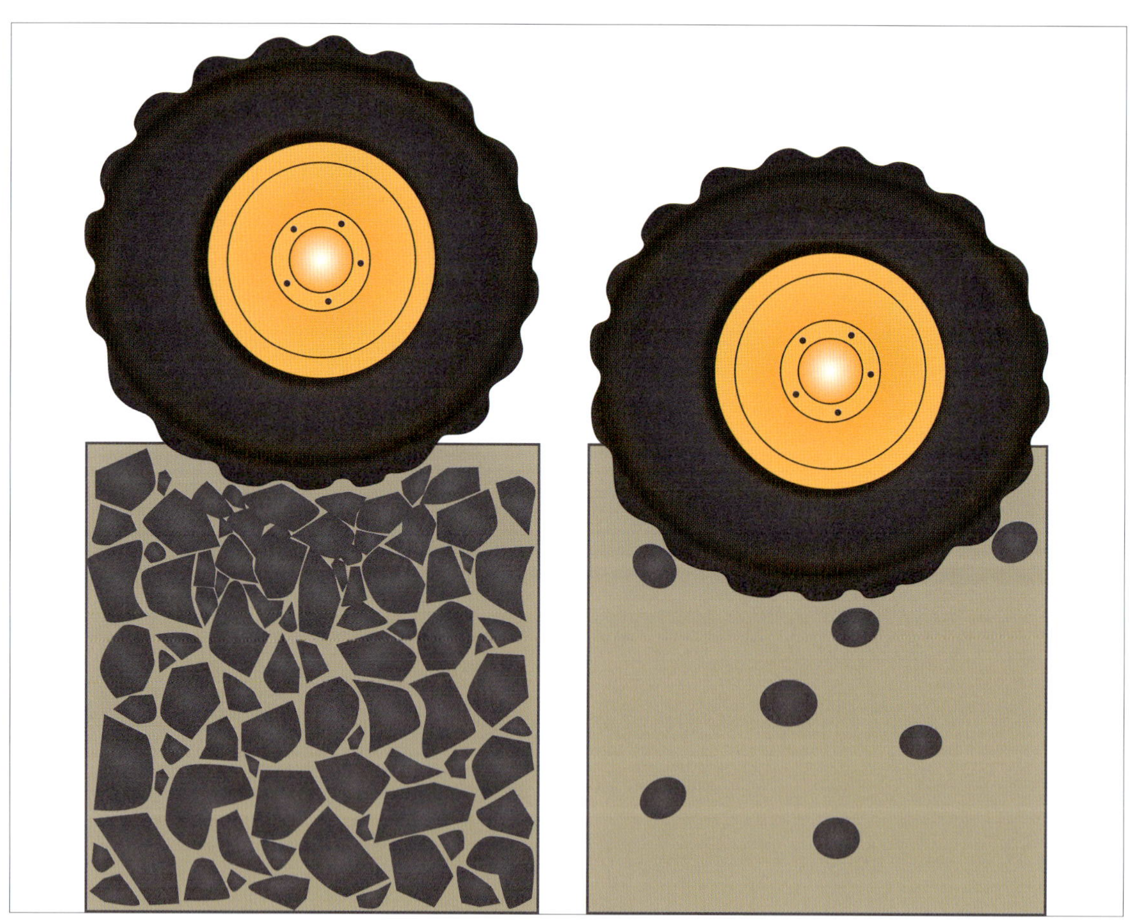

図9-10　石の含有量と土壌の支持力の関係模式図
特に直径30㎝以上の大石を多く含んだ漂礫土の土壌型（「シルト質」のものも含む）は、すべて高い支持力を持っている。さらに角が鋭い大石を多く含んだケースでは、最大の支持力が発揮される。右図の漂礫土は少量の石しか含んでおらず、小さくて丸い石ばかりであるため、支持力を高める効果はほとんどない。湿った状態では、この漂礫土の支持力は低く、「選別された」シルトと同様であろう。

写真9-14　植生から、かなり粗めの土壌型（粗粒もしくは細粒砂質漂礫土）と推定される林地では、地下水位が地表よりずっと下にあり、支持力は非常に良好であろう。

れています。

漂礫土中の礫の割合

これまでに何度も述べてきた通り、漂礫土の支持力は、土中に埋まった石の量と大きさに左右されます（**図9-10**）。多量の大石（30cm以上が望ましい）を含んだシルト質の漂礫土は、主に中礫が混ざった細粒砂質漂礫土よりずっと高い支持力を持つでしょう。このことは、土壌の支持力判定を難しくする要因です。

豊富な石（巨礫）がなく、微細粒砂質漂礫土よりも細粒画分が多い漂礫土のグループは、雨が続くことで支持力が大きく低下します。

総合的に地形を読む

現場指示書と経験

現地調査結果を基に総合的に地形を読むことで、オペレータは自身の全体計画を立てる基礎をつくることができます。また、オペレータは「事務所における判断」と同様の判断を下すべきであり、その理由として（オペレータに先行して立てられる）「事務所の」計画で重視された多くの要因は、伐採班の計画と関連しているためです。等高線１つとっても、最適な路線の線形を示す手がかりとなるでしょう。

伐採作業前に、地形を読み計画を立てる

総合的に地形を読むことは、現場の傾斜に基づいて立てられる計画の基礎となります。全体的な土壌の支持力判定は、局所的な変動も加味しながら、幹線路や集材路の必要性やその配置、さらには路線の一番奥のポイント（フォワーダが作業を開始する位置：下巻の第17章参照）と合わせて、計画中にも考慮しなければなりません。

全体計画の中に盛り込んだほうがよいその他の要因は、個々の伐採現場の特徴によって変わります。魚骨路や集材路、場合によっては幹線路までもを計画するハーベスタのオペレータは、全体計画に対して重大な責任を負います。

伐採現場の計画は第12章で詳しく解説しますが、全体計画のいくつかの観点は「地形を読む」ことと密接な関係にあり、そのためここでもその要点を説明します。

> 大抵の漂礫土では、伐採作業は支持力の変動に適応しながら行わねばなりません。

判定のための基本要素

伐採班が作業を開始するに当たり、複数の重要な現場の特徴を判定し、また調査によって地形を「読む」ことが大切です。

- 地勢（総合的な観点で）
- 地表面
- 植生
- 過去にあった土壌への損傷

経験豊富なオペレータであればこうした特徴を即座（ほぼ無意識）に判定し、決断を下し、計画を立て、それらに基づいて作業方針の土台を築けるでしょう。個々の特徴が判定される際に得られる情報を、以下の個別の項で解説します。

総合的に地勢を調査する

総合的な地勢の調査（伐採現場の地形全体を観察すること）はいくつかの疑問に対する解答を与えてくれます。

- ここの土壌型は漂礫土もしくは堆積土か？　それが明らかとなることで、土壌の支持力と現場へのアクセスのよさの両方について、かなり多くの情報を得ることができます。
- 地形は、作業道の最適ルートに影響が生じる程度に、一定方向へ傾斜しているか？
  魚骨路は一般に、傾斜方向に水平（等高線と90°に直行）な方向となっていなければなりません。一般に造材された木材は、谷側に搬出されるよう計画するのがよいでしょう。
- 地表面に露出した巨礫が現場へのアクセスの大きな妨げになっていないか？　もしそうであれば、集材路や幹線路に対して綿密な計画を立てる必要があります。
- きちんと刈り払いをしなければならないような支持力の低いくぼ地、フォワーダが満載状態で走行してはならない場所など、斜面における局所的なポイントはあるか（**写真9-15、9-16**）？

写真9-15　フォワーダによる急斜面登坂時のリスク
積載状態のフォワーダで急斜面を登る動作は、駆動系に対して並外れた負荷をかける。さらに、機械が滑ったり「飛び跳ねたり」する際には、特に荷台の丸太が滑落するリスクが高まるため、写真のような状況では一層の慎重が求められる。

写真9-16　フォワーダによる急斜面登坂時の危険
写真のオペレータは急斜面をフォワーダで登ることを決断した。そして斜面を登っている最中に丸太が後方へ滑り出し、併せて機体の重心が後方へ移動した。この状態では、機体前方が浮き上がるおそれがある。

- 沼沢などの伐採作業を完全に除外しなければならない場所はあるか？
- 斜面の中で、山側（斜面上部）で地下水圧を上昇させる場所はあるか？　そのような場所は植生（立木やコケ）から読み取ることができます。
- 集材路や幹線路を計画すべき、より高い支持力を備えたルートが斜面上にあるか？　例えば、漂礫土上の作業では、尾根などの斜面の高い位置に幹線路を取るのが理想です。これは、尾根沿いの漂礫土は土性がかなり粗めで、また地下水位も地表面から随分深くにある場合があるためです。特定の漂礫土は林内で明確に判別できます。くぼ地ではトウヒの成長が極めて旺盛ですが、尾根周辺ではアカマツ（水分要求量が低い）しか良好な成長は望めません。
- ここの土壌型は漂礫土もしくは「（粒径が）選別された」堆積土か？　それが明らかとなることで、土壌の支持力とアクセスのよさの両方についてかなりの情報を得ることができます。
- 地表に露出している岩（または巨礫）はどれくらいか？　この点についても、支持力とアクセス性についてかなりの情報が得られます。
- 土壌の含水量と水の供給量はどれくらいか？　湧水地や沼地、小川など、地表で水が見える場所はあるか？　これは土壌の支持力にとって重要な要素です。
- 泥炭層がある場所はあるか？　泥炭は支持力に乏しく、また含水量が高いことを表しており、同時に泥炭下層の鉱質土壌も支持力が低いことを示唆しています。

地表面の調査

地表面の調査結果もまた、作業計画作成時の疑問に対する解答を与えてくれます。

土壌の支持力と地位との関係

肥沃度、土地形状、地下水位、指標となる植生

本図は、土壌の肥沃度に強く影響する要素、つまり通常SI（地位指数）や「Bonitet」（地位）によって表されるものを示している。植物はその場所の地位の指標となり、土地の肥沃度などのその他の要素とともに、地位の判定・評価システムに組み込まれている。
肥沃度はまた、本図において樹木や植物（肥沃度や水の供給といった特定の条件を備えたポイントで生育できる特定の植物種）の樹高によっても示されている。
あくまで模式図ではあるものの、土地の形状と植生が現場の土壌型や水の流れに関してどのような標識となりうるかが表現されている。図に描かれた樹木やその他の植物の両方から、この現場の土壌はシルトや粘土に富んだ（つまり支持力の低い）漂礫土であることがわかる。また、長い斜面において樹高の高いトウヒや他の植物からは、水の供給が十分にあることと、支持力が低いことがわかる。
右端の斜面上部では、そこにある植物と明瞭な尾根形状から、地下水位が地表よりかなり低い（深い）ことがわかる。植物と斜面形状からはまた、ここの漂礫土はかなり粗めの土性（粒子区分）で支持力が高いことがわかる。

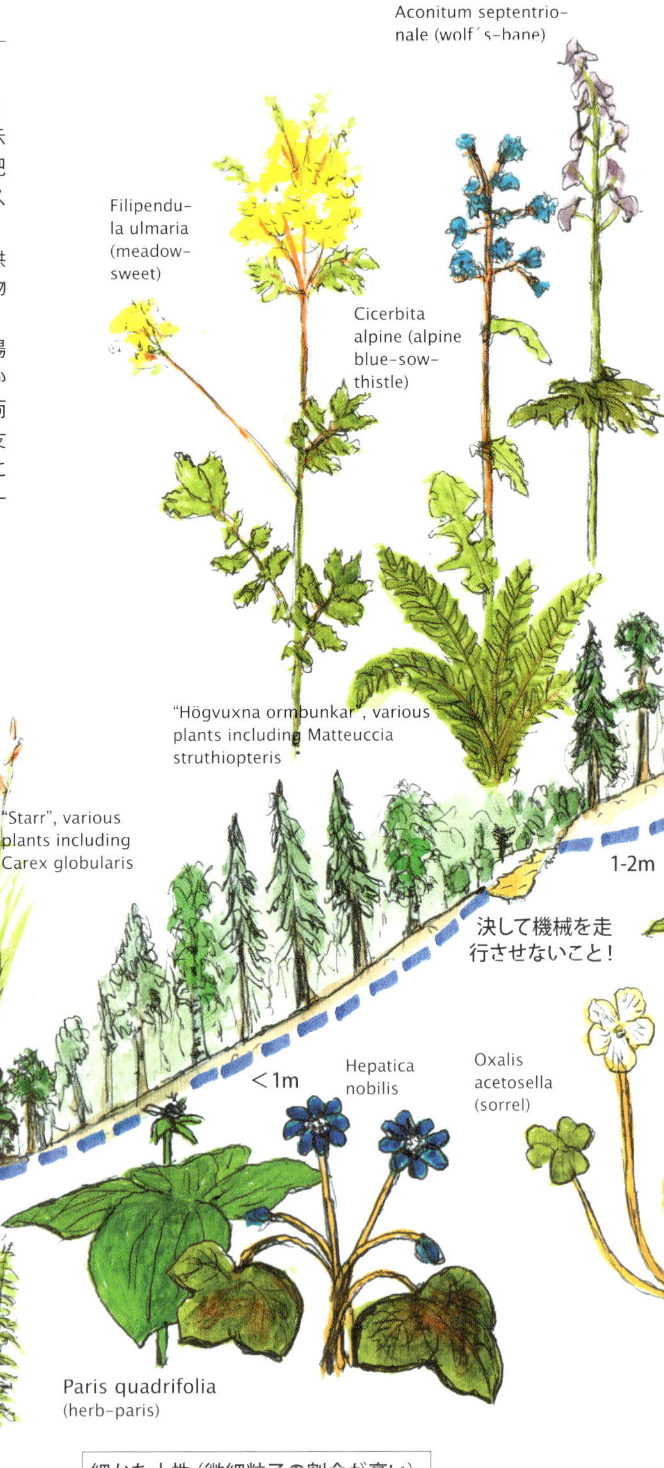

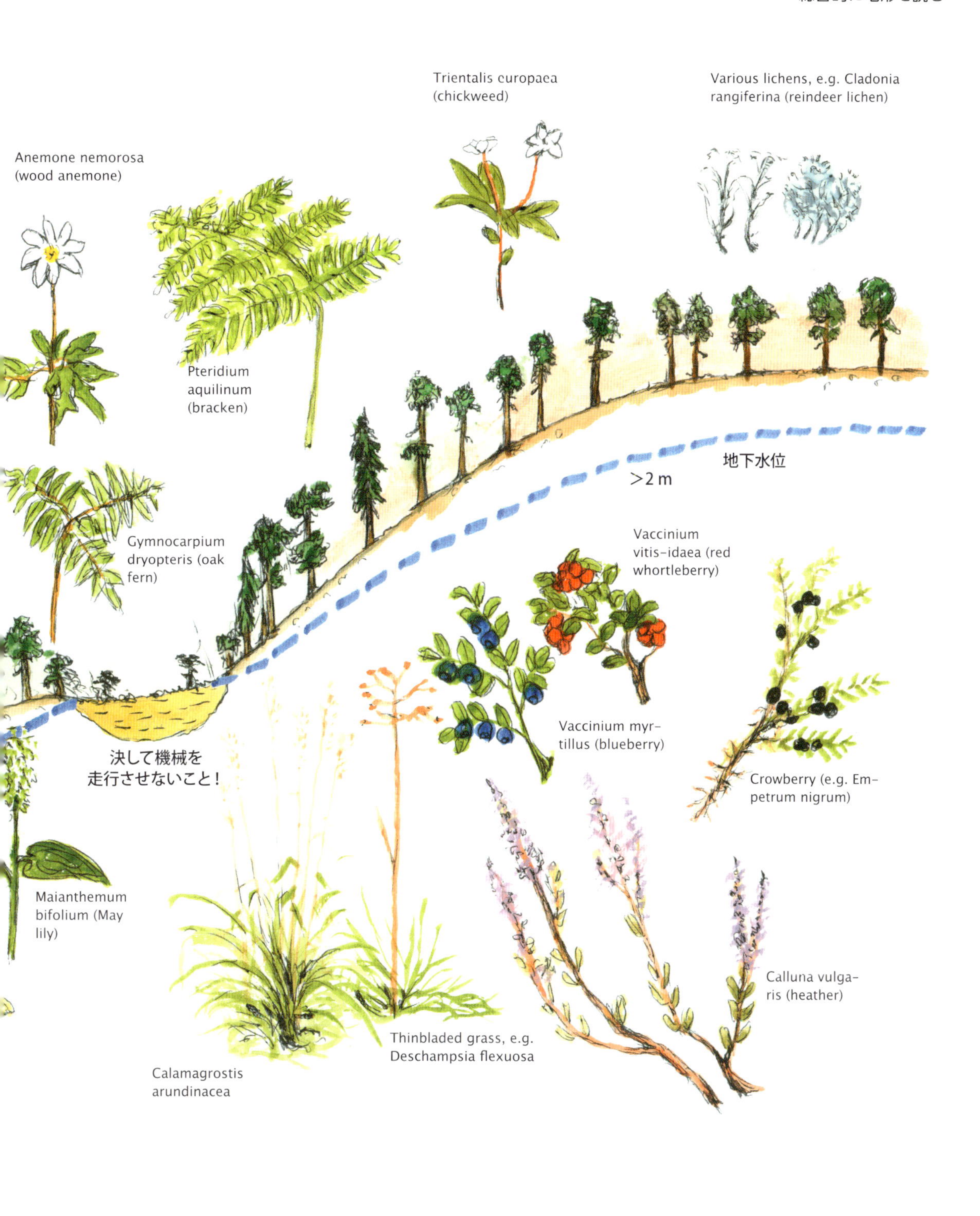

→ 粗い土性（大きな粒子の割合が高い）の傾向

SÅL

樹木の成長の判定

多様な植物（特に前頁で示したもの）は、地形要因（例：支持力、植物同士の関係性、土壌型、水の流れ）の判定における基本的情報を与えるものです。そのため、植生調査を行うことで、以下の疑問に対する解答を含めた重要な情報が得られます。

- 現場にある植物（立木を含む）は、どの地位（肥沃度、Bonitet）を表しているか？　これは土性と、それに連動している支持力とも関連しています。
- 水の供給が豊富であることを示す植物（コケやスゲ）は見られるか？　この場合、土壌の支持力が低いことがわかります。

過去にあった土壌への損傷

本項は、過去の活動が土壌に与えた影響を意味します（例：道の盛土、以前の施業の際につくられた排水溝やわだち、風倒木によって生じた林内のギャップ）。そのような活動の特徴を調べることで、次のような情報が得られます。

- この土壌型は漂礫土もしくは「（粒径が）選別された」堆積土か？　それがわかることで、支持力とアクセス性についてかなりの情報が得られます。
- （漂礫土である場合、）漂礫土にはどれくらいの石が含まれているか？　これによっても、支持力とアクセス性についてかなりの情報が得られます。
- 以前の施業でつくられたわだちは確認できるか？　過去の機械走行でできたわだちからは、わだちのある場所の土壌の支持力と、路網を配置すべき場所に関して重要な情報を得ることができます。もし深いわだちが見つかった場合、計画された幹線路をより支持力の高いルートへ移すか、冬季の凍結もしくは夏季の乾燥期に回数を絞って使用するのがよいでしょう。

写真9-17　地下水位を示す指標
写真の溜まり水は、地下水位がこの高さ、もしくは若干高い面（地表のすぐそば）にあることを示している。
コケがあることは、地下水位が、植物の生育期間の中で長期にわたって地表面近くにあることを示している。

写真 9-18　スウェーデンにおけるコケの種類は、一般にミズゴケとスギゴケであることが多く、写真はスギゴケである。

写真 9-19　これは1～2年前に土掻きが行われた場所を写したもので、コケと溜まり水から、地下水位が地表面近くにあることが見て取れる。

図9-11　オペレータは、機械周辺の土壌だけではなく、伐採現場の地形を広く見渡しておくことで、よりはっきりと全体像を掴むことができる。

- ここ数日雨が降っていなくても、排水溝に水が溜まっているか？　これは地下水位を表していて、排水溝の水面と同じか、幾分高いのが一般的です(**写真9-17**)。
- 過去に土掻きがあったか？　もしそうであれば、わだちから有用な情報が得られるか？

絶え間なく、周囲の地形を読む

上記で解説した判定に欠かせないこととして、伐採作業中に起こる現場の変化から目を離さない、ということがあります。その他の内容、すなわち作業中にできたわだちについて以下に解説します。

機械走行でできたわだちの判定

伐採作業中はいつでも、ハーベスタとフォワーダの両方によってできたわだちを継続的に調べるようにするべきです(**写真9-20、9-21**)。

あるいは最も初歩的でありながら最重要であろう注目すべき観点として、林業機械のホイールが

写真9-20　深いわだちが見られるが、巨礫が露出していることはスタックするリスクが極めて低いことを意味している。

写真9-21　わだちの底を調べることで、支持力を判定することができる。

写真9-22 冬季の凍結期に間伐されたこの現場は、右側で沼沢と接している。非常に平坦な地表面かつ露岩もないことから、支持力の低い泥炭土に違いないことが示唆される。

土壌へどれくらい深く沈む込むかということがあります。このことは、土壌型や支持力、水の流れなどについて、その時々の状況を知る手立てとなります。深いか、思いがけず浅いわだちがあれば、くれぐれも注意を払い、周囲の地勢を「よく読む（解釈する）」ことが欠かせません（**表9-1**）。例えば、鉱質土壌や泥炭土は見えるか？　周囲の土壌は、石の量が少なくて（このことは支持力の低さを意味する）、冠水した漂礫土だろうか？　現場作業は、以上の情報に合うようすぐに調整しなければなりません！

現場に警鐘が鳴る

支持力の低い地形条件に関する基本的状況について、以下にまとめます。これらは伐採作業中に継続して観察し、現場の全体像を把握することを通じて認識しておかなければならない事項です。

マイナス要因が同時多発する

支持力にマイナスの影響を及ぼし、時に同時に起こりうる要因としては以下のような例があります。

- 土壌中の石の割合が低い。
- シルトや粘土の割合が高い。
- 泥炭土がある。
- 指標植物（コケなど）がある。

これらの要因は関連しており、例えば、シルト質漂礫土または粘土質漂礫土は支持力を高める効果のある石や巨礫をわずかしか含まないためです。また、シルトや粘土に富んだ土壌は、地下水位が地表面にほど近い斜面下部に存在することなどもよい例でしょう。また、高い含水量（豊富な養分を伴うこともある）が、腐植または泥炭の発達を促進することもあります。

写真9-23　斜面における「釜状」のくぼ地
「地形を読む」ことに長けたベテランオペレータであれば、この平坦地には20mに達するであろう深い泥炭があることを見て取るだろう。ハーベスタのオペレータは、硬くしっかりとした土壌のすぐ際でスタックするリスクがあることに留意すること（そこからすぐの泥炭土の支持力が最も低いことがあるため）。

土壌の支持力の判定では、当然ながら、上述した複数の要因による全体の影響を推し量るべきですが、オペレータとして警戒すべき個別の要因についても、以下に解説しましょう。

平坦なエリアを警戒する

平坦な場所や斜面途中のくぼ地は、沼地であることがあります。沼地は斜面の最下部でも見られることがあり、そこの地下水位は通常、地表面と同じ高さです。泥炭層の存在は一般的に、含水量が高いことを示しています。そのような場所の土壌の典型的特徴は、土壌中の微細粒子の割合が高く、地表に露出した石が少ないことです（**写真9-22**）。

周囲の斜面と比べて土壌が浅いくぼ地では、そこを取り囲んだ基岩によって集められた水によって冠水することがあるため、水の流れが大きく変わることがあります（**写真9-23**）。ただし、そうしたくぼ地の含水量は降水量に大きく左右され、頻繁に変動します。

湧水地を警戒する

地下水が地表に染み出た湧水地が、時に斜面上に見つかることがあります。通常は斜面の下部であることが多いですが、はるか上部にある場合もあります。そのような場所の土壌の支持力は、周辺の漂礫土よりもずっと低いです（**写真9-25、9-26**）。含水量の違いは植生の違いを調べることで「読み取る」ことができ、最も明らかな指標は豊富なコケ（**写真9-24**）とそれに伴う泥炭の発達です。浸水した土壌で旺盛に成長するその他の植物が見つかれば、そこは冠水していることがわかります。

さらに、丈の低い芝からアシ・草本へと移り変

写真9-24　コケの旺盛な成長（主にスギゴケ）と高い地下水位は、皆伐時に冠水が発生したことを示している。

写真9-25　漂礫土の斜面に湧水地がある。ここを機械で走行すると深いわだちができ、スタックするリスクが高いであろう。わだちができることで水の流れが妨げられ、森林の成長量が減少し、森林破壊につながるおそれがある。

写真9-26　湧水地（または泉）のある漂礫土
斜面の端（平坦に変わる地帯）では地下水が地表へ浸水し、厚い泥炭層を形成している。様々な理由から、林業機械はここを走行すべきではない。このようなエリアは広々と雪が積もっているときには判別が困難であり、雪のない時季にマーキングをしておかねばならない。

わることからわかるように、湧水地は通常、周辺の土地よりも肥沃度が高いです。また、トウヒの大木があることは、含水量が高く、支持力が低い土壌であるサインとなります。現場にトウヒの大木があれば、十分な支持力という安心感とは程遠いということを覚えておきましょう！

また、小川や泉は含水量が高いことの明白な証拠です。周囲の森林と比較して特に目立つ特殊な植生が見られる場合もあります。植生のタイプは、その土地がどこなのかによって若干異なる場合もあります。例えば、アルダー（ハンノキ）はスウェーデン南部の湧水地（泉や沼地）にふんだんに生育していますが、北部の同じような場所ではセイヨウハンノキやヤナギ類で覆われているでしょう。

雪の下の湧水地を警戒する

湧水地の土壌は厳冬期であっても凍結しません。このような場所が雪によって覆い隠されると、どこが危険なのか全くわからなくなり、もし機械が入り込んでしまうと一直線に沈み込んでいくおそれがあります。ただし、地上部の森林のタイプを調べることによって、積雪があっても、その場所を「読み取る」ことは可能です。

浅い土壌に警戒する

浅い土壌（斜面のあちこちにある露出した基岩で判別される）では、通常ではありえない水の流れを起こすことがあります。そのようなエリアは長い斜面であっても、水が基岩から流れ落ちて薄い土層に集まることで冠水する場合があります。さらに、このような斜面の漂礫土がシルト質であると液状化する傾向があります。

土壌の支持力と表面構造の関係

機械操作を複雑にする、地表の様々な要因（切り株など）による全体的影響を一括りにまとめた表面構造は、「判断の難しい要素」と表現されることもあります。例えば、砂だけといった単一組成の土壌では、良好な表面構造と支持力が共存します。一方、その他の土性では、微細な粒子画分が支持力と逆相関の関係になります。

この例としては、本章で上述した「泥炭地周辺の露出した基岩の支持力」の項（178頁）が適当です。微細粒子を多く含む平坦、かつ支持力の低い泥炭土と、その周辺にある支持力は抜群ではあるものの、片勾配のため走行上の別の問題を起こす基岩エリアとでは、際立って対照的です。

表面構造の総合的な判定

表面構造の判定には、その外観を丹念に調べることや、アクセス性（機械走行）の妨げとなる障害物を考慮に入れることが含まれます。石の多さと地面の凹凸は主要な関心事ですが、切り株によるアクセス阻害も計画に加えなければなりません。全体的な判定の中には、ハーベスタとフォワーダの効率を最大限高めるため、どのように作業を行うかという点に関して大まかに方針を決めておくことも含まれます。

巨礫の散らばった斜面

伐採現場に石や巨礫が大量にある状態は、以下のようなメリットとデメリットがあります。

- 現場の土壌の支持力は良好である。
- アクセスを確保（特にフォワーダ）するためには、入念な計画が必要です。
  何をおいても、伐採作業を効率化する（場合によっては可能な状態に変える）ためにエクスキャベータ（ユンボ）を現場で使用する必要性について、プランナーが判断しなければなりません。
- 土壌が粗めの組成（粗粒砂質漂礫土のように）であれば、表面構造が好適なルートに沿って路網を配置しなければなりません。

よい計画とは、散乱した巨礫の間で機械のスタックもしくは転倒といったリスクを最大限減らすことであり、安全に走行できる速度を高めつつ、機械（やバンド、チェーン）の損耗を抑えることです。

巨礫が散乱した斜面では、エクスキャベータ（ユンボ）を使用して、伐採作業を行うための路網を作設するべきです。これによって機械の故障を防ぎ、生産性の向上とコスト削減を達成することができます。

微細粒子の割合の高い土壌

砂ではなく、微細粒子の割合の高い土壌（石は少ない）のある伐採現場では、以下のようなデメリットがあります。

- 土壌の支持力は一般的に低い。
- 支持力（特にフォワーダにとって）が最適なルートを選択するためには、入念な計画が必要です。
- 幹線路および集材路は、可能であれば斜面上部に配置するべきです。

よい計画とは、土壌の損傷や機械のスタックまたは損耗を最大限減らすことです。

機械周辺の表面構造の判定

進行中の作業において、オペレータは表面構造から目を離さずに観察を続け、計画の基本要素とするべきです。ハーベスタのオペレータによる判定と決断は特に重要であって、「地形を読んで」、（後に続く）フォワーダの搬出作業にどのような影響が起こりうるかを推定できなければなりません。路網を1m横へずらしたり、斜面の穴を枝葉で埋めたりするといった措置を講じることができれば、搬出作業の効率は大きく改善されます。

ただし、フォワーダのオペレータは何も考える必要はないということではなく、同様に最適な走行ルート（選択可能な範囲内で）と走行速度を継続的に判定しなければなりません。片勾配を走行中は、低いほう（谷側）のわだちを刈り払いしなければなりません。

切り株

切り株を低く切ることは、林業機械（ハーベスタ、スカリファイヤー、特にフォワーダ）のアクセスにとって常に有効です。表面構造に難があり、切り株が高い状態だと、オペレータは斜面の中でも条件の悪いルートを取らざるを得ないため、問題が悪化する傾向があります。支持力の低い土壌で、さらに高い切り株があると、フォワーダの作業にとって大いに障害となります。

地勢の総合的な判定

現場の図面から、傾斜方位や勾配等の特定の情報を得ることができてもなお、オペレータが現場を調査し、判定することの重要性は変わりません。主にフォワーダ搬出のために、計画された魚骨路は、等高線に対して90°の向きとするべきです。

片側に傾斜した斜面上に魚骨路を配置するようなやり方で伐採作業の計画がなされると、フォワーダの生産性は大きく下がり、フォワーダの転倒リスクも急激に高まります。通常はフォワーダが斜面を下ることを目標に路網を設計しますが、これはまた満載状態のフォワーダが支持力の低い土壌へ向かって下っていくリスクが内在されています（土壌や水路が損傷を受けるおそれもある）。このような場合、オペレータはフォワーダで斜面を登坂（おそらくはバック走行で）することによって、支持力の高い場所へ移動しなければならないでしょう。この方法は作業の難易度が高いため、経験を要します。

「レストラン方式」を用いる状況の判定

魚骨路の向きを斜面全体に対して垂直（等高線に90°）とするのが最適（ベストな方法）ではないことがあります。その場面は、路網が斜面の形状（谷部と尾根部の両方）に大まかに沿うように伐採作業を計画するのがよいでしょう。こうすることで丸太が斜面上のルートに集積され、縦方向に傾斜があり、わずかに片勾配がある路網であったとしても、道にとってよい土台となりうるため、搬出作業にとって良好な状態となります。この方法について以下に解説します。

> 「レストラン方式」は、ハーベスタのオペレータが、様々な方法を用いて伐採された丸太を斜面上の最適なルートへ配置することによって、フォワーダに「給仕する」ことを意味しています（第10章、239頁も参照）。

周辺の斜面の判定

林業機械の周囲の傾斜から目を離してはいけません。急峻な斜面を短区間に抑えるよう、次のような工夫を凝らしましょう。

- 機械の走行速度を調整する。
- ローダーをカウンターウェイトとして使う（第10章、**写真10-8**）。
- よりよいわだちを選択する。
- 片勾配のわだちの低いほうを刈り払いする。

片勾配を助長する沈み込みの深さについて予期しましょう。

判定と、計画の基礎

上述の通り、本書で解説しているすべてのスキルのうち、「地形を読む」ことが、伝えることが最も困難で、おそらく最も習得が困難な技術です（**写真9-28、9-29**）。ただし、このスキルは第12

写真9-27　わだちの中、もしくは間にある切り株は機械走行の障害とならないよう低くしておかねばならない。

写真9-29　地形の読みが甘く、粗雑な計画が招く損失
知識不足と粗雑な計画作業によって、幹線路と接続する適切なルートを見つけるために、トライアンドエラーで手当たり次第にルートを探っている。これにより、いくつかのマイナスの結果が生じている。土壌への不要な損傷、機械の浪費と燃料消費の増大、数百ドル相当の丸太へのキズ。

写真9-28　土壌の支持力が高い尾根を走行する
フォワーダのオペレータが、土壌の支持力が良好な尾根の頂部を走行している。ここは路網を配置するには理想的な場所で、有能なプランナーによって計画されたことが想像できる。上の写真は、これとは対照的である。

写真9-30

章にまとめられている伐採作業の全体計画を把握する際に必要な基礎となる技術の1つです。

様々な土壌型の支持力

表9-1、**9-2**では堆積土と漂礫土がどのように分類され、その区分が支持力とどう関連するかを表しています。SGFの区分は英国規格協会（BSI）やISO14688-1、その他の一般に利用されている分類システムと類似しています。この中にあるすべての土壌分類は、支持力の判定にすぐに活用できます。**例えば「シルト」の表示は、支持力が急激に低下しやすく、伐採作業に大きな障害となりうることを警告しています。**

こうした情報は、SGF/BGS評価システム（2001）の翻訳やSS-EN 14688-1（改訂1）によるIEGキーを基に編集されたものです。

なお、すべての鉱質土壌は、十分に乾燥さえしていれば非常に高い支持力を発揮します。

表9-1　堆積土（粒径が「選別された」土壌型）

粒径 (mm)	アッテルベリ・スケール		SGF スケール（1981）		支持力の色彩表示
	土壌型	粒径区分	土壌型	粗粒度	
63 20 6 2	Grus	Grovgrus Fingrus	礫	粗礫 中礫 細礫	S1
0.6 0.2	Sand	Grovsand Mellansand	砂	粗砂 中砂 細砂	S1
0.06	Mo	Grovmo Finmo			
0.02 0.006	Mjäla	Grovmjäla Finmjäla	シルト	粗粒シルト 中粒シルト 細粒シルト	S3
0.002	Lera	Ler	粘土		S2

S1
礫および砂

フォームテスト、ローリングテストでの成形はできない（例外として微細砂はフォームテストの成形ができる場合もある）。どんな条件でも、支持力は非常に良好です。

S2
粘土

「糸状」へ丸めることができ、支持力は変動しやすいのが特徴。

S3
シルト

「糸状」へ丸めることができ、支持力は変動しやすいのが特徴。

この土壌型に関する情報は、本章209頁や第12章262～263頁も参照のこと。

写真9-31　シルトや粘土は「細糸状」に丸めることができる。

漂礫土の支持力

漂礫土の支持力を判定する際に考慮すべき主なポイントは、石や巨礫を含めた組成です。ただし、粘土質漂礫土に十分な巨礫があることはまれです。

表9-2　漂礫土(粒径が「選別されていない」土壌型)

土壌型の分類		支持力の色彩表示	
アッテルベリ・スケール	SGFスケール(1981)	石(または巨礫)の割合が少ない	石(または巨礫)の割合が多い
Grusig morän	礫質漂礫土	T2	T1
Sandig morän	粗粒砂質漂礫土	T3	
Sandig-moig morän	細粒砂質漂礫土	T4	
sandig-Moig morän	砂質シルト系漂礫土	T6	T5
Moig morän	砂質シルト質漂礫土		
Mjälig morän	シルト質漂礫土		
Leriga moräner	粘土質漂礫土		

エクスキャベータの必要性

漂礫土を代表とした、豊富な巨礫が散在する斜面での作業は、本当に骨の折れる仕事です。仮に実行可能な作業であったとしても、機械を酷使し、故障のリスクを抱えることでしょう。このような状況では、大きなバンドを装着したエクスキャベータで幹線路や集材路を作設することをお勧めします。

写真 9-32　細粒砂質漂礫土は、「角砂糖の形」に成形できることもある。

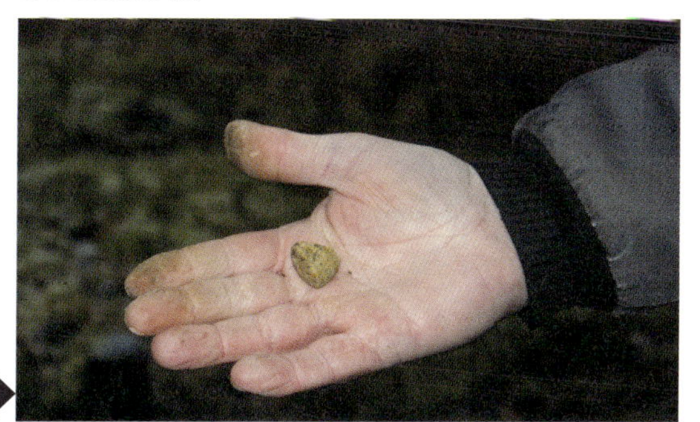

写真 9-33　砂質シルト系漂礫土、砂質シルト質漂礫土、シルト質漂礫土、粘土質漂礫土は、「細糸状」に丸められることもある。

この土壌型に関する情報は、本章 209 頁や第 12 章 262 ～ 263 頁も参照のこと。

T1　石や巨礫の割合が高い礫質漂礫土・粗粒砂質漂礫土・細粒砂質漂礫土

礫質や粗粒砂質の漂礫土は、フォームテストで成形できません。細粒砂質漂礫土は、「角砂糖の形（小さなボール状）」に成形できる場合があります。どんな条件でも、支持力は非常に良好です。

T2　石や巨礫の割合が少ない礫質漂礫土

フォームテスト、ローリングテストともに成形できません。どんな条件でも、支持力は非常に良好です。

T3　石や巨礫の割合が少ない粗粒砂質漂礫土

フォームテスト、ローリングテストともに成形できません。凍結した土壌が融解する時季を除けば、ほとんどの条件で支持力は非常に良好です。

T4　石や巨礫の割合が少ない細粒砂質漂礫土

「角砂糖の形」に成形できることもあります。支持力は変動しやすいです。凍結した土壌が融解する時季には、わずかな支持力しかありません。

T5　石や巨礫の割合が高い砂質シルト系漂礫土・砂質シルト質漂礫土・シルト質漂礫土

「細糸状」に丸められる場合もあります。豊富な石を含んでいれば、凍結した土壌が融解する時季を除いたほとんどの条件で、十分な支持力があります。

T6　石や巨礫の割合が少ない砂質シルト系漂礫土・砂質シルト質漂礫土・シルト質漂礫土、粘土質漂礫土

「細糸状」に丸められる場合もあります。雨が降るとわずかな支持力しかなく、また凍結した土壌が融解する時季の機械走行はできません。

本章における土壌の支持力の分類

表9-3　堆積土
（粒径が「選別された」土壌型）

土壌型	粒径区分	支持力の区分
礫	粗礫 中礫 細礫	S1
砂	粗砂 中砂 細砂	
シルト	粗粒シルト 中粒シルト 細粒シルト	S3
粘土		S2

表9-4　漂礫土
（粒径が「選別されていない」土壌型）

	土壌の支持力の分類	
土壌型	石（または巨礫）の割合が少ない	石（または巨礫）の割合が多い
礫質漂礫土	T2	
粗粒砂質漂礫土	T3	T1
細粒砂質漂礫土	T4	
砂質シルト系漂礫土		
砂質シルト質漂礫土		T5
シルト質漂礫土	T6	
粘土質漂礫土		

粘土質漂礫土が豊富な石を含むことは非常にまれであるため、表中にも石マークは付けていない。

泥炭土を除くすべての土壌型は、十分に乾燥している状態であれば非常に高い支持力を持つ。

支持力区分の解説

S1　礫と砂
これらの土壌型は、激しい長雨や凍結した土壌の融解があったとしても非常に高い支持力を発揮します。

S2　粘土
この土壌型の支持力は、土壌が完全に凍結した時季を除いたほとんどの条件で、地下水位の影響を強く受けます。粘土画分の割合によって変動するものの、湿っているとわずかな支持力しかありません。腐植の含量が高いことは、土壌がより「滑りやすく」なるため、支持力が低いことを意味します。凍結した土壌が融解する時季には、伐採作業はできません。土壌が凍結した時季に伐採を行うことが推奨されます。その他の条件下でこの土壌の性質に起因する問題を解決するためには、章末のガイドラインを参照ください(例:「凍った夏の土壌」の時季における伐採が1つの可能性として挙げられる)。

S3　シルト
土壌が水分を含むことで、支持力は急速かつ大幅に低下し、機械走行が不可能となります。土壌が凍結した時季に伐採を行うことが推奨されます。凍結した土壌が融解する時季には、伐採作業はできません。その他の条件下でこの土壌の性質に起因する問題を解決するためには、章末のガイドラインを参照ください。

T1　石や巨礫の割合が高い礫質漂礫土・粗粒砂質漂礫土・細粒砂質漂礫土
これらの土壌型は、長雨や凍結した土壌の融解があったとしても非常に高い支持力を発揮します。表面構造が最良のルートに沿って丸太が搬出されるよう、綿密な計画を立てることが重要です。

T2　石または巨礫の割合少ない礫質漂礫土
これらの土壌型は、長雨や凍結した土壌の融解があったとしても非常に高い支持力を発揮します。

T3　石または巨礫の割合が少ない粗粒砂質漂礫土
この土壌型は、凍結した土壌の融解を除けば、激しい雨が降っても高い支持力を発揮します。

T4　石または巨礫の割合が少ない細粒砂質漂礫土
この土壌型は、「非常によい」と「非常に悪い」を分ける、支持力の区切り点と見ることができます。長雨が続く時季およびその後しばらくの間は、斜面の上方を通って丸太を搬出するような計画とするべきです。斜面下部の凍結していないエリアに路網のルートを取る場合は、ルート上を刈り払いしなければなりません。

T5　石や巨礫の割合が高い砂質シルト系漂礫土・砂質シルト質漂礫土・シルト質漂礫土
激しい雨が降ると、巨礫がほとんどない土壌ではわずかな支持力しかありませんが、豊富な石・巨礫があればそのような条件でも伐採は可能です。
凍結した土壌が融解する時季には、機械走行はできません。路面の凍結する時季を除いた伐採作業中では常に、ルート上の石や巨礫の少ない場所に枝葉を運ぶ必要が生じることもあります。

T6　石や巨礫の割合が少ない砂質シルト系漂礫土・砂質シルト質漂礫土・シルト質漂礫土、粘土質漂礫土
支持力はシルトと同じです。土壌が乾燥していれば支持力は良好ですが、激しい雨が降ると急速かつ大幅に低下し、湿った状態ではわずかな支持力しかありません。土壌が凍結した時季に伐採を行うことが推奨され、一方で土壌の融解時には作業はできません。その他の条件下でこの土壌の性質に起因する問題を解決するためには、章末のガイドラインを参照ください。

P　泥炭土
この土壌型は支持力に乏しいのが特徴ですが、乾燥した時季ではいくらかよくなります。土壌が凍結した時季に伐採を行うことが推奨されます。その他の条件下でこの土壌の性質に起因する問題を解決するためには、章末のガイドラインを参照ください。

チャート1　粘土（S2）上での伐採作業

土壌が凍結した時季に伐採を行うことが推奨されます。それ以外の時期では、土壌の排水（溝や暗渠）が非常に重要です。
深い溝を掘ることで、夏の乾燥期と同等の良好な状態になることもあります。夏の乾燥期とは、粘土が固まって抜群の支持力を持つ「凍った夏の土壌」の時季を指します。

伐採作業にとって困難な条件を克服する解決策は、以下So1～So3に解説しています。ただし、ほぼすべての条件および状況において、幹線路と集材路は完全に刈り払いをしなければならず、また枝葉の運搬と敷設が必要でしょうし、機械は全ホイールにバンドを巻くなどの準備が必須となるでしょう。

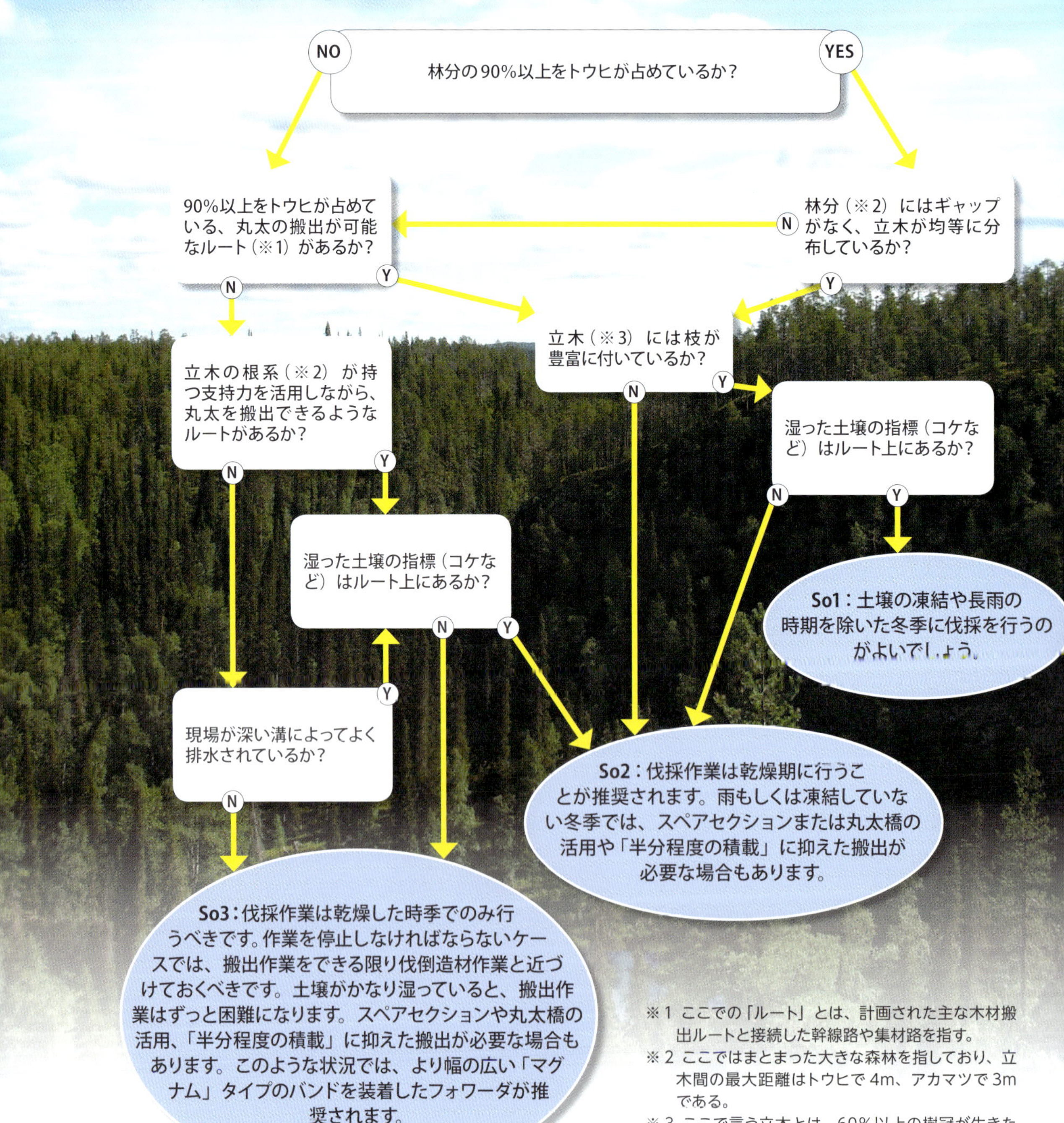

※1 ここでの「ルート」とは、計画された主な木材搬出ルートと接続した幹線路や集材路を指す。
※2 ここではまとまった大きな森林を指しており、立木間の最大距離はトウヒで4m、アカマツで3mである。
※3 ここで言う立木とは、60％以上の樹冠が生きた枝で占められ、枝が重なり合ったものを意味する（30㎜以上の太さ）。

チャート2　シルト（S3）上での伐採作業

土壌が凍結した時季に伐採を行うことが推奨されます。伐採作業にとって困難な条件を克服する解決策は、以下So1～So3に解説しています。すべての条件および状況において、幹線路と集材路は完全に刈り払いをしなければならず、また枝葉の運搬と敷設が必要でしょうし、機械は全ホイールにバンドを巻くなどの準備が必須となるでしょう。

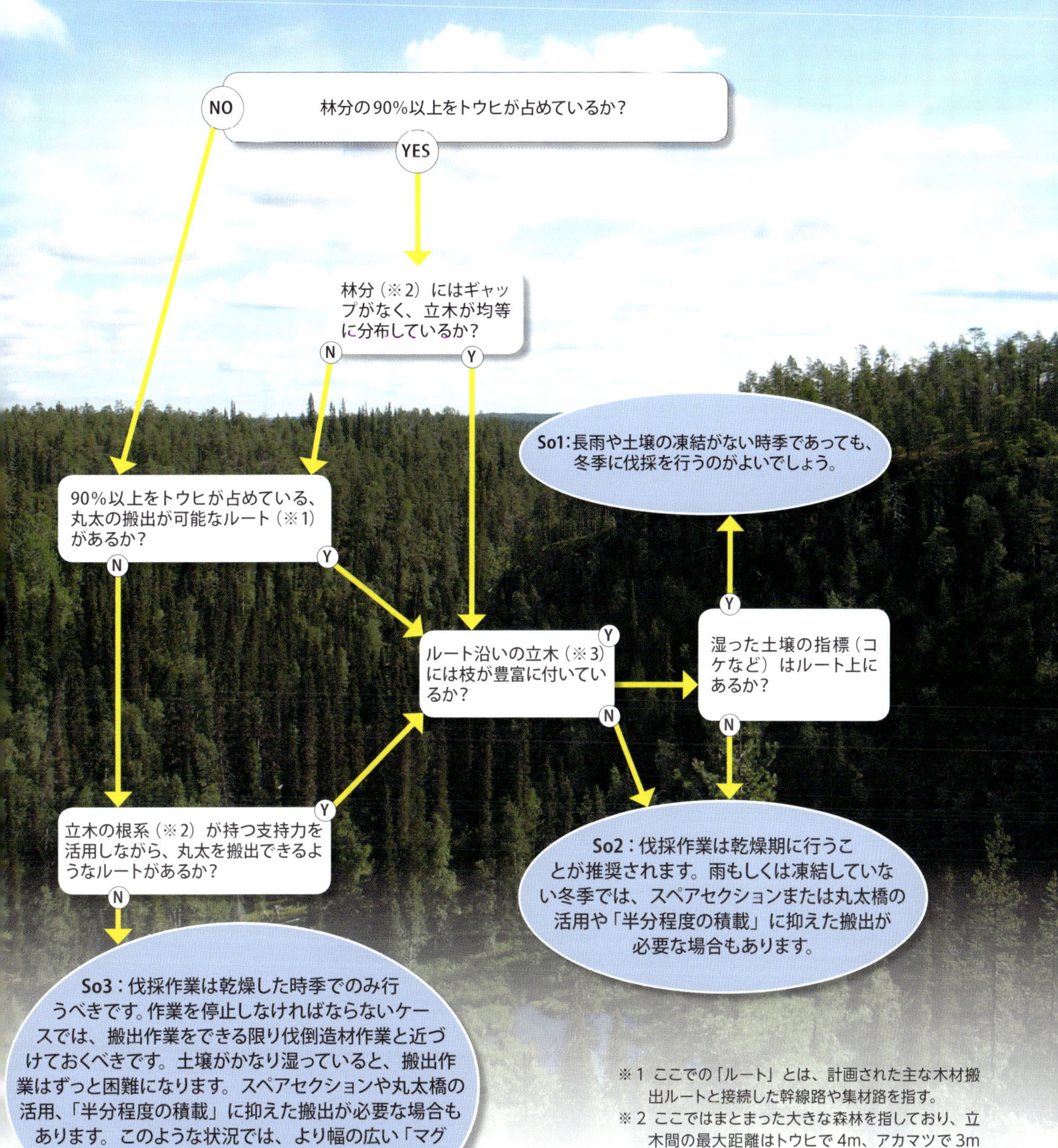

※1 ここでの「ルート」とは、計画された主な木材搬出ルートと接続した幹線路や集材路を指す。
※2 ここではまとまった大きな森林を指しており、立木間の最大距離はトウヒで4m、アカマツで3mである。
※3 ここで言う立木とは、60%以上の樹冠が生きた枝で占められ、枝が重なり合ったものを意味する（30㎜以上の太さ）。

チャート３　シルト質および粘土質の漂礫土（T6）上での伐採作業

土壌が凍結した時季に伐採を行うことが推奨されます。伐採作業にとって困難な条件を克服する解決策は、以下So1～So3に解説しています。すべての条件および状況において、幹線路と集材路は完全に刈り払いをしなければならず、また枝葉の運搬と敷設が必要でしょうし、機械は全ホイールにバンドを巻くなどの準備が必須となるでしょう。

※1　ここでの「ルート」とは、計画された主な木材搬出ルートと接続した幹線路や集材路を指す。

※2　ここではまとまった大きな森林を指しており、立木間の最大距離はトウヒで4m、アカマツで3mである。

※3　ここで言う立木とは、60%以上の樹冠が生きた枝で占められ、枝が重なり合ったものを意味する（30㎜以上の太さ）。

チャート４　泥炭土（P）上での伐採作業

土壌が凍結した時季に伐採を行うことが推奨されます。伐採作業にとって困難な条件を克服する解決策は、以下So1～So2に解説しています。泥炭土の条件は、よく排水されているか、気候の影響でかなりの乾燥状態にあれば、まず良好であると言えます。すべての条件および状況において、幹線路と集材路は完全に刈払いをしなければならず、また枝葉の運搬と敷設が必要でしょうし、機械は全ホイールにバンドを巻くなどの準備が必須となるでしょう。
ルートから離れた場所にある立木については、ルートへの最短距離となる方向へチェーンソーで伐倒しなければならない場合もあります。
ハーベスタにホイール用バンドを装着することは伐採可能なエリアを広げ、ハーベスタによる地表の撹乱リスクを減らすことができる場合もあります。

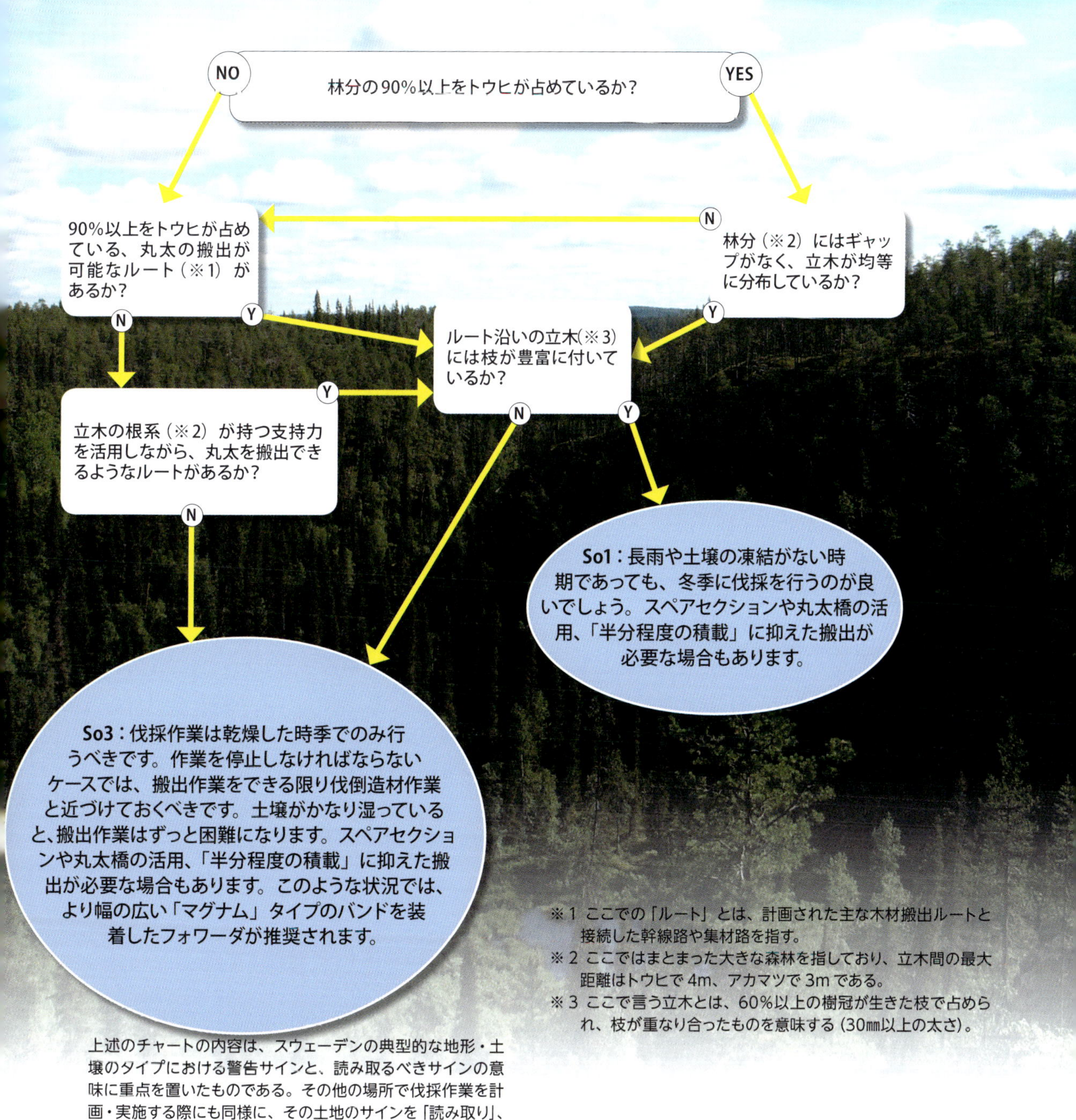

※１ ここでの「ルート」とは、計画された主な木材搬出ルートと接続した幹線路や集材路を指す。
※２ ここではまとまった大きな森林を指しており、立木間の最大距離はトウヒで4m、アカマツで3mである。
※３ ここで言う立木とは、60%以上の樹冠が生きた枝で占められ、枝が重なり合ったものを意味する（30㎜以上の太さ）。

上述のチャートの内容は、スウェーデンの典型的な地形・土壌のタイプにおける警告サインと、読み取るべきサインの意味に重点を置いたものである。その他の場所で伐採作業を計画・実施する際にも同様に、その土地のサインを「読み取り」、その含意を汲み取れるよう学ぶことが重要である。

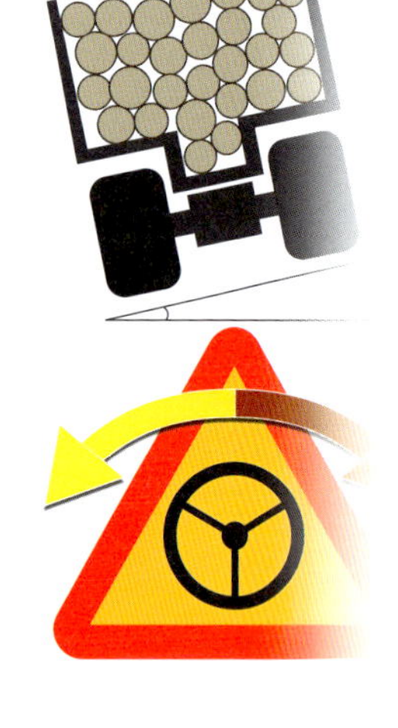

第10章

走行技術の基礎

慎重な運転を

本章では、注意深く分別ある車両系林業機械の使用の重要性を、機械センスと併せて強調しています。オペレータが備えるべき機械センスとはつまり、林業機械に何ができて、何ができないのかを理解することです（第９章も参照）。これはまた、優れた走行技術の基礎でもあります。

安全に対する余裕をつくる

車両系林業機械の操作経験がそれほど多くないオペレータは、機械センス（訳注：訓練で高められるもの。第９章参照）と走行技術を向上させなければなりません。経験の少ないオペレータは機械の最適な使用に関する知識が十分ではないかもしれませんが、日々の慎重な作業を通じて少しずつ経験を積んでいくのがよいでしょう。

経験が足りないうちは、機械の性能を最大まで引き出そうとするよりも、機械と親しむことを目指すのがよいでしょう。これは機械をフル活用しないことを甘んじて受け入れることを意味しています。一見、コスト高になると感じられますが、こうした機械との向き合い方は、十分な経験が得られるまでの間は、結果として最も経済的となります。

機械を注意深く使用することで安全に対する余裕が生まれ、悪い結果が起こるリスクを減らすこととなります。その正反対のこととして、斜面を不適切な速度で走行すると、シャーシやトランスミッションの損傷につながります（**図10-1**）。

片勾配の斜面に沿って走行する際には、ローダーを山側に伸ばして即席のカウンターウエイトとするべきであり（**写真10-8**）、またその頻度は低いよりも高いほうがよいことを覚えておきましょう。

土壌の支持力の低い場所では、積載量を減らすことで安全に対する余裕をつくり、スタックするリスクをできるだけ小さくするよう注意することも肝心です。非常に急峻な場所があれば、事故を起こす前に助けを呼びましょう。

車両系林業機械を用いた作業全般について、安全性と経済的収益性を最大化するために、経験の少ないオペレータは可能な限り注意を怠らないように心がけることです。

駆動系を正しく使用する

駆動系はエンジンや、ホイールへ動力を伝達するすべての構成部品を指し、これには油圧トラン

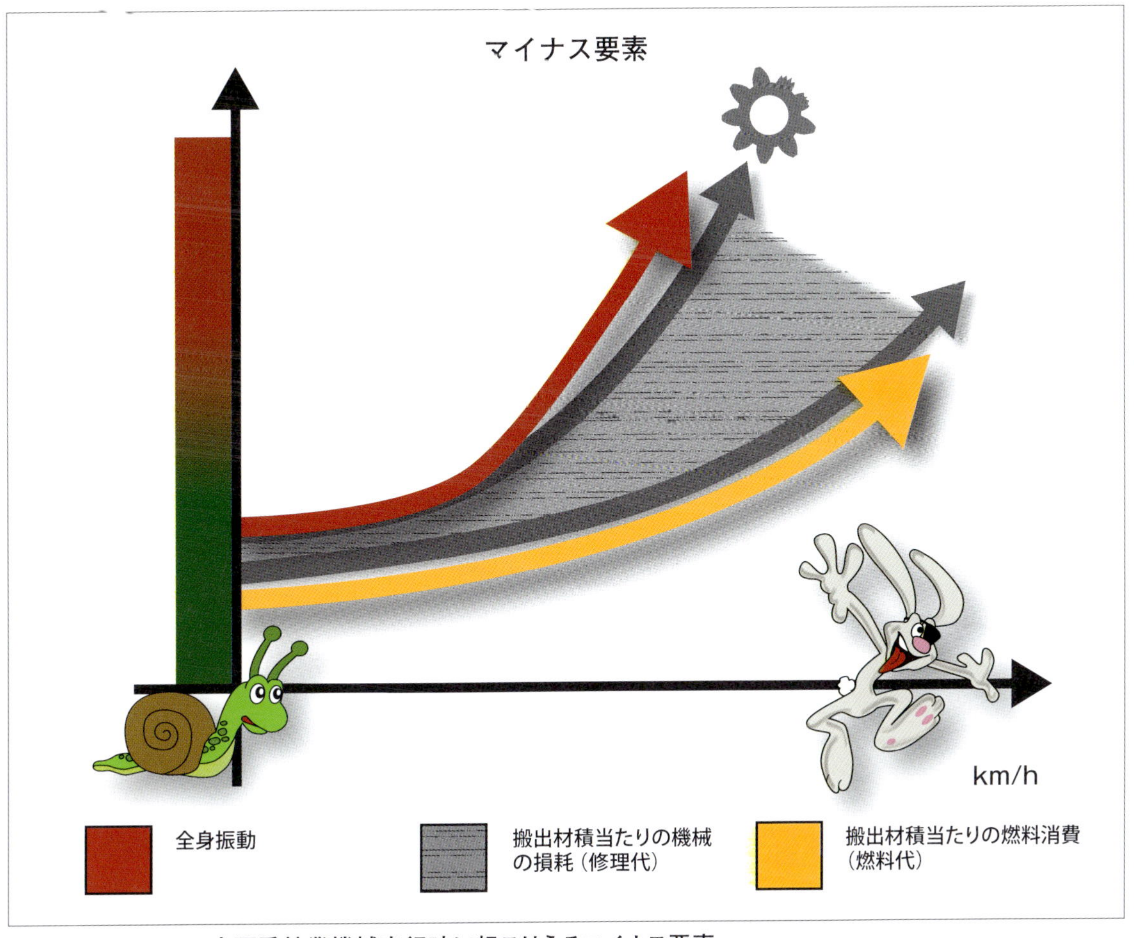

図10-1　車両系林業機械走行時に起こりうるマイナス要素
この図は高速で機械を走行させたときに起こりうるマイナス要素を示したものである。わずかな加速ですら、時にオペレータの環境や全体の経済性を損なうことがある。影の部分は、走行速度が速くなり過ぎると、機械の損耗が急増することを意味している。この部分に幅を持たせているのは、複数の要素に対する影響に大きな差があることを表している。良好な地形を適度な積載量で走行しているフォワーダは、より困難な地形を最大積載量で走行しているフォワーダと比べて、高速走行時のマイナス要素はより少なくなる（後者では、損耗のスピードが速い）。最悪の場合、影の部分の上端のように、高額な費用を伴う故障が発生することとなる。

スミッションやギヤボックス、ディファレンシャルギアの軸、遊星歯車装置（プラネタリーギア）が含まれます。油圧トランスミッションを用いる方法はすべての構成部品の有効寿命に影響し、本項で強調するものです（**写真10-1**）。

以下の説明は、重量物を積載するフォワーダの操作に主眼を置いたものです。一方、駆動系の構造と使用原理は、フォワーダもハーベスタも同一です。

油圧トランスミッションの効果

上述の通り、慎重な運転は機械のトランスミッションにも当てはまります。油圧トランスミッションの破損は、非常に高くつくことがあります。

作業の停止に伴う全費用と、結果として起こりうる欠陥は時として広範囲にわたり、金額にして

図10-2　最大の成功は常に、穏やかで滑らかな運転によって達成される。

1.5～3万ドルにもなることがあります。損失は、交換が必要な構成部品の種類と、その他に発生した故障によって異なります。最悪の場合、油圧システム内に金属片が長期間残留して、システム内の他の部品で異常摩耗やトラブルが起きます。このため、油圧トランスミッションの寿命を引き延ばすには慎重に扱うことが欠かせません。

構造上の注意点

油圧トランスミッションにある2つの重要な部品は油圧ポンプと油圧モーターであり、これらは2本の油圧ホースで連結され、閉回路を形成しています。必然的に起こる内部漏れにより、ポンプとモーターを冷却するために、かなりの量の作動油が連続的に交換されます。回路が扱える最大圧力は、通常400気圧（ただし、もっと高い場合もある）に制限されています。

例えば走行中の自動車のギアが高すぎるときのように、圧力がこの限界を超えると、（林業機械では）過負荷弁を通してオイルが放出され、システムはエンジンブレーキをかけます。このとき大量の熱が発生しますが、これは望ましくない状況です。なぜなら、油圧の構成部品がオーバーヒートを起こす可能性があり、それによる摩耗やオイルの劣化、油圧部品の一層の損傷につながるためです。

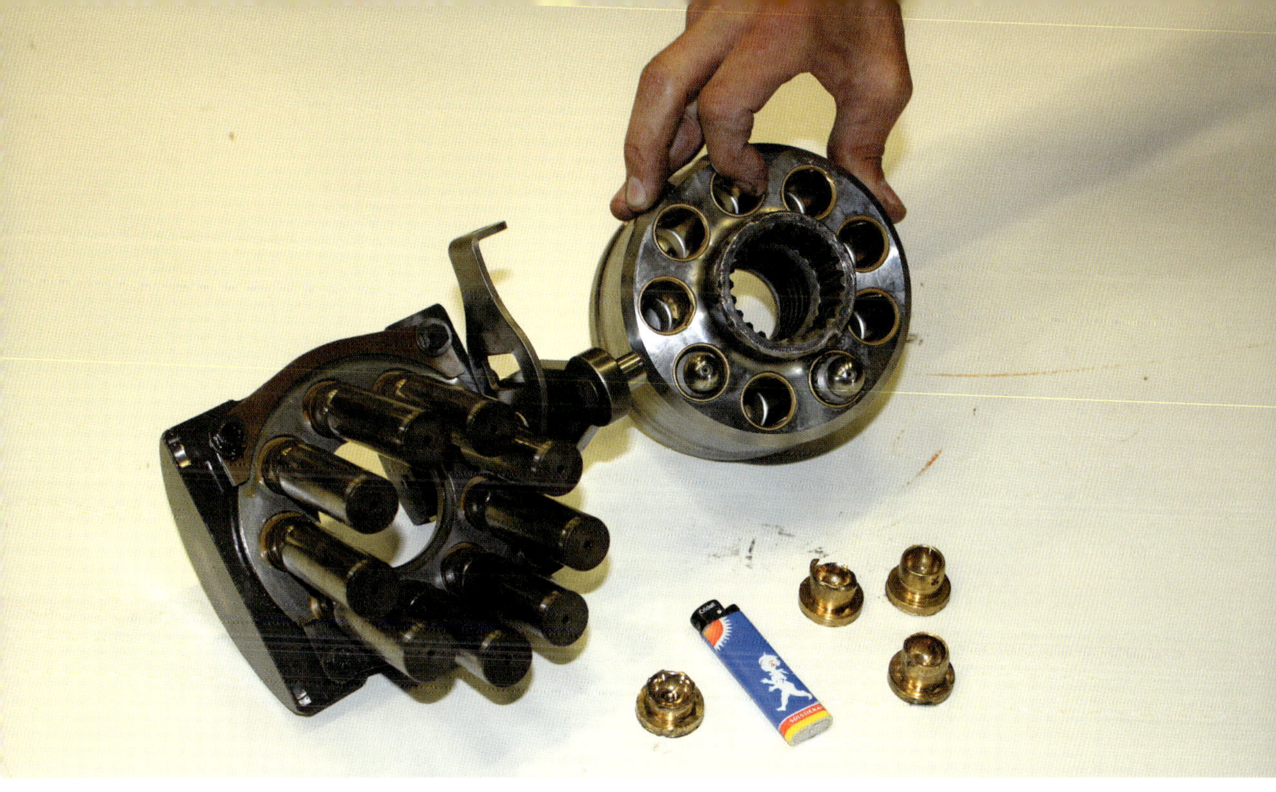

写真10-1　油圧システムの主要部品はすべて故障の可能性を秘めていて、例を挙げればピストンやシリンダードラム（原動力をすべて伝達する）、エンジンがある。エンジンには、後述する「エンジンブレーキ」の作動中、機械の全重量分の負荷がかかる。

自動車が不適切に運転される例で、もう１つの設計上の注意点を挙げれば、ディーゼルエンジンはエンジンブレーキでモーメントを殺すことができない点があり、油圧ポンプやディーゼルエンジンに過負荷（回転数の過剰な上昇）がかかるリスクがあります。

故障リスクの上昇

車両系林業機械を使用すれば部品の摩耗が必然的に起こりますが、（駆動系全体の）摩耗と故障のリスクは、ある特定の状況下で高まります。特に駆動系（エンジンとトランスミッション）は、機械に負荷がかかりすぎると損傷する可能性があります。

例えばそれは、荷を満載にして急斜面を登るようなときであり、機械がスタックした場合はなおさらです。不適切な操作により、故障リスクが最大になる状況は、以下の通りです。

- 機械が高速で下り斜面を走行するとき（特に満載状態）。
- 荷を積んだフォワーダが斜面を下るとき。

これらの状況では、ギアが高すぎて速度超過となることで故障が発生します。同様の過負荷は、荷を積んだ機械が障害物（切り株など）に乗り上げたときに起こり、障害物の最高点に達した直後に負荷は最大となります。機械操作時の故障リスクをできるだけ低く抑えるには、構成部品の特徴や次項で解説する問題をよく理解することです。

油圧トランスミッションの性質

機械操作の基本には、以下の内容が含まれます。油圧駆動やトランスミッション、エンジンを含む駆動系の寿命は、低めの（もしくはロー）ギアかつ、かなり高めの回転数（rpm）によって引き伸ばすことができます。一方、その反対（高めのギアで低回転数）では、燃料消費を抑えることができます。

走行時の機械にかかる力

荷を満載した大型フォワーダの重量は通常40tにもなり、登坂時に大きな力を要することは明らかです。一方、あまり知られていませんが、下り坂で同じ重量の機械にブレーキをかけるのに必要な力は、理論上は全く同じになります。

さらに、油圧トランスミッションまたはエンジンブレーキを、機体重量によって発生する力と常に抵抗できるようにするべきです。ブレーキペダルは、斜面での運転時など例外的な場合にのみ使用するべきです。熟練したオペレータは、ブレーキペダルをほとんど使用しません！

登りでも下りでも走行時にかかる力は、傾斜角に機体重量（積載物があれば加算する）を乗じることで計算できます（**図10-3**）。

駆動系の構成部品の寿命をできる限り長くして、かつ故障を避けるために、急斜面での機械操作を含めた要点を以下に記します。

- 機械が十分にグリップするべきであり、したがってバンドやチェーンがよく手入れされていること。理想を言えば、機体が決して横滑りしないことです。
- 荷を牽引する力や制動（ブレーキ）する力が十分に引き出されるよう、電気式（または油圧式）のギアを調整しておくべきです。
- エンジンの回転数が一定限度を超えるべきではありません（2,000rpmまでが望ましい）。

故障を避けるためには、機械が乗り越えなければならない大きな力に関して理解を深めることです。

斜面での走行時には適切なギアを

林業機械を操作する際には、常に正しいギアを使用するようにしましょう！　注意すべき点は、最適な設定は機種ごとだけではなく、同一機種であっても1台ごとに異なります。2台の機械が全く同じということはありません！　操作中に最適な％値、ギア比が選択できるように、まず正しいギアを選択しなければなりません。

ギア比は適切に設定されなければならず、そしてオペレータはギア比を以下のように容易に確認することができます。

これは障害物の乗り越え、とりわけ最も高い位置に達した直後にも当てはまります。障害物の頂点を通過した後、速度を落としやすいようにギアを設定するべきです。

斜面上で機械を操作している場合、アクセルを放すのはしっかりとブレーキがかかった状態に限るべきです。

急斜面でのフォワーダの下り走行

フォワーダ走行時、特定の条件では適正なギアを使用すべきです。機械が荷を積んだ状態で斜面を登ることができる低いギアは、下り走行時にも使用するべきです。エンジンブレーキのおかげで、車両機械にかかるモーメントに対処することができます。このため、フォワーダでの下り走行は非常に注意深く行わなければならず、荷を積んだ状態は特にそうです。

つまり、低速かつ一定の速度を維持し、エンジンブレーキで減速できる程度の低いギアをキープしなければなりません。このことは、斜面が急勾配で機械にかかる力をすべてコントロールし続ける必要がある状態ではとりわけ重要です。

急斜面で重い荷を積んでいる機械を走行する際には、とりわけ注意が必要です。

斜面を登り下りする方法を計画する

一般に斜面に到達する前に、どのような調整

図10-3　登坂時に発生する力とギア選択
トレーラーを牽引しているキャンピングカーでは、登坂時に低いギアを使用しなければならない。熟練したドライバーは、下りの際も同じギアを使用する。これによって車のエンジンは、車重によって発生する力（モーメント）に抵抗することができ、ブレーキペダルの使用が極力抑えられる。仮に高いギアを使用すれば、ブレーキを多用しなければならず、その結果ブレーキは早く摩耗し、オーバーヒートによる損傷の可能性もある。同じ原理は、斜面での林業機械の操作にも当てはまる。

A = B

（訳注：ギア、デフロック、セントラルロック等）と走行法の選択をするべきかを決めることは、その後の走行に有効となります。機械によって能力に差があること、地形はホイールの回転しやすさに影響すること、丸太の種類によって重量が異なることについて、意識しておきましょう。

足回りの装備

急斜面を走行する際には、グリップのよく利く良質のチェーンやバンドを装着するべきです。例えば、凍った路面や、石や岩が多くてホイールの下に入り込むような地面など、それによって駆動系にかかる負担を軽減させることができ、グリップしづらい路面で特に有効です。

エンジンの故障

下り走行時にエンジンが故障するリスクはほとんどないように思われますが、ブレーキペダルの使用時などには、それは実際に起こり得ます。そして、強くハンドルをきると同時にブレーキをかけると、エンジンの故障リスクはさらに高まります。エンジンの故障は突発的であり、常に避けるべきです。

急斜面での走行ではディファレンシャルロックを使用する

ディファレンシャルロック（デフロック）は、急斜面での登り下りの両方で使用するべきです。機械の重量（モーメント）はすべてのホイールに配分され（「駆動系全体が連結」されている）、これはたとえブレーキペダルを踏んでいても同様です。デフロックは、駆動系の構成部品とブレーキに接続しています。

> デフロックは旋回時に使用するべきではありません！

写真10-2　セントラルロックはON/OFFスイッチで解除することが可能で、それによって急斜面で「三本足」状態になるリスクを回避できる。

セントラルロック

セントラルロックの使用は、次のような問題を起こすことがあります。アクセルを放したときに機械が数m進むか横滑りするとセントラルロックが作動し、機械が「三本足」で支えられる状態となるため、路面との接地性が悪化します（**写真10-2**）。

さらに、すべてのモーメントをより少ない機械の駆動系部品で減衰させなければならず、故障のリスクを高めます。これがデフロックが作動していない状態で起こると、横滑りと故障の両方のリスクが急増します。

急斜面での下りにおける機械の調整

以下の調整は、下り走行時に適用されます。斜面が急勾配になるほど、また荷の重量が増すほど、以下の内容を意識することの重要性は高まります。できる限り低いギアを使用することが重要です。次の箇条書きは一般的な内容を的確に示していますが、調整は機種によって変わることがあります。

- 最も低いギアを選択する（カタツムリのアイコンで表示されることがある。**写真10-3**）。
- かなり低めの％値を選択する。斜面の下り走行が初めての場合は、20～30％にすることが望

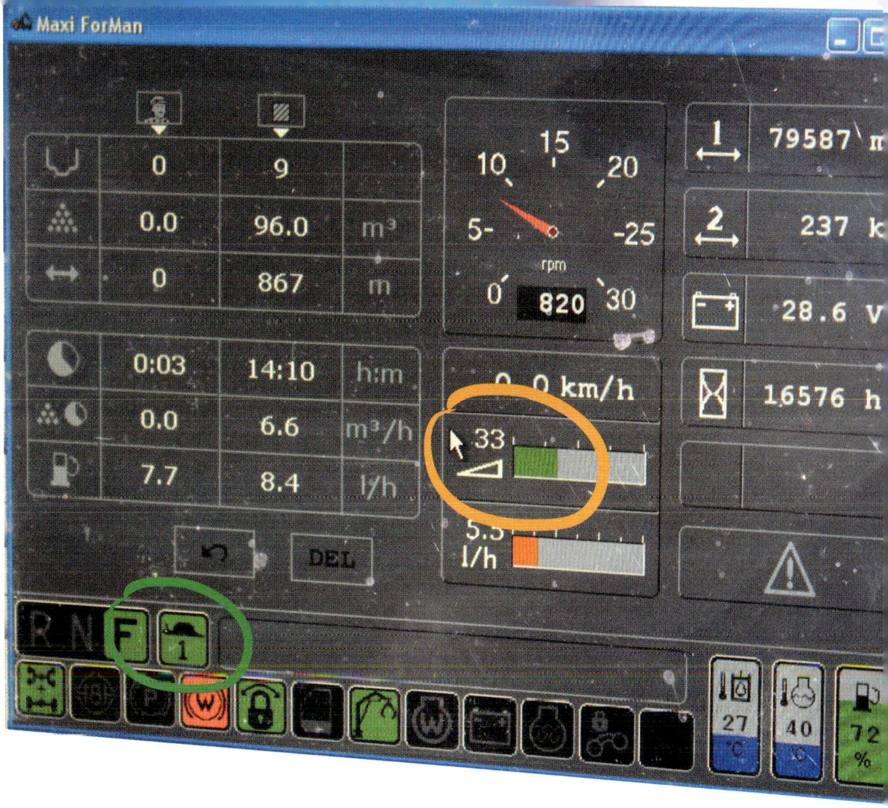

写真10-3　急斜面の走行では、最も低いギア（緑の囲み）と低い%値（オレンジ色の囲み）を使用すべきである。

ましい（写真10-4）。

- アクセルを踏んで所定のエンジン回転数になるように%値を調整する（エンジン回転数は、コンピュータで制御される）。
- 1,500～1,700rpmの高いエンジン回転数を選択しなければならない。これは、機種や条件によって変化する（注記：エンジンブレーキの際には2,000rpmを超えるべきではなく、必要であればブレーキペダルを使用すること）。

急斜面での下りの手順

機械の下り走行時には、以下の点に従わなければなりません。

- 上記の調整を行います。
- %値、つまり機械のギアを落とすことで、減速する準備をします。

エンジンが空転する傾向がある、つまりエンジンブレーキが持続しない場合は、ギアを低く設定

写真10-4　急斜面を走行する前に、%値を低いレベルに設定しておかなければならない。この方法は、機種によって異なる。

することが最善の手段となります。また、こうした負荷の高い状況でアクセルを放すことは危険です。

急斜面では―危機的状況でブレーキペダルを使用する（左足で！）

下り走行において、調整を行ったにもかかわらず機械がモーメントを抑えられない場合、エンジンが空転し始めるとともに、走行速度が上がりすぎ、さらにはエンジン回転数が危険なほどに急上昇する場合もあります。ただし、ここでも、2,000rpmを超えることはあってはなりません。

エンジンが「空転」を始めた場合、アクセルを不意に放して代わりにブレーキペダルを踏むことは完全な誤りです。そうではなく、以下に示す方法でブレーキをかけるべきです(**写真10-5**)。

- ブレーキペダルを踏みます(左足で！)。
- アクセルをかなりゆっくりと放します。

林道での林業機械の走行

油圧トランスミッションの使用において、斜面と路上(林道)での走行には共通点があります。

一方、特に高いギアでの高速走行に関して、路上走行には斜面での走行とは全く異なる知識が必要とされ、故障のリスクはずっと高いということを理解しておくことは、あらゆる場合において欠かせません。

路上走行で油圧トランスミッションを使用するとさらにリスクは高まりますが、これは物体の高速移動に伴う運動エネルギーの増大によるためです。困ったことに、高いギアのために、機械はエンジンブレーキによってモーメントを抑えられる状態にはありません。そのため、高速で移動する重量物は、かなり大きな制動力をかけて減速しなければなりません。

一般に、機械の大きさに伴って難易度は高まります。これは、重量の増加とともにコントロールしなければならない力も増すためであり、特に荷を積んだ状態、例えばログマットやバンド、チェーンなどの運搬時に当てはまります(**写真10-6**)。そこで、条件に応じた運転を心がけ、適切な走行速度を定めて、必要なときにはどのように減速するかをあらかじめ決めておくことが特に重要となります。

写真10-5　ブレーキペダル（左足で！）での減速は、極限状態で必要とされることがある。

写真10-6　重量物積載時のギア選択、低速走行に留意
燃料タンクやバンド、チェーン、ログマットなどは、全体でかなりの重量となる。このため、荷を積んだ状態のフォワーダは、空荷のときとは大きく異なる。路上走行の際は、適切なギアと低速を守って、上記の点にしっかりと配慮すること。

路上走行でも適切なギアを

どんな条件でも、路上走行で適切なギアを選択するための基本ルールとして、以下が挙げられます。

> 路上走行時には、アクセルを注意深く放すことで機械をやや減速させることとなります。これは、路面が下り勾配であっても、さらにはオペレータが機械をほとんど制御できない状態であってもです。

路上走行時のルール

以下ではかなり高めのエンジン回転数（rpm）が推奨されますが、ある条件（機種や温度、荷によって異なる）では、路上走行でオイル流量が過剰になりオーバーヒートするのを避けるため、回転数を落とす必要が生じることもあります。

そのような条件では、適切なギアを選択しなければなりません。これを行うための方法は、機種によって異なります。例えば、強いエンジンブレーキが必要な状況でハイギアに入っている場合、電気式（または油圧式）のギア比を落とさなければなりません（機種によっては、単純に低い％値にするだけで可能です）。

積み荷やトレーラーを牽引して路上走行する際に遵守すべき基本ルールは、以下の通りとなります。

- 現在の状況に適したギアを選択します。
- かなり高めのエンジン回転数（1,500～1,700rpm）に保ちます。
- エンジン回転数を素早く下げる必要がある場合、機械は時速15km以上で走行するべきではありません。
- 急ぎ減速しなければならないような状況で、突発的にアクセルを放してはいけません。代わりに次のガイドラインに沿って、ブレーキペダルを使用（左足で！）します。

路上走行で大幅に減速する

路上走行では、通常アクセルを徐々に放すことで減速します。

入っているギアが高すぎて、かつ置かれている状況に対して速度が上がりすぎている場合には、次に推奨する行動をとるようにしましょう。箇条書きの1つ目が自分の機種に合わない場合は、それをとばして次に進みましょう。

- 回転数を概ね保ちながら％値を調整してギアを下げ、時速15kmまで減速します。
- アクセルをゆっくりと放し、ブレーキペダルを踏む準備をします。
- 2,000rpm以上に回転数を上げずに大幅に減速できれば、走行状態をコントロールしていると言えます。そうでなければ、即時にブレーキペダルを使用しなければなりません。

路上走行では、特に速度やギアが高すぎると、予期せぬ障害物を避けたり目前の斜面を安全に下ったりするために、エンジンブレーキが十分に利かないことがあります。そのような状況での制動方法は先に述べた、機械が斜面で「空転」を始めた場合の制御の仕方と同様です。

要約すると以下の通りです。

- ブレーキペダルを踏みます(左足で！)。
- アクセルをかなりゆっくりと放します。

公道での機械走行の方法

路上で機械を運転する際、ステアリング動作は非常に限定されることになります。ハンドル(オービットロール)が取り付けられた機械であればこれは問題にはならず、ハンドルは通常通り機能します。

一方、クレーンレバー1本で操縦するような他のタイプの機械では、大きな課題となりえます。機械の挙動は「不安定」となり、さらに悪化すると思いがけぬ「ジグザグ」状態になることがあります(**図10-4**)。そうすると、機械は意図したラインまたはカーブ上を走ることができず、オペレータは機械をコントロールするために道の端から端まで動き回らなければならなくなります。こうしたジグザグ状態のときに他の車両と出くわすと事故になる可能性があります。

路上走行で的確にステアリングをコントロールするには、輸送プログラムを設計するべきです。ドライバーの個別設定は通常5つ以上可能となっているため、そのうちの1つを路上走行用に当てるべきです。**その前にレバーまたはボタンをしっかりと較正し、遊びがないようにしておくべきです。**

走行プログラムの設定に際して、以下が推奨されます。

- ステアリングのパラメータ値の設定は、最も難儀な作業の1つです。最小の電流をセットして、ちょうどバルブが作動する程度の電圧が流れるようにします。電流が高すぎる場合は多少調整します(通常は一度に5単位)。新しい設定を試走で確認し(耳を澄ませて)、レバーまたはボタンの遊びがなく、ゆっくりと旋回を始めるようであれば停止させます(つまり、ジョイスティックやボタンのわずかな動きにでも機械が反応したら)。
- 機種に応じて、スタートランプを10～40％調整します。
- 「出力曲線がカーブ」するようにパラメータ値を選択することで、ジョイスティックを動かしたとき、初めはゆっくりと上昇することとなります。

ジョイスティックは、最大旋回角でフルパワーが出るようにするべきです。これは、車両機械が小さい半径で旋回しなければならない舗装路を走行するような状況では不可欠です。このような状

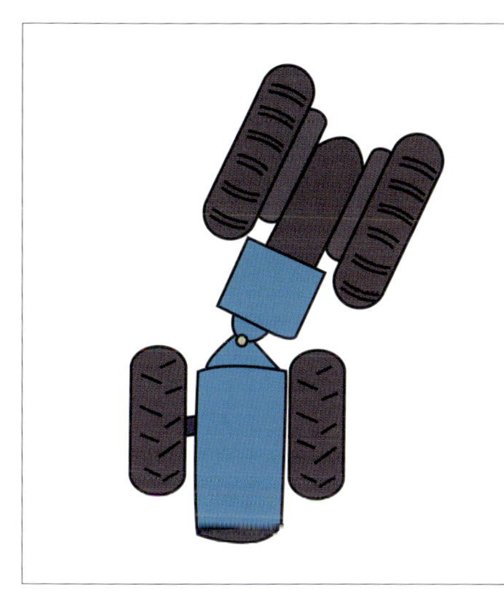

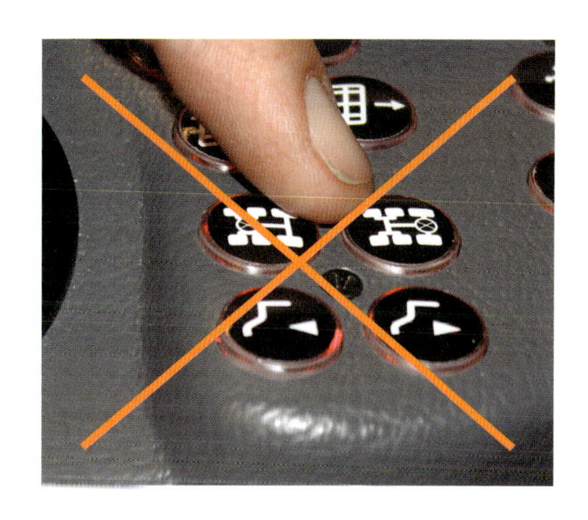

図10-4　ディファレンシャルロック使用の注意
ディファレンシャルロックは、機械の旋回と同時に使用してはならず、荷が重く、地面が硬く乾燥している場合には特に当てはまる。

況では旋回動作が大きな力を発生させるため、エンジン回転数を高く保たねばならず、またブレーキペダルを軽く踏むことが必要な場合もあります。

最大牽引力を利用する

車両系林業機械（特にフォワーダ）の運転には、大きな駆動力が必要となる場面があり、それは例えば荷を積んで斜面を登ったり、支持力の低い土壌を走行したりするときなどです。そういった状況では、運転には注意を要し、低速が求められます（アクセルを軽く踏んだ状態）。最大牽引力を必要とする状況は、駆動系の故障につながりやすいため、常に避けるべきです。したがって、困難な条件下では重い荷を積まずに機械を操作するべきです。

機械がホイールを駆動させるにはパワーが不足している場合、アクセルを即座に放さなければなりません。最大牽引力を出すことで、油圧トランスミッションがオーバーヒートするリスクがあります。機械がスタックするか、その寸前の状態にある場合は、再び走行を試みる前に荷を下ろさなければなりません。

> ホイールを駆動させる機械のパワーが足りない場合は、アクセルを即座に放さなければなりません！

最新型の機械には圧力遮断装置が取り付けられていて、油圧ポンプがプリセットされた所定の圧力で作動油を吐出するのを停止する働きがあります。それでも状況によっては作動油の流量が過剰となり、深刻な量の熱が発生することがあります。これはシステムトラブルによるものであり、ポンプまたはエンジンが修理を必要とするか、過負荷弁が損傷している可能性があります。そのため、圧力の遮断が起こる前であっても、深刻な内部漏れが起こります。

さらに、熱の発生は作動油の劣化、もしくは油圧トランスミッションの構成部品の損傷のリスクを高めます。過酷に使用されたトランスミッションに関して送り圧力が急激に落ちる現象も、大きな内部漏れの兆候である可能性があります。困難な条件下では、荷をもっと軽くして機械を走行させなければなりません。

ディファレンシャルロック（デフロック）

デフロックの使用はすでにいくつかの項で説明していますが、重要な構成部品であるため、その使用についてもう一度触れます。

デフロックは、重い荷を積んだ機械が、硬く乾燥した路面を走行し、同時に旋回するような場合には決して使用するべきではありません（**図10-4**）！　ただし、主に機械が直進する際など、その他の状況では必ず使用するべきです。滑りやすい路面や黒土、凍った路面などの斜面を登ったり、全輪でフルパワーをかける状況のように、ホイールが空転し始める前にデフロックをかけるべきです。

> 困難な条件下では、荷をもっと軽くして機械を走行させなければなりません。

下り走行でのディファレンシャルロックを作動させる必要性

下り走行では、荷を含めた機体全体のモーメントを制動しなければなりません。

これはつまり、凍結した路面などで横滑りしないよう、ホイールが十分にグリップしなければならないことを意味します。そのため、荷を積んだ機械が急斜面を下るとき（特に切り株や岩などの障害物を越えるとき）にデフロックを利かせるのは有効だと言えます。デフロックが利き、電気式（または油圧式）のギアが適切に調整され、スロットルレバーが適切な設定であれば、障害物を無理なくすんなりと越えることができるでしょう。この方法では、機械は最大のグリップを得て、エンジンの空転や横滑りを起こさず、その結果として駆動系の深刻な損耗や故障のリスクを極力抑えることができます。

ディファレンシャルロックの作動によるボギーの浮き上がりリスクの最小化

ボギー（足回り）のデザインは様々です。ある機械では足回りに「ニュートラル」な設計がなされる一方で、急斜面での走行時に「浮き上がる」傾向のデザインもあります。機械が片勾配の登り斜面を勢いよく進んでいる際には、後者は最も望まない現象です。そして、足回りに働く上向きの力によって、機械が逆さまに転倒する可能性があります。機械が斜面に達するか勢いよく前進する前に、デフロックによってこの影響を軽減させることができます。

これは、ボギーがサスペンションで空転しないようにするデフロックの働きにより、個々の足回り（ホイール）の速度が同一となるためです。ただし、たとえデフロックが利いていても、ホイールがスピンし始めれば、ボギーが浮き上がる可能性があります。

旋回軸の付いた機械でのオペレータの悪夢

一般的に、旋回軸の付いた機械には４つの油圧モーターがあり、それぞれが１つのホイール（またはボギー）を回しています。モーターは、単体の油圧回路と接続または解除ができるほか、計器パネルにあるスイッチによって「デフロック」を利かせることができます。

下り走行時に油圧モーターが回路と連結され、１本のホイールで完全にグリップが利かなくなった場合、機械は斜面を惰性で下っていくこともあります。このような状況では、全輪のグリップが回復するまで機械にはエンジンブレーキが働かないことになります。ホイールは、ベリーパン（アンダーカウル、機体底部のフェアリング）が切り株で圧迫されて機械が押し上げられるといった単純なことが原因で、グリップを失うことがあります。したがって、そのような機械で下り走行する際には、デフロックをすべて利かせることが不可欠です。

急斜面を「地面を這う」ように進む

登り走行が特に困難な場合、以下に示すように、限界まで速度を下げて「地面を這う」ように進むことが推奨されます。

- 最も低いギアを選択します（カタツムリのアイコンで表示されることがある）。
- ギアの%値をかなり低く設定します。
- 機械がかろうじて前進する程度までアクセルを踏みます。

このように慎重に走行する最大の理由は、ホイールがスピンし始めるのを避けるためです。

急斜面での「ジグザグ登坂」

時に、機械が急斜面を登るのに「ジグザグ走行」が効果的な場合があり、これはつまり障害物をよけながら機械を左右に振る動作を意味します。これを行う際には、デフロックは解除しておくべきで、機械が重い荷を積んだ状態では最大限の注意を持って行うようにしましょう。

片勾配—フォワーダの場合

重心

トレーラーの重心は荷の高さが増すほど上昇するため、トレーラーの転倒リスクも上がります。

転倒はよくあること

現場経験の長いフォワーダのオペレータのほぼ全員がトレーラーを転倒させているはずで、中には機体すべてを転倒させている者もいるでしょう。ましてや経験の少ないオペレータにとって、トレーラーの転倒は容易に起こり得ます。したがって、安全に対する余裕が持てないような、機械をコントロールできないほどの急斜面は決して走

写真10-7　写真のようにローダーを寝かせることで重心を下げることができる。

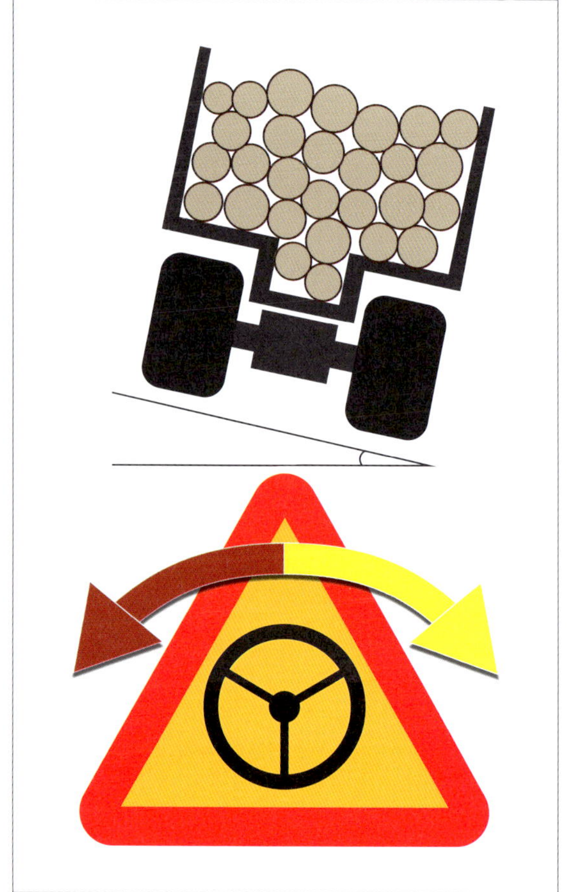

図10-5　片勾配走行時には、旋回を避ける
片勾配での走行では、機械を旋回させずに走行するのが望ましい。トレーラーが大きく傾いている場合、ステアリング動作は機械の転倒につながるおそれがある。トレーラーが左に大きく傾いているとしたら、右旋回は絶対に避けるべきであり、また逆も同じである。

行しようとしてはならず、それを守ることができれば、予想外の事態にも対処できるでしょう！また、トレーラーにわずかでも転倒のリスクがあれば、ローダーをカウンターウエイトとして片側の斜面に向けるのも得策です。

片勾配と横滑り

片勾配の斜面を走行するオペレータに起こる最も悲劇的な事態として、機体の横滑りがあります。機体が大きく傾いているときに横滑りが起き、固い障害物に当たって不意に停止する場合、転倒のリスクはかなり高く、荷が満載状態では特にです。横滑りが起きると、スパイクがすり減ったバンドは、そりの板のようになります。滑り止め装置の摩耗や、それらが元々付いていないタイヤでは、機体の横滑りは起きやすくなり、転倒リスクが高まります。

下り走行では片勾配を避ける

特に望ましくない状況は、下り走行でフォワーダが横滑りすることです。したがって、フォワーダはまっすぐ下ることが重要です。下り斜面の中腹では、直進するための軌道修正は例外として、いかなる場合でも機械を旋回するべきではありません(図10-5)。

下り走行で機械を旋回させてトレーラーが傾き始めると、トレーラーとキャビンの両方がスタビライザー（セントラルロック）の機能にかかわらず転倒するおそれがあるため、上記は荷を積んだフォワーダの走行時に特に当てはまります。

トレーラーが傾き始めると、ステアリング動作は図10-5が示すようにトレーラー転倒を引き起こす要因となり得ます。

登坂時の片勾配

登り走行での片勾配は、下り走行ほど厳しくはありません。これは、機体が傾いてもコントロールがしやすく、機体全体の転倒リスクはずっと低いためです。一方、かさ上げされた道の盛土を乗り越える場合は、トレーラーをまっすぐに向けましょう(道のわきで機体をまっすぐにするようハンドルをきる)。これによって、トレーラーの傾きと転倒のリスクを最小限に留めることができます。

ハーベスタのバランス

ハーベスタはローダーやハーベスタヘッドでバランスをとることができるため、ハーベスタが転倒したことに対するうまい言い訳はほとんどないと言えるでしょう。それにもかかわらず、ハーベスタ、特に小型のものは容易に転倒することがあり、しかもそれは瞬時に起こります。したがって、斜面でのハーベスタ走行において、ローダーやヘッドを生かして機体のバランスを十分に保持するべきです(**写真10-8、10-9**)。作業中は常に、機械前方の地形をよく読みましょう。

例えば、地面が左側に傾斜しているなら、機械が片勾配にたどり着く前に、ヘッドを右側に振るようにします。また、逆も同様です。これはどんな状況にも応用できます。

安全に対する余裕は、常に自分自身でつくり出すことを徹底しましょう！　それができれば、作業中に予期せぬ事態に戸惑うこともなく、安全を感じることができます。

安全管理—ハーベスタの登坂伐採

急斜面での登り下りでは、長軸方向に機体の重心が移動するため、一般的に安定性は減少します。重心の移動は、下り勾配で最大となり、機体の安定性と同様にステアリング機能も落ちるため、機体の転倒リスクが高まります。フォワーダよりもハーベスタによくあることとして、急斜面を下る際に機体のバランスを失うと、後軸にかかる重量はわずか１ｔとなります！　このため、機体は前軸を中心に転倒することがあります。この事態が起きた場合の最も深刻な結果は、オペレータの負傷に加えて機械も甚大な損傷を受けることで、会社は数万ドルもの損害を被ることになります。

また、急斜面の走行時に機械が片勾配の箇所に達すると、ステアリング機能がうまく働かないことから機体をまっすぐに向けることができなくなります。この結果、側方への転倒リスクが高まるため、急斜面での下り走行は避けるべきです。結論として、経験の少ないオペレータは登り走行でのハーベスタ操作を計画するべきです。１つの搬出路での作業を終えた後は、次の搬出路に向かうために機械を後進させて下るのが適切でしょう。これによって、機械のバランスを保持させることができます。

後作業と生産性を最適化するための、ハーベスタでの登坂伐採

ハーベスタの登り走行を計画する理由には、さらにいくつか付け加えることができます。最も重要な点として、後作業を効率的に行う機会を最大化することが挙げられ、そのような作業として、特に丸太を斜面下方へ引きずり下ろす場合があります。これは単純に搬出路として最適なルートを選択することと関係していて、(例えば)片勾配の箇所を通らないようにするためです。

ハーベスタによる登坂伐採は、立木を斜面上方(あるいは斜面に垂直)に伐倒することによって下向きに造材することができ、つまりわずかな力で送材することが可能です。このため、一般的にハーベスタの生産性も高めることとなります。生産性の向上に加えて、この方法ではローダーとハーベスタヘッドの両方にかかる負荷を極力少なくす

写真10-8　カウンターウエイト
荷がこぼれ落ちるのを最小限に抑えるため、ローダーをカウンターウエイトとして使用しなければならない。

写真10-9　カウンターウエイトの増強
機体が大きく傾いた場合、丸太を掴んでカウンターウエイトを増強することは有効である。

写真10-10　長軸方向のバランス
トレーラーの後部に追加の荷台を取り付けることで、長材の積み込みが可能となる。ただし、大型のフォワーダであっても、数本の長材を積むだけで長軸方向のバランス（重心）に大きく影響することとなる。

写真10-11　重心が後方に移動し、転倒リスクを高める
オペレータが長材の上に丸太を積んだものの、荷は平衡がとれていない状態にある。重心はボギーの中心よりも後方の位置に移動しており、機体中央部の損耗が増すこととなる。この重心移動は、ステアリング性能と機体の安定性をも損ない、キャビンの転倒リスクを増す。代案を講じて、トレーラーのバランスを高める必要があり、長材を運ぶホイール付きの牽引台車が考えられる。

写真10-12　機械前部衝突の危険
特定の状況では、機械の前部が岩や切り株に衝突するおそれがあるが、機械は地ならしをするように設計されてはいない。そうした事態が起きれば、数千ドルの修理代がかかることとなる。

ることができます。

下り走行でのハーベスタ操作

急斜面における下り走行でのハーベスタ操作では、搬出路の十分な計画が不可欠です。そうしなければ、搬出路が片勾配となるリスクが発生し、ハーベスタと（とりわけ）フォワーダのオペレータの両方にとって問題となります。

急斜面でのハーベスタの下り伐採

下り走行では、ハーベスタは必ずデフロックをかけてから斜面をまっすぐ下るようにしましょう。機械を持ち上げるほど高い切り株をまたごうとしてはいけません。こうした場合、つまり切り株が機械の底部を圧迫すると、ホイールがグリップを失って切り株のほうへ滑ることがあります（**写真10-12**）。これはまったく望ましくない事態です！

ハーベスタヘッドを機体の近くに寄せて急斜面を下る

急斜面での下り走行における1つの方法として、予備動作としてできるだけヘッドを機体に寄せておくことがあります。これは機体の長軸方向のバランスを向上させます。ただし、ヘッドを機体に近づけすぎてはいけません。ヘッドがキャビンもしくは他のパーツに衝突するおそれがあるためです。

ハーベスタヘッドを地面に付けて急斜面を下る

もう1つの方法は、ヘッドを接地させるものです。これは、機械の平衡を最大限に高めます。機械の前方、数m先の地面にヘッドを下ろした後、車両の動きに合わせてローダーを操作しながら、注意深く車両を数m移動させます。

この動作を下り走行の間、必要な回数だけ繰り返します。ただし、この方法には、主に機体の横滑りやヘッドを地面に下ろすことによるヘッドの損傷リスクがあります。

急斜面での後進

急斜面での下り走行における最大の安全策は、機械を後進させることです。ローダーやヘッドの重量が適切な重量配分となり、片勾配の場合にも機体のバランスを保持するのに役立ちます。

急斜面でのハーベスタの登り走行

時にはハーベスタをかなりの急斜面で登り走行させなければならない状況があります。その場合、ローダーとヘッドを、機械のバランスを取るのにうまく使わなければならず、これは主に片勾配でバランスの取れない状態を補うような時です。ホイールにかかる重量が分散されてスピンするおそれがあるため、デフロックは解除するほうがよいでしょう。そうすることで機械は斜面をより速く移動することとなり、全輪がより均一に回ることで、駆動系にかかる負担を軽減させます。さらに、ハーベスタが路面を傷める可能性がより少なくなるため、フォワーダ走行にとって大きなメリットになります。反対に、ハーベスタが深いわだちをつくるなどして路面を傷めた場合、フォワーダは斜面を登り走行することができなくなる可能性があります。

急斜面でハーベスタを後進で登坂する

急斜面でハーベスタを後進で登り走行するのに最善の方法として、ヘッドを地面に付けて移動することがあります。下り走行ですでに解説した通り、ヘッドを機体にかなり寄せた状態で下ろし、機械の動きに合わせてローダーを操作しながら、機械を後進させます。この動作を登り走行の間、必要な回数だけ繰り返します。

写真10-13　ラジエターに細い幹が入り込むと、再び機械を操作できるようにするために数千ドルの費用がかかることがある。

細い幹や枝による損傷を避ける

当然ながら機械は林地走行を目的に設計されていますが、機体をぶつけて立木を倒したり、低木・灌木を押し倒したりするようにはできていません。幹が入り込んだ際に残りの部分が地面に接していると、いわゆる「槍」の状態となるため、細い幹の周囲を後進または前進する際には注意して避けるようにしましょう。こうした細い幹は、ラジエターグリルに容易に押し込まれます（**写真10-13**）！

これが起きるとラジエターを修理することとなり、作業の停止による損害も含めると数千ドルの費用に達します。したがって、機械の操作時には灌木に入り込むことを避け、もし灌木の中を走行した場合は、押し倒した後に進んできた方向へ後進しないようにしましょう！

立木の太い枝は、特にローダーの油圧連結部に損傷を与える可能性があり、例えば間伐現場や母樹だけが残った皆伐現場の走行時などが考えられます。こうした状況では、そのような損傷を避けられる最適なルートを選択しなければなりません。加えて、積み込み時などにはローダーのアームを立木の幹にぶつけないようにしましょう。

クローラバンドとチェーン

状況によって、必要なクローラバンド（訳注）やチェーンのタイプも異なります。使用できるタイプとその使い方については下巻の第22章で解説していますが、考慮すべき観点について以下に示します。

訳注：クローラバンド、トラックベルトなどと呼ばれる、ホイール式車両で前後の２輪にはめるタイプの履帯。

積雪時の走行には適切なクローラバンドを

積雪時の走行に向いていないクローラバンドを使用すると、バンドとホイールの間に雪が溜まってしまいます。雪は特定の温度（もしくは、地面が浸水しているか小川を横断するような状況）では圧縮されることになります。これにより張力が大きく高まるため、様々な構成部品の摩耗が早まるだけでなく、車軸やボギーボックスなどの故障リスクも上昇します。

このリスクは、スラックバンドを装着して走行することで避けることができます（**図10-6**）。ホイールとバンドの間の雪が圧縮されるのではなく、砕くように設計されたバンドを使用しなければなりません。

支持力の低い土壌走行時に、クローラバンドの張りを適正にする

土壌の支持力の低い地面で機械が前進するためには、高い走行性能が求められます。そのような状況では、チェーンもクローラバンドも付けていないタイヤは、全くと言ってよいほどグリップが利かないため、クローラバンドやチェーン（やや不向き）を「履かせる」ことが欠かせません。

さらに、ホイールがクローラバンドの中でスピンしないようにすることは、とても重要です。土壌の支持力が低いほどスピンするリスクは高くなります。その原因として、例えば、土壌が湿っていたり細かな粒径組成（シルトと粘土）の割合が高かったり、黒土であったりといった条件では、これらの要因すべてがホイールを滑りやすくさせ、クローラバンドの中で空回りしやすくさせます。

それとは対照的に、バンドの張りをしっかり保っておくべき条件下でクローラバンドがたるんでいると、機械はスタックしやすくなります。

土壌の支持力の低い地面を走行する

ステアリング操作を限定させる

支持力の低い土壌では、わだちを掘り起こして深めることによって（クローラバンドを巻いている

場合は特に)、ステアリング動作が路面の損傷を悪化させることがあります。このため、支持力の低い場所で、特に荷を積んだフォワーダは旋回しないようにしましょう(**写真10-14、10-15**)。

支持力が場所によって変わるような現場では、支持力の高い場所で旋回させておき、支持力の低い場所では直進だけで通過できるような算段をつけましょう(**写真10-16**)。また、軟らかい地面で機械を旋回させる必要があるときは、決して急旋回させないことです！ そうではなく、できるだけ緩やかにカーブさせるようにしましょう。

ローダーを使ったバランス保持

トレーラーが土壌の支持力の低い地面で傾き始めると、荷重はトレーラーの傾斜と同じ方向に移動し、ホイールの沈み込みによってスタックするリスクが大きくなります。このような状況ではローダーを使って、トレーラーのバランスをとるべきです。つまり、ほかの足回り(沈み込んでいないもの)が根系などのより支持力の高い場所にあれば、グラップルで丸太を掴むことで適切にバランスをとるようにしましょう。

低い切り株が通行性を高める

伐倒作業において、常に適切な高さの切り株を作っておかなければなりません。後工程となるフォワーダ搬出にとって、搬出路とその周囲(6ｍ幅、**図10-8**)の切り株が高すぎないことは必須と言えます。フォワーダのオペレータは通行しやすい走行ルートを慎重に選び、状況に応じて変更することによって、機械走行が大きく改善されるためです。これは特に支持力の低い土壌で重要な要因となります。

図10-6 雪道の走行時にはホイールとバンドの間に雪の層が圧縮される(というより、むしろ押しつぶされる)のを防止するため、バンドプレートを図のようなデザインのものにしなければならない。

写真10-14　フォワーダが土壌の支持力の低い地面を走行して左へ旋回する際、トレーラーの足回りが沈んでいる。

写真10-15　スタックを避けるための最善の方法は、機械をまっすぐにして前進することであり、加えてローダーでトレーラーの荷を軽くすることである。

写真10-16　オペレータはこの状況を脱し、直進することで再びホイールが沈み込むリスクを抑えることができた。

根系の支持力を利用する

種類を問わず、泥炭土のように支持力の低い土壌では、根系が持つ支持力を利用することは極めて重要です。当然のことですが、根系の大きさは立木の直径に合わせた広がりを持ちます。さらに、樹冠と根系の大きさにも、有意な相関があります。

開けた空間で成長し、大きな樹冠を形成した立木は、よく広がった根系も発達させています(そのような木は、強風に対して強い抵抗があります)。

経験則として、直径が40㎝を超える立木の根系は、アカマツで半径１m、トウヒで２mの範囲で良好な支持力を持ち、それは図のように示されます(図10-7)。

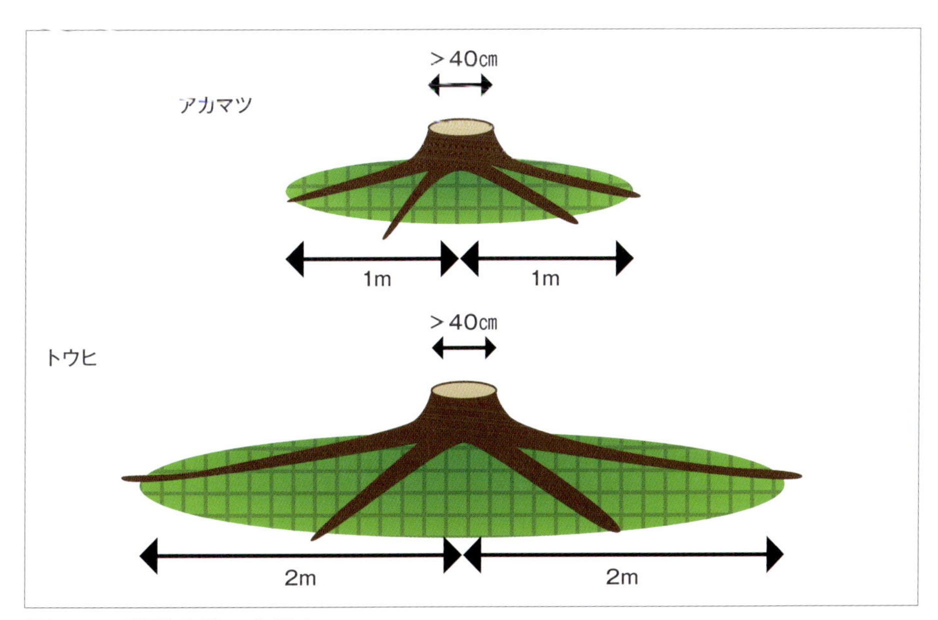

図10-7　根系の持つ支持力
林分内の立木は特定の半径において支持力を持ち、それは大まかに図が示す範囲となる。

図10-8　低い切り株を作り、フォワーダの走行ルートを確保
伐倒作業において、常に適切な高さの切り株を作っておかなければならない。図が示す範囲に関して、特に支持力の低い地面では低い切り株を作ることに特別な注意を払うべきである。これによって、フォワーダのオペレータは通行しやすい走行ルートを慎重に選べるほか、状況に応じて変更することもでき、通行性がめざましく向上する。

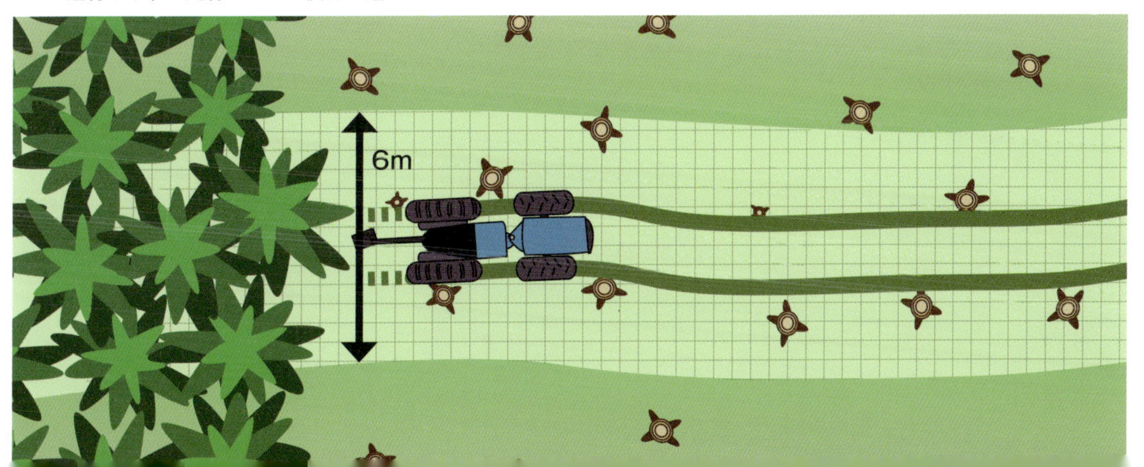

図10-9　支持力の低い地面で伐採作業を行う場合、根系が持つ支持力を活用することが重要である。以前に間伐されたことのある場所では、必要があれば前回の間伐時につくられた走行ルートの中間に今回のルートを計画するべきである。

図10-10　走行ルートの中央にあるやぶが走行を補助している。

図10-11　ロングブームの機械で作業すると、根系の支持力を最大限に活用することができる。

レストラン方式

本書ではいくつかの箇所で「レストラン方式」が解説されています。これは、全体の結果を最適化するために、ハーベスタとフォワーダの異なる性能と特性を考慮することを基本として、様々な方法を一括りにまとめあげたものです。例を挙げれば、ハーベスタは荷を積んだフォワーダよりも「地形に対する影響の受けやすさ」が低いことから、（前工程のハーベスタが率先することで）困難な地形でのフォワーダ操作を極力少なくするように作業計画を組むべきだと言えます。

レストラン方式を用いる場合、いくつかの理由から、現場の地形条件の中でもベストな箇所に丸太を置くべきです。レストラン方式の他に選択の余地がない場合もありますが、この方式は第一にチームワーク（特に搬出作業に関して）を高め、作業効率と全体的な収益性を最大化させます。

「レストラン方式」に関連したいくつかの方法について、次に示します。

土壌の支持力の低い箇所へ「入り込む」

次の図で示されている方法は、土壌の支持力が低く、何らかの理由でオペレータが魚骨路（第12章参照）から掴むより、多くの立木を伐採しようとしている場合に活用できます。

この方法で作業を行うには、搬出時の支持力を最大限に高めるため、枝葉はすべて魚骨路上に敷きつめておくのが最適です。

図10-12　ハーベスタのオペレータが両側にローダーを目いっぱい伸ばしながら、機械を伐採エリアに進入させている。伐採して出た枝葉は進路の中でも最も必要とされる箇所に敷かれていく。オペレータは、さらに何本かの立木を伐採することで伐採エリアを広げようとしている。

図10-13　根系支持力の利用

オペレータが根系の支持力を利用しながら機体を後進させた後、林分に「入り込んで」いる。この時、ボギーが根系の上に乗った状態が保たれている。そして、立木を伐倒して魚骨路のほうへ引き寄せ、ハーベスタヘッドの送材ローラーを回すことができる。

図10-14　枝葉を敷いて走行確保
オペレータは先だって伐倒した立木を造材しながら魚骨路のほうへ送材している。この作業を通じて、枝葉は魚骨路上で最も必要とされる箇所に敷かれていく。

図10-15　枝葉の利用
この例では、オペレータはこの方法を繰り返し行うこととした。林分へ「入り込む」のに適切な間隔は15～20mである。ハーベスタの設計上これが可能かつ他の方法よりも効率的な場合、もしくは枝葉が十分に敷かれている場合には、立木の元口をハーベスタの後輪のそば（図における半透明の伐倒木）に置くべきである。

突っ込み線と魚骨路

図10-16で示される方法では、突っ込み線が利用されています。この方法は様々な条件下で用いられ、また魚骨路のそばの土壌の支持力が低い場合や、岩がち、または片勾配の地形での利用が適当です。

突っ込み線のルートは、細長い帯状の区画だけで構成されます。そのラインは、すでに伐採してある魚骨路へ向けて丸太を送材するのに最も無駄のないルートとし、それによってフォワーダ搬出を行う多くの丸太を集積できるように設計するべきです。そうすることで、ハーベスタの生産性がある程度落ちることがありますが、搬出作業を行いやすくするために必要な場合もあります。

これには、多くのメリットがあります。フォワーダの高い生産性は、機械の損耗を減らすとともにオペレータの環境を向上させ、また土壌への損傷を最小限に抑えることもできます。

魚骨路は、斜面の中でも土壌条件の良好なエリアに配置しなければなりません。ここで言う条件には高い支持力も含まれており、つまり原木の集積度が高いことから魚骨路の通行が多くなるためです。**この方法は、丸太が雪で覆われるおそれのある場合には適していません。**

図10-16　魚骨路のルート上にある立木がまず伐採される。突っ込み線を計画している方向へハーベスタのリーチを最大まで用いるのは望ましくない。この例の場合、図のAの距離は約7mである。

さらに、魚骨路から見て集積の反対側にペイント標識（**図10-17**の赤丸印。訳注）が付いているかもしれないことが原因の1つとなり、ハーベスタは丸太を丁寧に集積しなければなりません。突っ込み線から送られた丸太は、ハーベスタの性能を十分に生かした方法で集積しなければなりませんが、搬出作業を行いやすくする的確なグラップルポイントに配慮することも同様に重要です。**突っ込み線から送られる丸太を魚骨路に沿って並べられた集積に向けて送材すべきではありません。これには長い経験と、搬出作業に対する理解が必要です。**

訳注：丸太へのマーキング…欧州では、現場でハーベスタが様々な仕様の丸太を造材しますが、それらが混同しないように仕分けるために、丸太をカラースプレーでマーキングする作業が行われています。径級、販売先別な

図10-17　計画された突っ込み線は、魚骨路から見て12～15mの距離（図のC）である。ハーベスタのリーチを最大まで用いるのは望ましくなく、距離Dは7m程度とするべきである。丸太の集積場所はまた、このシステムの重要なポイントである。フォワーダのオペレータが合理的な方法で丸太を掴めるため、グラップルポイントはローダーのリーチの範囲内でなければならない。Bの最大距離は、たとえ現場から出る最も短尺な材であってもフォワーダが丸太を掴めることが前提であり、フォワーダのローダーのリーチに基づいてこの例では8.5mとなっている。

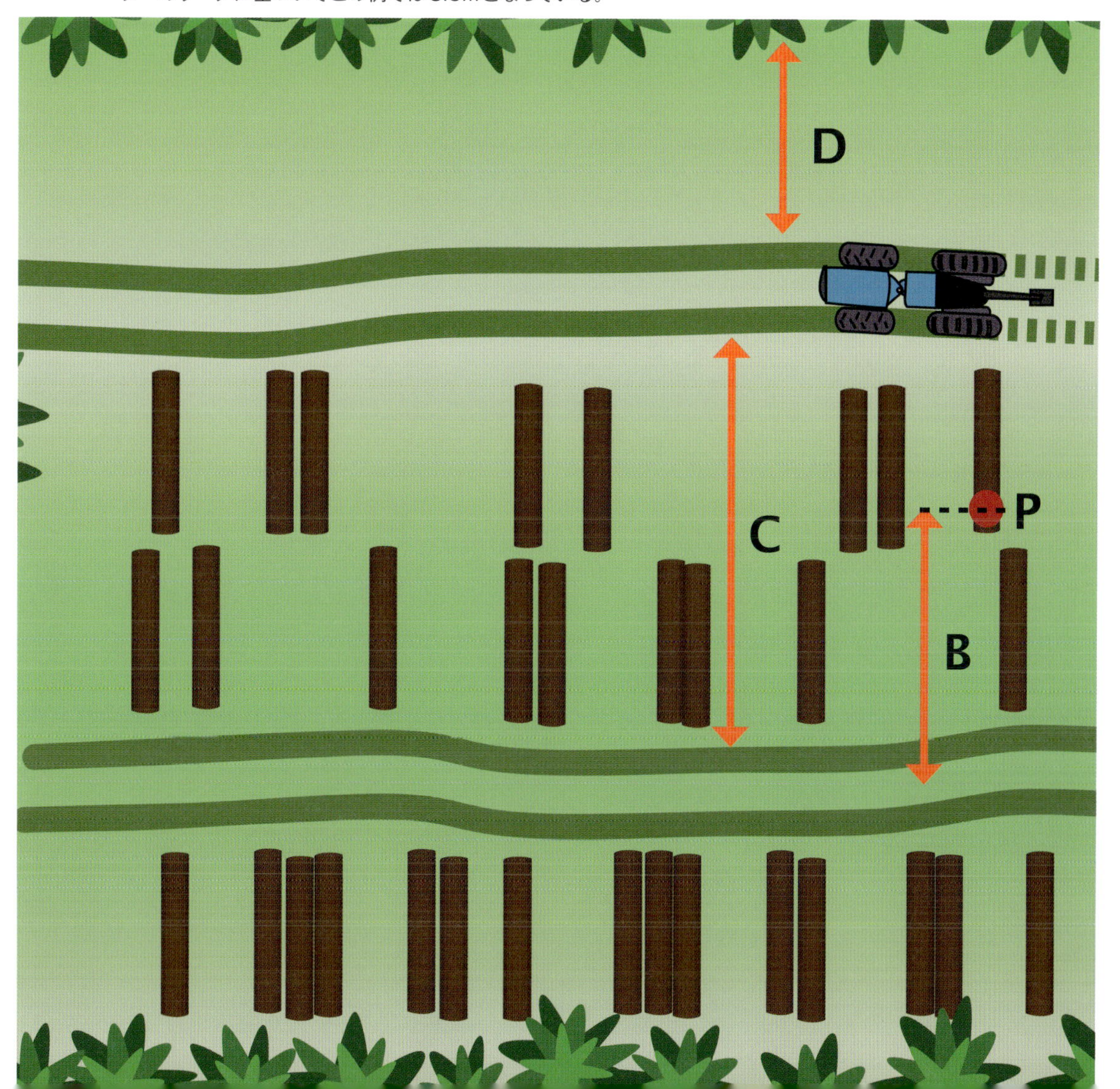

ど4通り程度のマーキングが行われている事例があります(下巻**写真16-7**参照)。

枝道のある魚骨路

図10-18で示される方法では、林内への入り込みがなされていて、この方法は多くの状況で用いられます。こうした作業を計画するのに考えられる理由としては、魚骨路のそばの地面が岩がちか、片勾配であることです。

林内への入り込みを行うもう1つの理由としては、残っている細長い帯状の区画を伐採することです。その区画は、すでに伐採してある魚骨路へ向けて丸太を送材するのに最も無駄のないルートであり、それによってフォワーダ搬出を行う多くの丸太を集積できるようなエリアであるべきです。

こうすることで、ハーベスタの生産性は若干低下するものの、搬出作業を大いに行いやすくするために必要な場合もあります。また、これには、多くのメリットがあります。フォワーダの積載量が大きくなるほど、機械の損耗が抑えられるとともに、オペレータの環境を改善させ、土壌への損傷を最小限に抑えることもできます。

この方法を用いる際の基本的な考え方について以下に示します。

図10-18　魚骨路のルート上にある立木がまず伐採される。枝道を計画している方向へハーベスタのリーチを最大まで用いるのは望ましくない。この例の場合、図のAの距離は約7mである。土壌の支持力が低い場合は、ハーベスタのローダーのリーチを最大限に活用し、魚骨路に枝葉を集めなければならない。

魚骨路は、斜面の中でも土壌条件の良好なエリアに配置しなければなりません。ここで言う条件には支持力の高さも含まれており、それはつまり原木の集積度が高いことが通行量の増加を意味するためです。**この方法は、丸太が雪で覆われるおそれのある場合には適していません。**

さらに、魚骨路から見て集積の反対側にペイント標識が付いている事態も想定されることから、ハーベスタは丸太を丁寧に集積しなければなりません。突っ込み線から送られた丸太は、ハーベスタの性能を十分に生かした方法で集積しなければなりませんが、搬出作業を行いやすくする的確なグラップルポイントに配慮することも同様に重要です。**突っ込み線から送られる丸太を、路網に沿って並べられた集積に向けて送材すべきではありません。これには長い経験と、搬出作業に対する理解が必要です。**

図10-19　林内へ入り込む距離は、現場の条件や機械の技術的性能によって変化する。ローダーの旋回部のリーチをフル活用して奥まで入り込み、魚骨路から10 ～ 20m程度までとするのが望ましいと言える。丸太の集積場所はこのシステムの重要なポイントの1つである。フォワーダのオペレータが合理的な方法で丸太を積み込めるために、グラップルポイントはローダーのリーチの範囲内でなければならない。Cの最大距離は、たとえ現場から出る最も短尺な材であってもフォワーダが丸太を掴めることが前提であり、フォワーダのローダーのリーチに基づいてこの例では8.5mとなっている。

図10-20　ハーベスタのオペレータが魚骨路に沿って伐採を続けている。オペレータはもう1本の枝道を計画しているため、ローダーのリーチはフル活用されていない。図のAの距離は約7mが望ましい。

図10-21　ここでさらにもう1本の入り込みが行われた。林内への入り込みの間隔（D）は、現場の条件やローダーのリーチによって変化する。適切な間隔は15～20mである。

第11章

スタック時の対応

車両系林業機械はぬかるみ、雪などで車輪がとられ立ち往生(スタック)することがあります。また、大きな石や切り株で機械が立ち往生することもあるでしょう。あるいは、土壌の支持力が低い斜面を横断しているときに、機械がスタックしてしまうかもしれません。ほとんどのオペレータは、長い現役期間の中で最低でも一度は機械をスタックさせる経験をするでしょう。

スタックを招く不適切な運転

第9章では、林業機械の走行を自動車の運転と比較しました。自動車がスタックするか、路肩から落ちてしまった場合、道路や天候の条件のせいにすることもできますが、本当の原因はドライバーが条件に合わせて適切に運転しなかったことに尽きるでしょう。

車でも林業機械でも、ひとりでに路肩に(または路網から)落ちるようなことはなく、その原因は運転手もしくはオペレータにあります。したがって、スタックを避けるために必要な判断と調整を行うのは、つまるところ人間次第です。

スタックしてしまった原因を、ミスやたまたまツイてなかったからと片付けてしまうこともできるかもしれませんが、大抵の場合、それは誤った判断や機械の取り扱いによるものです。

スタックが招く結果

林業がスタックした場合、様々な結果がもたらされます。こうした結果と、支持力の低い土壌でスタックした場合に、いかに行動すべきかについて、以下に解説します。

スタックすると費用がかかる

スタックは、様々な要因で金銭的な損失を招いてしまいます。一体どれほどの費用がかかるのかを初期段階で評価するのは容易ではありません。

スタックは、機械が生み出す収入を取り損ねることにもなります。スタックした機械を自社の他の機械で引き揚げた場合、もう1台分の機械の素材生産も停止することとなり、そこから得られたはずの収入もさらに取り損なうことになります。トレーラーの代金や、壊れたチェーンやロープの交換費用も負担することになるほか、場合によっては専門の引き揚げチームを呼ぶ必要があります(**写真11-1**)。このような場合、引き揚げ費用はすぐに1,500～3,000ドルに達します。

写真11-1　スタックが招く損失
ハーベスタの走行中、ちょっとした常識と観察眼、適切な計画があれば、スタックを避けることができる。写真のような事態から機械の引き揚げを行うことで発生する損失は1,000 ～ 2,000ドルに及ぶ。

写真11-2　スタックは機械の駆動系に負荷をかける……。

また、機械がスタックした場合、泥炭がベリーパンやキャビンの下で圧縮されることがあります。この塊が乾燥すると、機械はいとも簡単に出火します。特にこの点が主因となり、引き揚げられた機械は通常、洗車場で完全に洗車する必要があります。これはまた、全体の引き揚げ費用をかさ上げすることにもなります。

スタックすることで機械がダメになる

機械がスタックし、結果として持てる性能すべてを駆使して切り抜けられた場合でも、機械には極端な疲労という代償がかかり、将来的に作業の休止や修理費用の可能性を高めることとなります。このような費用を正確に見積もるのは至難の業と言えます。

スタックしたときに多くのオペレータが感じるストレスによって機械を乱暴に取り扱ってしまい、その結果、大損害となることがあります。例えば、ストレスを感じたオペレータが抜け出そうとして“床につくほどアクセル”を踏み込んでしまうかもしれません。

一方、こうすることで駆動系には極端な負荷がかかり（**写真11-2**）、荷を満載にしたフォワーダがスタックした場合などにはなおさらです。また、デフロックが利いている状態で機械を旋回させてしまうと、機械が広範囲で故障するリスクが高まります。

スタックしたら機械を止めて考える

損失を避ける最も重要な瞬間

機械がスタックする際の最も重要な瞬間とは、オペレータがスタックが起こりつつあると認識する時でしょう。この時点では、まだオペレータの行動によって結果を容易に変えることができます。つまり、オペレータがこのごく短い時間に適切に行動することで、多くのトラブルとその時間を回避し、お金の節約にもつながるのです。

落ち着いて、ストレスから距離を置く

今まさにスタックしようとしているオペレータは、不慣れで不安な状況、もしくはほとんど対処した経験のない状況に陥るため、過度のストレスを感じることがあります。このストレスによってオペレータはいらだちを感じ、結果として不適切な行動に至ることがあります。歯ぎしりしてアクセルをベタ踏みするのは、決して最善の行動とは言えません。

スタックしたときの行動計画

深呼吸してよく考える

スタックしかけている瞬間は、オペレータにとって極めて非日常的な事態です。そのため、定められた一定のルールに基づいて、非日常的な方法で思考し、行動しなければなりません。

機械がスタックしかけていると認識したときに状況を捉え、対処する方法は以下の通りです。

- アクセルから足を離します。
- 今何が起こりつつあるかを考えます。水分補給などをして、できれば15分間ほど状況について深く考えましょう。現状について同僚や管理者と相談してみましょう（**写真11-4**）。

落ち着いて冷静になったら、以下の問いについて1つずつ確認していきましょう。

- このまま前進を続けた場合、硬くしっかりとした土壌に向かうか、もしくは軟弱な土壌から抜け出すことができるか？
- 自分が座っているキャビンから適切に地形を読むことができるか？　もしくはキャビンから降りて泥炭層の厚みを検土杖で確認（**写真11-3**）しなければならないだろうか？
- 機械の周囲に岩が見つかるか？
- 切り株の上にスタックしているか？
- 泥炭層に深くはまり込み、エンジンハウジング

が浸水するリスクをとることができるか？

地下水位の点検

機械が深くはまり込んで、エンジンハウジングが浸水するリスクがわずかでもあるとオペレータが感じたら、すぐに管理者へ相談するべきです（**写真 11-5**）。

土壌の点検

機械が泥炭土にまさにスタックしかけていて、泥炭層の厚さがどれくらいか（十分な支持力を持つ層までの深さがどれくらいか）不明な場合、検土杖などを用いて走行を計画しているルートを評価します（**写真 11-3**）。土壌の支持力が低すぎて硬い

写真 11-3　オペレータはスタックするリスクを評価するため、検土杖を使って機械前方の泥炭層の厚さ（深さ）を推定することができる。

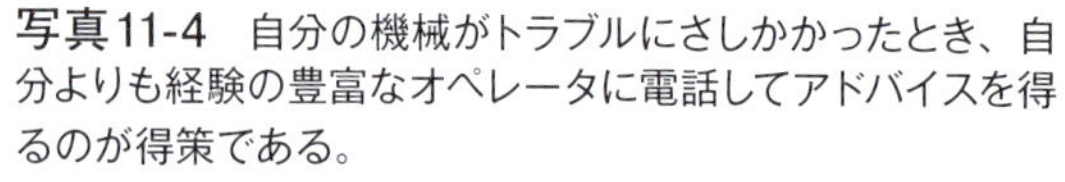

写真 11-4　自分の機械がトラブルにさしかかったとき、自分よりも経験の豊富なオペレータに電話してアドバイスを得るのが得策である。

地面まで走行できない（あるいは、期待したほど土壌が硬くはない）のであれば、可能なときは同僚に引き揚げのサポートを頼むことを検討しましょう。

また、可能であれば機械を後進させる可能性についても検討します。ただし、すでに深いわだちの中にある車両にとって、バックさせるのがよい選択肢になることはめったにありません。

切り株の上にスタックした機械

機械が切り株にスタックしている場合、その場を離れて切り株を切るために助けを呼びましょう。

周囲に支持力の高い斜面はあるか？

スタックしかけているものの、機械を動かして抜け出せる十分なチャンスがあると判断した場合、行動を起こす前に必ず荷台からすべての丸太を積み下ろします。

直近の目的は、機械をわだちから出すことです。そのため、丸太の全重量を機械から切り離さなければなりませんが、10～20tになるであろう荷をローダーで持ち上げなければならない状況は、決して好ましいものではありません。 丸太を積んでいない状態で機械を走行させようとする際の適切な計画は、以下の通りです。

- 荷全体を下ろします。スタックから抜け出したときに回収しやすいよう、丸太を置いた場所を覚えておきます。
- ディファレンシャルロックをすべて利かせます。
- アクセルをごく軽く踏みます。
- ホイールを入念に調べます。
- 機械が移動せずにホイールが空転している場合、機械は依然スタックしたままでさらに深く沈み込んでいきます。機械が移動せずにホイールが半回転だけする場合、ベリープレート上にしっかりと載っているおそれがあります。この固定状態を解こうとするのはすぐにやめて、現状について同僚や管理者に相談しましょう。
- 激しくスリップせずに機械を動かすことができれば、スタックから抜け出せる途中と考えることができるでしょう。

スタックから抜け出せたら

危うくスタックしかけて、そこから何とか抜け出せた場合、地面に置いた丸太をしばらくそのままにしておくべきです。回収に取り組む前に、数時間置くようにしましょう。事情が許せば、翌日までそのままの状態でもよいかもしれません。ストレスからほとんど解放され、その付近の支持力をより正確に判断できるようになるまで、じっくりと時間をかけましょう。

明確な解説は難しい

スタックする危険のある状況でオペレータに求められるスキルを表現するのは困難です。本章では、講じうる主な代替案について概要を説明しました。スタックからの脱出成功に導く最も重要な要素とは、オペレータによる適切な機械の取り扱いです。そのため、オペレータには、冷静を保ち、理性的、合理的に状況に対処しようとする姿勢が欠かせません。

写真11-5　機械がスタックし始めたら、できるだけ速やかに地下水位と、エンジンハウジングの浸水リスクを判定すべきである。

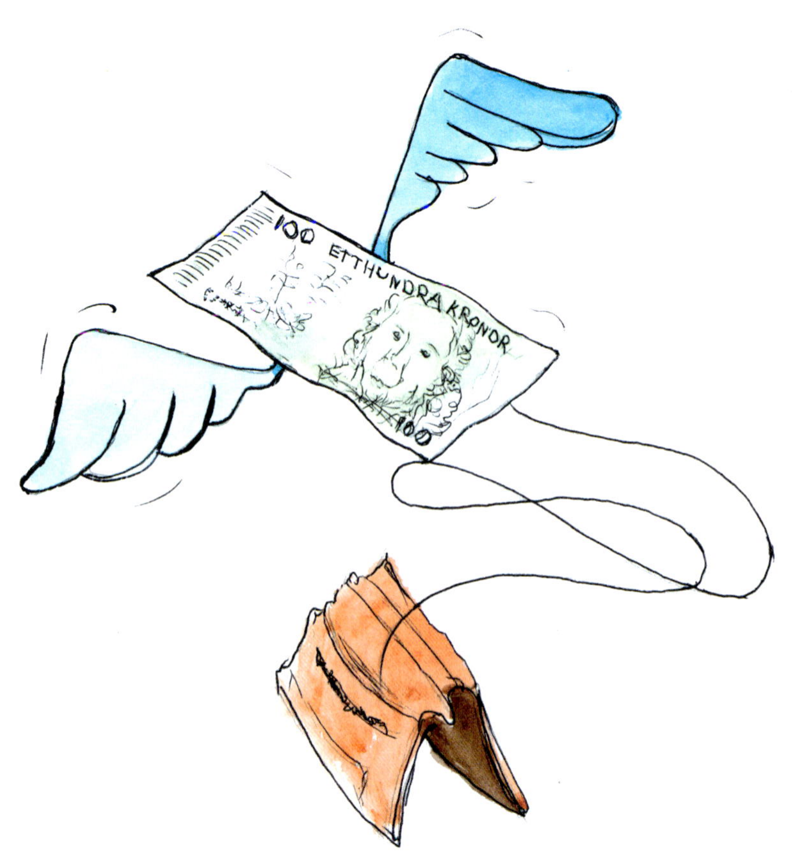

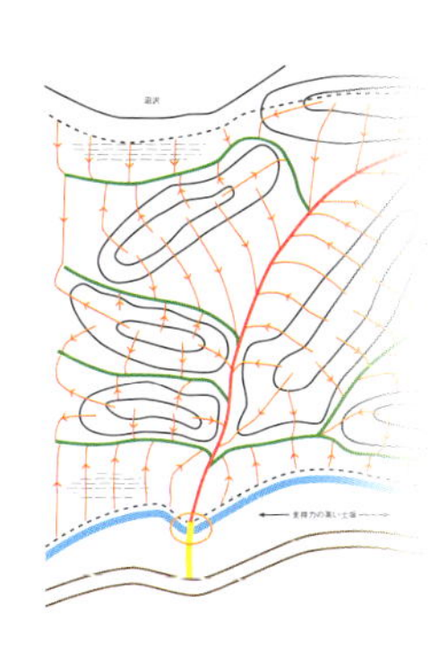

第12章

伐採作業の計画

第８～１１章で解説したすべての知識が、特に地形条件が困難な伐採現場で要求されることとなります。本章は、これらの知識の重要性をまとめ、統合し、伐採作業の計画段階においてさらに深掘りするのが目的です。

伐採作業の計画として、路網の計画、全体計画、伐採方法・工程の計画、搬出の計画について順次解説していきます。

現場のサインを見いだす目が、確かな判断につながる

熟練したプロのオペレータは、目の前の状況を判断して、何をすべきかについて現実的な判断を下すことができます。これには、大量のログマットが必要な状況などといった、普段行わない作業が追加される状況を視野に入れた判断も含まれます。本当のプロは、「警告標識」、つまり別の方法で作業を行うべきか、あるいは中止するべきか、といった現場のサインを見つけ出す目を持っています。

こうした判断により、土壌への過度の損傷やフォワーダをはじめとする機械類の誤使用を避けることができます。誤使用とはすなわち、駆動系（エンジンとトランスミッション）の故障などによって会社に多額の損失を発生させる結果をもたらす扱い方を指します。

写真12-1、**図12-1**は、伐採作業の計画立案や必要な判断に関するある種の複雑さをよく表しています。

林業の極めて初期の時代から、機械化が始まった最初の数十年における基本的な考え方は、「木材とは常に斜面から下ろすべきもの」でした。フォワーダやハーベスタ（伐倒木を引き出すか、ヘッドで送材する）で材を運ぶかどうかにかかわらず、材を下ろすことは通常最も容易かつ経済的な方法です。

一方、**図12-1**が示しているほか、本章全体で解説しているように、この方法は材を斜面の中でもより影響（損傷）の受けやすい箇所へ運んでいることに他なりません（これまでの章で示してきた土壌の成り立ちから見ても）。

反対に、材を斜面上方へ上げ荷することは費用がかかります。上げ荷は燃料消費を増大させ、増加率は時に20％かそれ以上となります。費用面で見れば、この増加分は立米当たりおおよそ0.2～0.8ドルの経費増となります。

当然ながら、フォワーダによる上げ荷は駆動系に大きな負荷をかけることになります。そのため、燃料消費の増大は、エンジンやトランスミッションの疲労（バンドやチェーンと合わせて）を早める指標となります。

様々な路網の定義

本項では、その機能や使用頻度にしたがって呼び慣わしている4種類の路網に言及しています。それらは、

- 幹線路(main trail)
- 基幹路(main passage)
- 集材路(collecting trail)
- 魚骨路(secondary trail)

に分けられています。

- 幹線路の計画

伐採現場がトラック道と接していない場合、トラック道(または土場)と現場の縁辺部との間の区間を、幹線路が通るように計画しなければなりません。この際、伐採現場から出てくる木材の全量をフォワーダが満載状態で搬出できるよう、幹線路の線形を入念に計画しなければなりません。

- 基幹路の計画

ごく小規模な現場のような例外を除けば、基幹路も作設されるべきであり、特に困難な条件の現場で当てはまります。基幹路についても、

写真12-1　入念すぎるほどの計画と綿密な準備がもたらしたもの

現代では当たり前となっている作業条件を想像してほくそ笑み、またこの写真の劣悪な作業環境を見て気の毒に感じるかもしれない。しかし、現在散見される計画不足やハイパワーな林業機械の誤用を目にすることがあれば、写真の男たちこそ唖然とするかもしれない。この当時（60年前以上）において、持てる知識を総動員させ、入念すぎるほどの計画と綿密な準備を経て、これだけの大きな荷を30馬力（20kW相当）に満たないエンジンを積んだ機械で搬出していた事実は、実に驚くべきことである。

写真転載／アイヴァーサムセット教授（ノルウェーの林学者）の厚意による。

（幹線路と同様に）フォワーダが満載状態で走行できる条件を満たすように的確に計画しなければなりません。現場が土場と接している場合、土場に至る基幹路が設計されるべきです。その他の場合は、基幹路は幹線路に接続します。

- 集材路の計画
やや大きめの伐採現場では、集材路を計画すべきです。集材路は、基幹路と接続するもので、その作設基準は基幹路よりも少しだけ低いものとなります。

- 魚骨路の計画
魚骨路はフォワーダが走行する残りすべての路網を指します。

訳注：筆者によれば、スウェーデンで従来より概念的に用いられているのは、幹線路（basvag）と魚骨路（stickvag）の２種類です。現場での的確なコミュニケーションを通じたよりよい仕事、より高い収益を達成することを目的として、本書では前述した４種類の路網に呼び分けて解説しています。また、これらの路網は、林業機械の一時的通行を想定した道であるため、道路網の統計（道路種類や延長）には含まれません。

図12-1　伐採地の路網と伐出作業計画
この写真は古典的な書籍である『The terrain machine』から引用した。材は、斜面の底部に位置する幹線路へ下げ荷搬出されている。ある点では、これは論理的な作業法である。しかし、これにはいくつかの欠点があり、第1に土壌や水の適切な保全とは反対方向に向かっている。幹線路は土壌の支持力がおそらく最も低いルートに伸びており、土壌への損傷は水路の環境を悪化させる可能性がある。

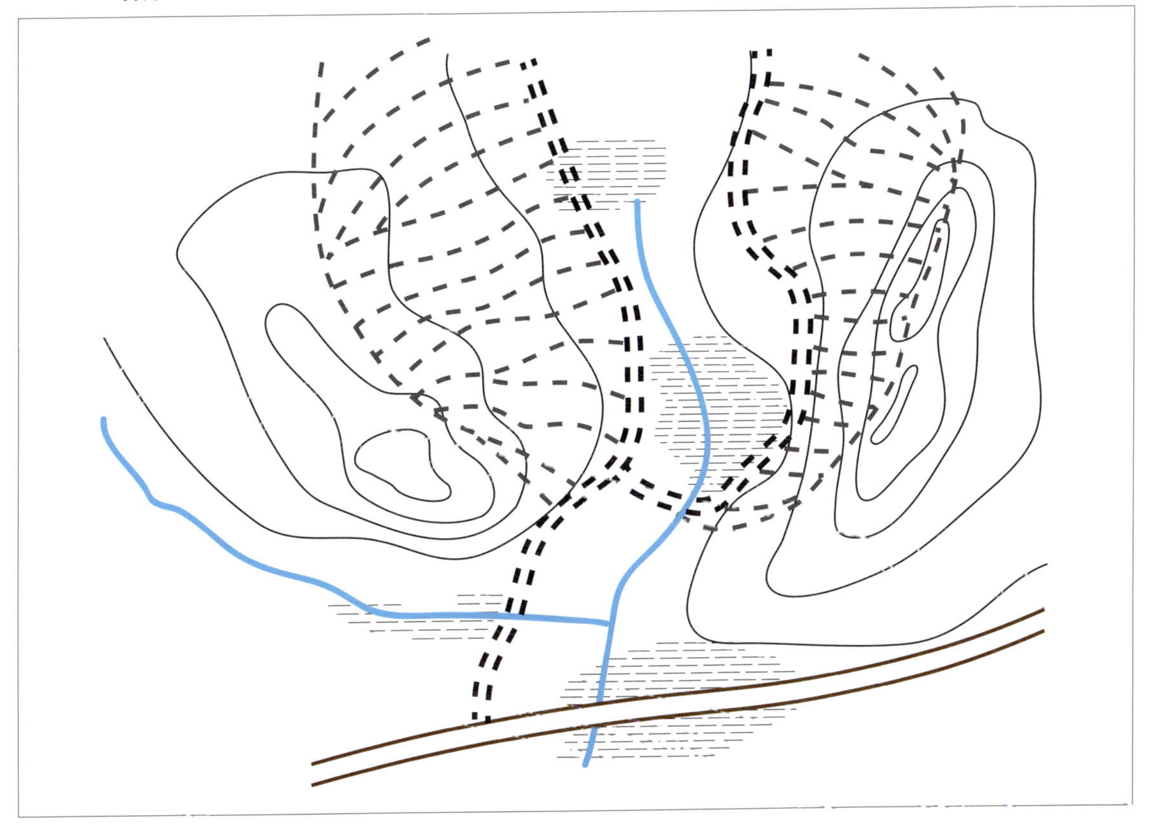

図12-2

伐採作業の計画

伐採計画は、伐採作業前と作業中の両方で行う必要があります。考慮すべき要因は数多くありますが、その中でも重要なものを以下に箇条書きにします。

- 土場の計画
- 幹線路の計画
- (小川等水路の)横断の計画
- 基幹路と集材路の計画
- 現地での基幹路と集材路の計画
- 本書での幹線路における土壌支持力の分類
- 全体計画
- 魚骨路の計画
- 伐採計画の概略
- 斜面の中でもより上方の、乾燥した箇所への木材の搬出計画

以下に、いくつかの段階に分けて、順を追って説明します。

土場の計画

伐採作業がうまくいく基本的要件とは、土場に丸太を椪積みできる可能性があることです。

トラック道から丸太を荷下ろしできる可能性(最速の手段となることもある)か、林縁で荷下ろししなければならないかどうかについても、十分に検討すべきです。ここで言う「トラック道」とは、自動車や運材トラック、車両系林業機械を回送するトレーラーなど、車両の通行を想定した道路を指します。車両系林業機械は、そのような道路を走行する権利がありません。

チェーンやクローラバンドを巻いた機械は、路面を損傷するおそれがあるため、公道の走行が認められません。そうした損傷が発生すると、契約業者が責任を負うこととなります！　土場の計画について知っておくべき内容は、下巻の第16章と第19章にまとめられています。

訳注：日本での車両系林業機械の公道走行について

- キャタピラ(履帯)を付けた機械は公道走行が原則禁止されています。
- タイヤで自走できる機械は、以下の条件の下なら公道を走行できます。
- 公道を走行する場合は、免許、ナンバープレートが必要となります。
- 機械(ベースマシン)を公道で走行するには「普通免許」「小型特殊免許」「大型特殊免許」が必要で、それぞれの操作に必要な「運転技能講習」や「特別教育」を受講し、資格を取得する必要があります。

幹線路の計画

素材生産事業者(契約業者)と顧客(素材生産事業に発注する林産企業などの事業者)の間には、必ず契約が取り交わされています。

この契約条件の範囲内において、顧客は通常、幹線路を計画する責任を負っています。これには、他人の土地の通行が必要であれば、その土地の所有者に話を通す責任も含まれます。

さらに顧客は、目印テープで幹線路を適切にマーキングしなければなりません。当然のこととして、この作業はふさわしい資格を持った作業者に発注し、実行されるべきです。

立木に目印テープを巻くことは、幹線路を適切に計画することと同じではありません。

幹線路を重要な「動脈」として位置付ける

多くの場合、搬出作業の費用対効果は、幹線路の計画の良し悪しに左右されます。幹線路(のルート)を評価する目安は、荷を満載したフォワーダの通行が可能であるという点です。満載したフォ

写真12-2 この原木購入者(事業者)は幹線路のマークに青色テープを使用している。写真の現場では、1.5mの深さがある泥炭湿地であるにもかかわらず、幹線路が作設された。機械がスタックし、硬く締まった土壌まで戻すのにかかる労力はおよそ1,500ドルに相当する。テープを巻く行為と、的確に幹線路を計画することは同義ではない!

ワーダは幹線路に対する要求水準が高く(通行回数の多さや、機体と丸太による大きな荷重)、全体的な利益を意識して計画されなければなりません。

幹線路が、この基準に満たないか、最適な支持力(損傷を出さずに)を持っていない場合、初期段階で幹線路のルートを見直すべきです。

幹線路にとっての敵とは

幹線路の主な敵は、水であることが多く、例えば、秋の長雨の最中か、降り止んですぐの時には、特定の土壌型の現場では大量の木材を搬出することができません。

作業を行えば深いわだちをつくることとなり、走行速度は減少し、燃費も悪くなります。最悪のケースでは、豊富な水分によって機械がスタックします。

スウェーデンでは、長い寒冷な冬季には、特に北側の地方で地面が凍結します。地面の凍結は、土壌水分が幹線路の支持力に及ぼす影響を大幅に低減するという大きなメリットがあり、そのおかげで計画を立てやすくなります。

植物の生育期である夏季には、植物は大量の水分を消費します。植物の蒸散作用(動物でいう「発汗」)によって大量の水分が空気中へ放出され、またそれはポンプのような働きをします。そのため、地面は乾燥し、結果として幹線路の計画も行いやすくなります。

一方、冬季の中でも、気温がプラスとマイナスを行ったり来たりする季節の変わり目や、雪や雨が降って地面も凍結したり融解したりするような時季には、幹線路の計画は困難を極めます。また、植物は冬季には、蒸散による水分の放出をほとんど行いません。乾燥した夏季と比べて、温暖な冬季では林内の支持力はずっと低下することとなり、そのため幹線路の計画はかなり慎重に行う必要があります。

幹線路へ流れる水—水路損傷のリスク

原木を積んだフォワーダが、斜面をトラック道(または土場)まで下って搬出するのが適切な計画となる場合もあります。ただし、雪解け後の土壌や、特に秋の長雨の最中、もしくは直後に伐採を行う場合、大量の水が幹線路のわだちを伝って斜面を流れ落ちるおそれがあります。そうした条件下で、特に長い斜面をフォワーダが下ることになると、フォワーダが水と泥を押し出しながら走行することになります。そうなると、水が斜面下方の幹線路へ勢いよく流れるのを止める対策を講じることが、とりわけ重要となります。

林業は自然環境保全への配慮が求められており、幹線路のわだちへ流れ出た水が、「天然の水路」に達するような事態を認めてはいません(例:渓流や川、沼地、湖のような水路につながる溝など)。こうした対策が行われなければ、泥の中の細かな土壌粒子が環境に悪影響を与えることとなります。

水はまた、トラック道や泥除けの排水溝に流れ込むことなどによって、その他の問題や出費を引き起こします。したがって幹線路は、わだちへ流れ込んだ水がさらに天然の水路に送られることがないように、計画されなければなりません(本章後半の図を参照)。

流水による損傷は素材生産事業者の責任か!?

幹線路の計画者は、水が流れ込んで路網を荒らすリスクについても評価すべきでしょう。そして、伐採作業が原因となって発生する損傷を起こさないよう、適切な現場管理を行う責任を持つのは契約業者(素材生産事業者)であり、最終的にはオペレータに帰結します。したがって、こうしたリスクの可能性について、常に上司と相談するようにしましょう。

幹線路を流れる水—行動計画はあるか?

幹線路に沿って水が流れるリスクがある場合、問題の解決方法を示した行動計画を準備しておくべきです(これまでにも複数の項で示しており、第8章で詳述しています)。

水路横断の計画

小川や溝などの常時水が流れる水路の横断は、大きな環境負荷を伴うことがあります。

このリスクを避ける方法については、第8章を参照ください。

基幹路と集材路の計画

計画の難易度

伐採現場が変われば、伐採計画の難易度は変わります。例えば、トラック道に接している砂質の平坦な現場では、最低限の計画で事足りるでしょう。反対に、漂礫土由来の土壌の起伏に富んだ現場では慎重な計画が求められ、土壌でシルト質かコケで覆われた泥炭土のような地域では、さらに難易度は上がります。特に現場が広範囲に及ぶ場合、幹線路と集材路の両方をしっかりと計画することが必要です。

幹線路の計画—かけた手間が価値を生む

トラック道(または土場)から現場までと、現場の中の路網配置を的確に計画することは時間を要する作業ですが、フォワーダの生産性を高め、かつフォワーダの駆動系の損耗を抑える効果を考えれば、十分にやるべき価値があると言えます。

もし事前の計画によって、フォワーダが一度でもスタックしたり、類似の事故が起きるのを避けられるとすれば、その計画にはかかった経費の何倍もの価値があると言えます。

適切な基幹路計画は作業工程を改善する

伐採現場を横切る基幹路の線形が申し分なければ、全体の作業工程も改善されます。

例えば、日の短い秋に、同僚へ「青色のリボンでマーキングされた路網の北側にあるトウヒの並材を搬出してほしい」と伝え、複数のリボンがハイスタンプ（下巻**写真14-1**参照）にマークされていれば、極めて価値の高い情報となります（ハイスタンプに巻くリボンには様々な意味があります）。

基幹路の計画によって損傷を少なくする

基幹路の線形にテープを巻いて正しくマーキングすることによって、地表面や立木の損傷に加えて、小川や文化的遺跡、自然保護エリアの破壊も抑制することができます。

基幹路でフォワーダの上げ荷を計画する

伐採現場よりも土場が高い位置にある場合、フォワーダの登坂（材を上方へ運び上げる）が必要になるでしょう。これは通常、困難な作業となります。作業を円滑に進めるためには、複雑な計画を要する場合もあります。

そのような現場で、ハーベスタのオペレータがフォワーダの置かれる状況を考慮せずに伐採を行うと、フォワーダの生産性が劇的に落ち込み、搬出費用が大きく増大します。こうした状況では、基幹路を入念に計画し、フォワーダの作業がかかり増しにならないようにする必要があります！

現地での幹線路と基幹路の計画

幹線路の計画と基幹路の計画には、さほど大きな違いはありません（前述「様々な路網の定義」の項を参照）。

この計画では、オペレータの作業環境やオペレータが直面しうるリスク、費用対効果を考慮すべきであり、以下の点を注意しましょう。

- 路網は、林業機械がグリップを失うリスクがあるような急峻な下り斜面に計画すべきではありません。この点において、冬季には氷が張るリスクを見込んでおかねばなりません。険しすぎる下り斜面は生産性を低下させます！
- 計画される路網は、表面構造が良好な場所（もしあれば）に配置すべきです。巨礫が多い斜面ではエクスキャベータ（ユンボ）を使って道づくりを行うことで、オペレータの作業環境と搬出作業の費用対効果を向上させるべきです。

全体的な目標は、以下の通りです。

- 幹線路として想定しうる最適の線形（100％ではないが、大抵は最短のルート）を見つけ出すことを目標とします。
- 一方、シンプルに最短距離ルートとはならない条件もあり、その際には路網配置を斜面構造に適合させます。
- 荷を積んだフォワーダが急な斜面を登らずに済むように幹線路を計画します。

計画時には、以下の点を避けるべきです。

- コケで覆われた泥炭土に路網を配置する（地面が凍結していない場合）。この場合、ログマットの使用もしくは丸太橋の建設の必要に伴い、費用がかかり増しになります。
- 片勾配の斜面に路網を配置します。

複数の困難な要素を検討しなければならない状況では、フォワーダのオペレータに相談すべきです。

できる限り傷めないように幹線路を計画することは、他人の所有地を横断する場合に特に重要です。

写真12-3 写真の状況では、フォワーダはアスファルトの舗装路に進入せざるを得ない。当然ながら、この際にオペレータはチェーンやクローラバンドを取り外すこととなる。道路際は、ゴム製マットの敷設や枝葉を層状に重ねることで補強されている。

幹線路の計画ではコンパスを用いる

困難な地形条件で長距離の幹線路の計画に取りかかる際の方法の１つとして、コンパスを用いて最短距離を定めて、白色など普段は使用しない色の(つまり、回収の必要がない)テープでルートをマーキングするものがあります。

そのようにして、斜面の傾斜や形状に路線をうまく乗せて、土壌の支持力が適当かつ表面構造に支障のない場所をつなげて幹線路を計画します。

フォワーダの上げ荷を避ける—よく計画された幹線路は燃費を向上させる

幹線路の計画で非常に重要な点は、原則としてフォワーダの上げ荷を避けるということです。尾根を越えるよりも、尾根回りを通過するように幹線路を計画することができれば、その分だけ燃費が改善されます。

フォワーダが急峻な斜面を登らなければならない場合、250kWのディーゼルエンジンに最大負荷がかかります。軽油の消費量は、この場合尋常でない水準に達します！

フォワーダのオペレータが設計にかかわる

幹線路と基幹路の設計に関して、最も適任の担当者は、フォワーダのオペレータです。オペレータ(もしくはフォワーダを保有する会社)は、よく計画された幹線路等の主要な受益者であり、かつ機械について最も精通しています。

つまり、土壌の支持力や片勾配を考慮して幹線路をいかに通すべきかについて、フォワーダのオペレータが最適な判断を下すことができます。そのため、フォワーダのオペレータは、地形の険しい伐採現場において幹線路の線形を計画する際に、一緒に参加するべきです。また、集材路についても手順は同様ですが、幹線路よりやや低規格でも事足りる場合もあるため、その厳密さの度合いは低くなります。

本書における土壌の支持力の分類

表12-1　堆積土
（粒径が「選別された」土壌型）

土壌型	粒径区分	支持力の区分
礫	粗礫 中礫 細礫	S1
砂	粗砂 中砂 細砂	
シルト	粗粒シルト 中粒シルト 細粒シルト	S3
粘土		S2

泥炭土を除くすべての土壌型は、十分に乾燥している状態であれば非常に高い支持力を持つ。

表12-2　漂礫土
（粒径が「選別されていない」土壌型）

	土壌の支持力の分類	
土壌型	石（または巨礫）の割合が少ない	石（または巨礫）の割合が多い
礫質漂礫土	T2	
粗粒砂質漂礫土	T3	T1
細粒砂質漂礫土	T4	
砂質シルト系漂礫土		
砂質シルト質漂礫土		T5
シルト質漂礫土	T6	
粘土質漂礫土		

粘土質漂礫土の欄に石マークがないのは、この土性では石の割合の多いことがめったにないためである。

本書での幹線路における土壌支持力の分類

泥炭土を除くすべての土壌型は、十分に乾燥している状態であれば非常に高い支持力を持ちます。以下の解説では、幹線路が満たすべき基準として、一般的なクローラバンド装備を付けたフォワーダが満載状態で10回以上丸太を搬出できることを前提としています。

【堆積土】

S1.　礫および砂

フォームテスト、ローリングテストで成形できません（フォームテストの成形ができる場合のある微細砂を例外とする)。長く降り続く雨や凍結した土壌の融解の時季も含めて、どんな条件でも支持力は非常に良好です。

S2. 粘土
「細糸状」に丸めることが可能です。土壌が凍結した時季に伐採を行うことが推奨されます。その他の条件では、地下水位が支持力に強い影響を及ぼします。最も微細な画分である粘土の占める割合によって変動するものの、一般に湿っている状態ではわずかな支持力しかありません。土壌中の腐植の増加は、地表がより「滑りやすく」なるため、支持力の低下につながります。凍結した土壌が融解する時季には、伐採作業はできません。
粘土の乾燥が進むことで硬くなる、通称「凍った夏の土壌」の時季が訪れた時に伐採を行うのが適切な選択となるでしょう。その場合、大雨が降らなければ、幹線路として十分な支持力を発揮します。

S3. シルト
「細糸状」に丸めることが可能です。土壌が凍結した時季に伐採を行うことが推奨されます。土壌が水分を含むことで、支持力は急速かつ大きく低下し、機械走行が不可能となります。
大雨が降った際にはログマットや丸太橋を用いる必要がある場合もあります。別の方法として刈り払いが考えられる場合、満足のいく支持力を得るためには、幹線路10mにつきフォワーダ2台分以上の末木枝条を敷かなければならないでしょう。凍結した土壌が融解する時季には、機械走行はできません。

【漂礫土】

T1. 石や巨礫の割合が多い礫質漂礫土・粗粒砂質漂礫土・細粒砂質漂礫土
礫質や粗粒砂質の漂礫土は、フォームテスト、ローリングテストともに成形できません。細粒砂質漂礫土は、角砂糖の形（小さなボール状）に成形できる場合があります。長雨や凍結した土壌の融解の時季も含めて、どんな条件でも支持力は非常に良好です。表面構造が最良のルートに沿って丸太が搬出されるような路線配置とするべきです。

T2. 石や巨礫の割合が少ない礫質漂礫土
フォームテスト、ローリングテストともに成形できません。長雨や凍結した土壌の融解の時季も含めて、どんな条件でも支持力は非常に良好です。

T3. 石や巨礫の割合が少ない粗粒砂質漂礫土
フォームテスト、ローリングテストともに成形できません。長雨を含むほとんどの条件で支持力は非常に良好ですが、凍結した土壌が融解する時季には、幹線路を通っての搬出作業を行うことはできません。

T4. 石や巨礫の割合が少ない細粒砂質漂礫土
フォームテストでの成形は可能ですが、ローリングテストで「細糸状」に丸めることはできません。この土壌型は、「非常によい」と「非常に悪い」を分ける、支持力の区切り点として捉えることができます。この土壌型では、凍結するか、（特に）長雨が降った後のような状況では、幹線路を斜面上部に配置しなければなりません。一方、路線が斜面下部を通る場合には、スペアセクションや丸太橋の活用が必要となる場合もあります。凍結した土壌が融解する時季には、幹線路を通っての搬出作業を行うことはできません。

T5. 石や巨礫の割合が高い砂質シルト系漂礫土・砂質シルト質漂礫土・シルト質漂礫土
ローリングテストで「細糸状」に丸めることが可能です。土壌が凍結した時季に伐採を行うことが推奨されます。表面構造が最良のライン上に幹線路が配置されるよう計画を立てるべきです。土壌が凍結していない時季には、幹線路を斜面上部（なるべく石や巨礫の多いエリア）に配置するのがよいでしょう。ルートの中でも石の割合が少ないエリアでは、特に大雨が降った後などにスペアセクションや丸太橋が必要となる場合もあります。凍結した土壌が融解する時季には、幹線路を通っての搬出作業を行うことはできません。

T6. 石や巨礫の割合が少ない砂質シルト系漂礫土・砂質シルト質漂礫土・シルト質漂礫土、粘土質漂礫土
ローリングテストで「細糸状」に丸めることが可能です。土壌が凍結した時季に伐採を行うことが推奨されます。支持力はシルトと同じです（S3）。土壌が水分を含むことで、支持力は急速かつ大きく低下し、機械走行が不可能となります。土壌が凍結していない時季には、幹線路を斜面上部（もしあれば石や巨礫の多いエリア）に配置するのがよいでしょう。少しでも土性が粗めの土壌もしくは石や巨礫が多いエリアを見つけて、そこを通るようにしましょう。
長雨が降った際には通常、ログマットや丸太橋を用いる必要があります。別の方法として刈り払いが考えられる場合、十分な支持力を得るためには、幹線路10mにつきフォワーダ2台分以上の末木枝条を敷かなければならないでしょう。凍結した土壌が融解する時季には、幹線路を通っての搬出作業を行うことはできません。

P. 泥炭土全般
このグループの土壌型は支持力に乏しいのが特徴ですが、乾燥した時季ではいくらかよくなります。土壌が凍結した時季に伐採を行うことが推奨されます。完全に凍結した時季を除いて、スペアセクションや丸太橋の活用（もしくは、大量の末木枝条の敷設のほうが望ましい）が欠かせないでしょう。

写真12-4　オペレータが土壌の支持力を点検している。この作業を通じて、オペレータは作業の計画の立て方を考えることができる。

全体計画

キャビンから降りて踏査する

オペレータは、伐採作業の内容にかかわらず、状況が許せば、時々キャビンから降りて周囲を探索（徒歩での手順確認）をする時間をつくるべきです。これはフォワーダでの搬出作業で特に当てはまります。

このひと手間は、地形条件が困難な現場で伐採をしているか、キャビンからでは伐採範囲の全体像を把握しづらいときに特に有効です。さらに、こわばった体を動かすよい機会にもなります！キャビンから頻繁に降りていても、その隙に誰かが林業機械を盗みに来るようなことはありません！

斜面の傾斜に配慮する

まず目指すべきは、片勾配のない路網を通って下りで材を搬出することです。そのため、計画される路網は全線で片勾配を避けて、かつ斜面方向に従うことが理想です。

つまり、路網は等高線と直角に交差すべきで、粗粒砂質漂礫土のように、支持力がかなり高い土壌型ではこれは有効です。

十分な支持力があって巨礫が豊富な漂礫土では、材を搬出しやすくするために、表面構造が良好なルート（岩の少ない線形）を斜面上で見つけなければなりません。一方、支持力が低く、斜面形状に難のあるエリアでは、以下に示すような検討が必要です。

土壌の支持力に配慮する

支持力がやや低い土壌か、林業機械の使用が困難な斜面の形状を持つ漂礫土では、状況に応じた計画の変更が欠かせません。伐採現場に支持力の低い箇所があれば、通常基幹路と集材路は、尾根の上や泥炭地から離れたエリアなど、できる限り支持力の高い場所に計画するべきです。

フォワーダのオペレータが秩序立てた計画を行っていれば、満載状態であっても十分な支持力を持つルートを通って土場まで問題なく走行することができます(本章後半を参照)。

判断基準とするべき基本要素は、土壌型(石や礫の割合を含む)や季節、現在の天候(特に雨の可能性)、末木枝条や切り株でどれだけ路面が補強されているかです。

ハーベスタのオペレータが現場で土壌支持力の低い箇所を見つけたら、そこを「はっきりと区別」して、現場に合わせた作業(搬出作業を行いやすくすること)を計画しなければなりません(**写真12-4**)。これには、集材路や基幹路と直交する、支持力の高い短区間の魚骨路を設定し、そのライン上にある立木を伐採することも含まれます。これによって、フォワーダのオペレータは支持力の低いエリアを最短距離の通行で済ませることができます。

生産性を最大化するための2つの戦略

よい伐採計画とは、全体の生産性を最大化するために、ハーベスタとフォワーダの双方が直面する状況や機械性能、限界についてうまくバランスが取れたものを指します。

この点に関して対照的な2つの原理である「コンバイン方式」と「レストラン方式」について以下に解説します。

「コンバイン方式」

コンバイン方式とは、現場を等間隔かつ平行に区切った区画ごとに伐採計画を立てるものです。個々の区画を伐採する方法には様々ありますが、方法の如何を問わず、基本的にすべての区画は平行かつ同じ面積(幅)となります。

コンバイン方式では、斜面の片勾配を考慮しないため、水平もしくは凹凸の少ない表面構造を持ち、区画と同方向に傾斜している斜面で適しています。この場合、路網は、単純に等高線と垂直方向に配置されます。

この方式を複数方向に傾斜している斜面(訳注:等高線が直線的に並んでいない地形)で用いると、魚骨路が片勾配になり、搬出作業がより困難になります。

「レストラン方式」
―フォワーダ駆動系の損耗を軽減

伐採現場には、主要な傾斜面に対して複数方向に勾配の付いた斜面形状を持つエリアがある場合があります。そうした斜面形状は、主要な傾斜方向に対して、斜めもしくは垂直の方向を向いていたりします。

そのため、プランナーはフォワーダの通行路を、現場を横切る「長めの」谷の底部もしくは尾根に配置することによって、フォワーダのオペレータはレストランで出される「皿盛りの料理」のように、たやすく丸太を積み込んでいくことができます(**写真12-5**)。

理想を言えば、フォワーダの通行路は片勾配がなく、土場に向かって下っていく凹凸の少ない斜面がよいでしょう。特に重要な点は、斜面形状に沿った路線となることで、フォワーダのオペレータは片勾配の路網を登り下りする面倒から解放されるということです。

この方式は、フォワーダの駆動系への疲労や負荷を軽減します!

路網のルート上での土壌の支持力は、この方式の採用を決定する際に、慎重に考慮すべき要素です。伐採現場に支持力の低い箇所があれば、より高い支持力がある(フォワーダが丸太へ到達できる)エリアに路網を計画すべきです。

この方式は、以下のように**なすべき作業と計画戦略の両方を捉える**方法でもあります。

- フォワーダの通行路が自然の斜面形状に従うことで、オペレータは長い斜面を少しずつ登ることができ、急なアップダウンを避けられるため、フォワーダの駆動系の損耗を最小限に抑えることができます。

写真12-5 写真では「レストラン方式」が用いられている。丸太が斜面の条件のよいエリアに見事に並べられていて、こうすることでフォワーダの寿命と生産性を大きく向上させている（ただし、左側の路網は人の手で作られたものである）。

- 計画されたフォワーダの通行路に沿って丸太を並べるという目的のために、困難な地形条件でも作業ができるハーベスタの卓越した性能が最大限に発揮されます。
- ハーベスタの地形適応性能が高いほど、この方式はよりうまく働くこととなり、全体の結果もさらに良好になります。
- この方式の実行には、オペレータの経験や技能、計画能力が強く要求されます。
- 伐採作業を通じて、様々な方法を取ることができます。「レストラン方式」は、「突っ込み線」か「魚骨路」を加えた一方向からの伐採と組み合わせて利用することもあります。これについては下巻の第14章「ハーベスタによる伐採」で解説しています。

魚骨路の計画

作業の計画に用いられる戦略や、伐採現場で基幹路を計画するかどうかにかかわらず、魚骨路の方向と求められる規格を定めるには合理的な手法を用いるべきです。

土場と関連した魚骨路の方向

魚骨路は斜面の特定の方向に沿うもので、時に所有の境界線や林分の境、泥炭土やその他の要素の影響を受けることがあります。これによって、魚骨路は土場に対して任意の方向へ伸びていくことが起こり得ます。すると、フォワーダのオペレータが荷を満載にすると、積み始めの位置と比べて土場までの距離がずっと離れてしまう可能性があります。最悪の場合、土場へ一向に近づかずに、重い荷を積んだまま伐採現場を走り回ることになります！

これを避けるため、魚骨路はできるだけ土場に直線的に進むように設計するべきです。この観点で計画を立てれば、フォワーダは積み込みを行うたびに土場に接近していくようになります。したがって、荷を積んだフォワーダが最短距離で土場にたどり着くことができます。

魚骨路に求められる斜面構造

ハーベスタとフォワーダ（特に満載の状態）では、斜面上の様々な障害物を乗り越える性能差が歴然としています。満載のフォワーダは、ハーベスタと比べて高い支持力を必要とし、また片勾配の耐性（転倒しづらさ）も低い特徴があります。

土場に近づくにつれて高まっていく路網の規格

いくつもの魚骨路をまとめて計画する際、土場に近づくほどフォワーダが求める規格が高まる点をしっかりと理解しなければなりません。魚骨路の先端では、必要な規格はより低くなります。つまり、片勾配や支持力の低い箇所を避けることはそれほど重要ではないと言えます。

一方、土場に近づくと、（通行回数が増すほか）満載のフォワーダが走行するためには十分な支持力を持ち、できれば片勾配がない路網である必要があります。

駆動系の疲労が高まり、燃費も悪くなるため、満載のフォワーダが急斜面を登るように魚骨路を設計するべきではありません。

伐採計画：模式図を使って

右の**図12-3**、**図12-4**は、様々な条件で伐採計画を立てる戦略を示したものです。図が示す形状は尾根であり、実線は等高線を、破線は支持力の低い湿った土壌をそれぞれ表します。また、伐採現場はトラック道に向かって若干傾斜しています。土壌条件が良好な場所であれば、小川とトラック道の間のあらゆる箇所で幹線路を配置することができます。

路網を計画した箇所の土壌が微細粒子を多く含んでいる場合（T６ シルトもしくは粘土質の漂

図12-3　伐採計画の作成

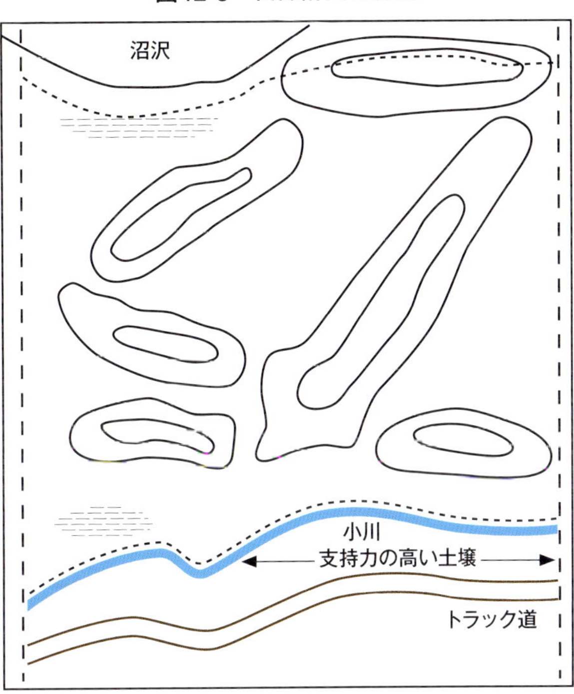

図12-4　伐採計画の作成—基幹路と集材路

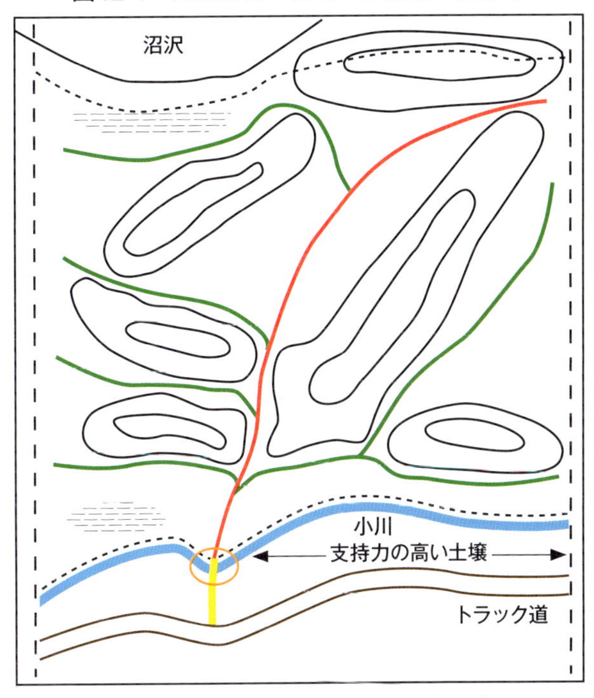

赤線＝基幹路　　オレンジの輪＝橋または排水溝
緑線＝集材路　　黄線＝伐採現場と土場の間の幹線路

礫土)、地面が凍結していない時季に伐採計画を立てると、悲惨な結果となる可能性があります。地下水位が表面近くにある斜面の低い位置に搬出された木材が集中することとなり、場合によっては泥炭地に近づくことになります。集材路や基幹路は、このような箇所を通らないようにしっかりと計画しなければなりません。

ただし、土壌型にかかわらず、路面が凍結して硬くなっていれば、この方法は有効です。

土壌が凍結していない場合：

- 秋の長雨や雪解けがあったとしても、砂質の堆

図 12-5　伐採計画の作成—魚骨路（オレンジ）

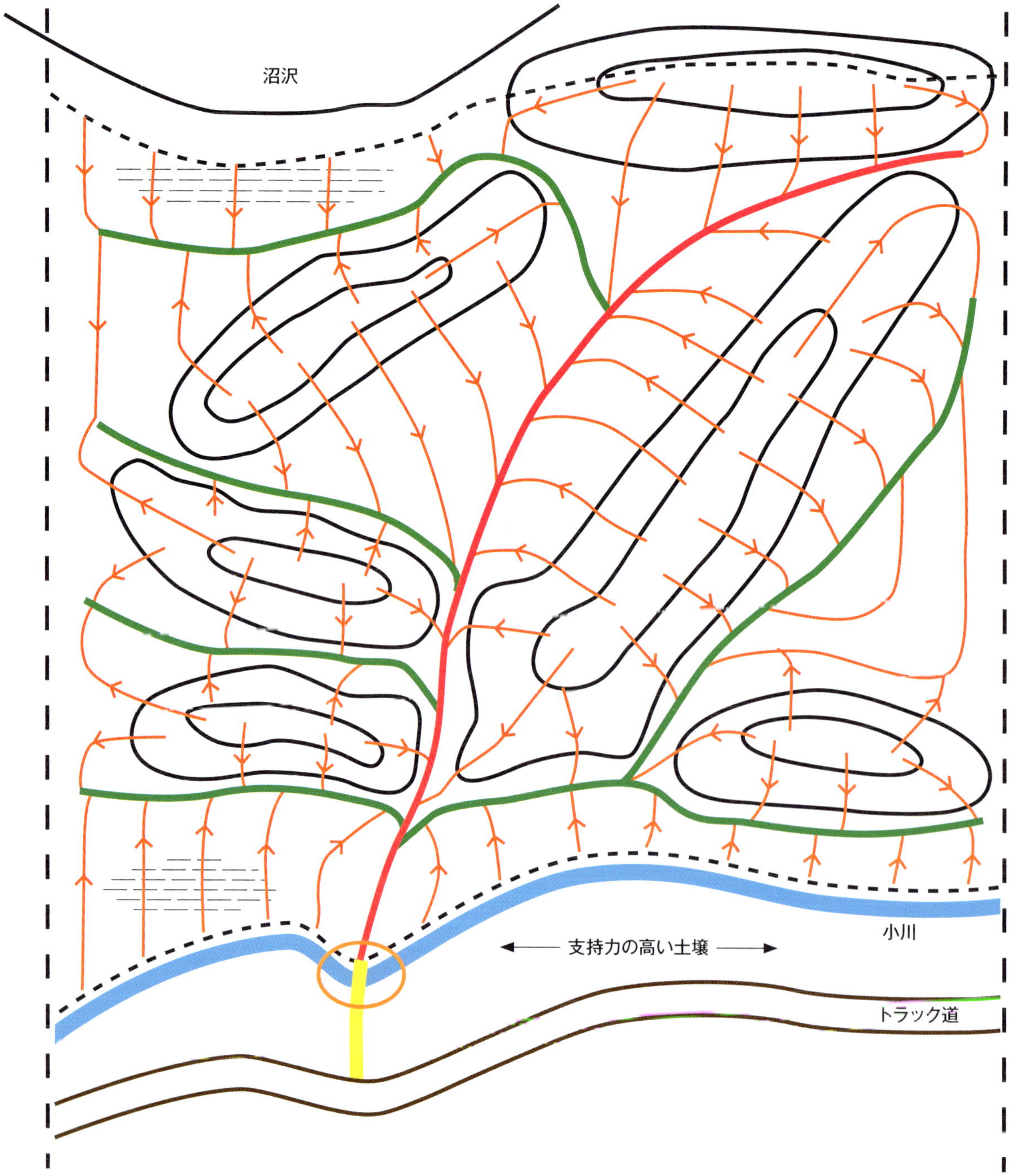

積土(S1)、礫質漂礫土(T2)、石の割合が高い粗粒・細粒砂質漂礫土(T1)では、この方法は有効です。

- 粗粒砂質漂礫土(T3)の場合、秋の長雨は可、雪解けの状態は不可です。
- 細粒砂質漂礫土では、乾燥した時季のみ、この方法が有効です。

石の割合が高いシルト質の漂礫土(T5)では、この方法が可能です。石の割合が高い場合、どの土壌型の漂礫土(T1とT5)であっても、計画時には巨礫が多すぎないルートを見つけることを目標とするべきでしょう。

また、計画時には、小川やその横断についても検討しなければなりません。伐採現場の条件が、作業を行うための幹線路の位置(ルート)を規定する点に注意しましょう。

条件が明らかになったら、魚骨路(オレンジの線と矢印)を図に従って計画します(**図12-5**)。

次の**図12-6**は、現場の支持力がもっと低い場合に考えるべき伐採方法です。このような場合、伐採された木材が斜面の高い場所を通るように計画を立てます。そのような場所では、地下水位は地表よりずっと下にあり、かつ土壌はいくらか粗めの組成を持つため、支持力は斜面下部と比べてずっと高くなります。この方法は、地表が凍結していないか、泥炭土があるか、シルトや粘土分を多く含んだ漂礫土(T6)のいずれかに該当する場合は、常に利用するべきです。

秋の長雨の間は、細粒砂質漂礫土(T4)でもこの方法は有効です。伐採現場の土壌が細粒砂質漂礫土(T4)か、シルトまたは粘土質の漂礫土(T6)であれば、集材路と基幹路は必ずハーベスタで刈り払いするべきです。

幹線路の計画時には、基幹路のルートも念頭に入れなければなりません。伐採現場の条件が、作業を行うための幹線路の位置を規定する

図12-6　土壌の支持力が低い現場の伐採計画

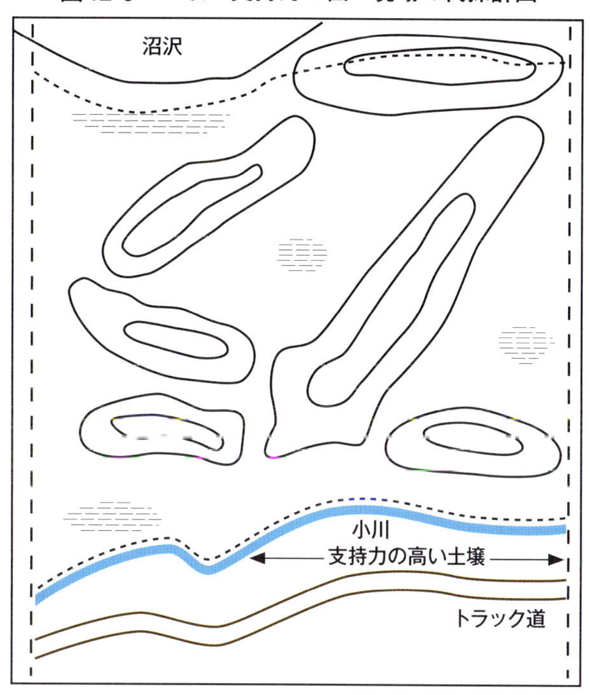

図12-7　土壌の支持力が低い現場の伐採計画—基幹路と集材路

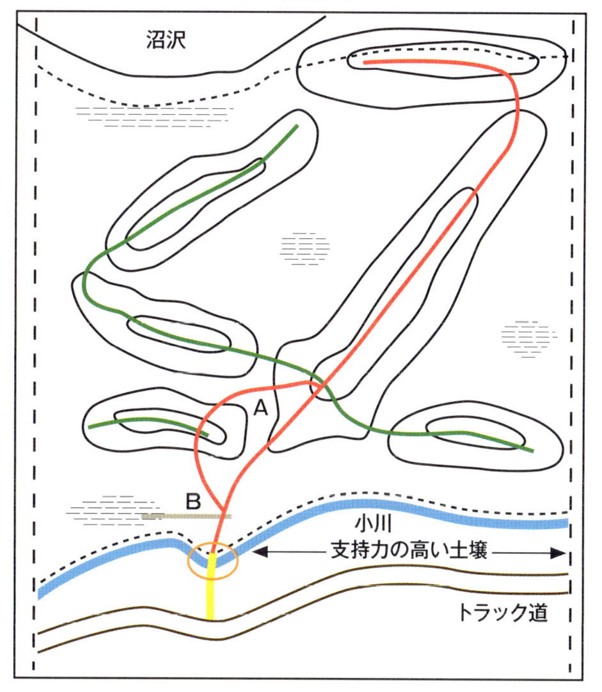

赤線＝基幹路　　オレンジの輪＝橋または排水溝
緑線＝集材路　　黄線＝伐採現場と土場の間の幹線路

点に注意しましょう。

あるいは、小川に達する直前に尾根を越える選択肢(図中A)のように幹線路を計画することもできます。こうすることで、小川に達する前に、尾根が水の流れを止めて幹線路まで流れて行かないようになります。排水溝(図中B)をつくることで、大雨が発生した際に幹線路に沿って流れてくる水を斜面のくぼ地へ誘導することができます(**図12-7**)。

前頁までで解説した条件では、魚骨路は図のオレンジで示されるルートに配置されることになります(**図12-8**)。

図12-8　土壌の支持力が低い現場の伐採計画―魚骨路

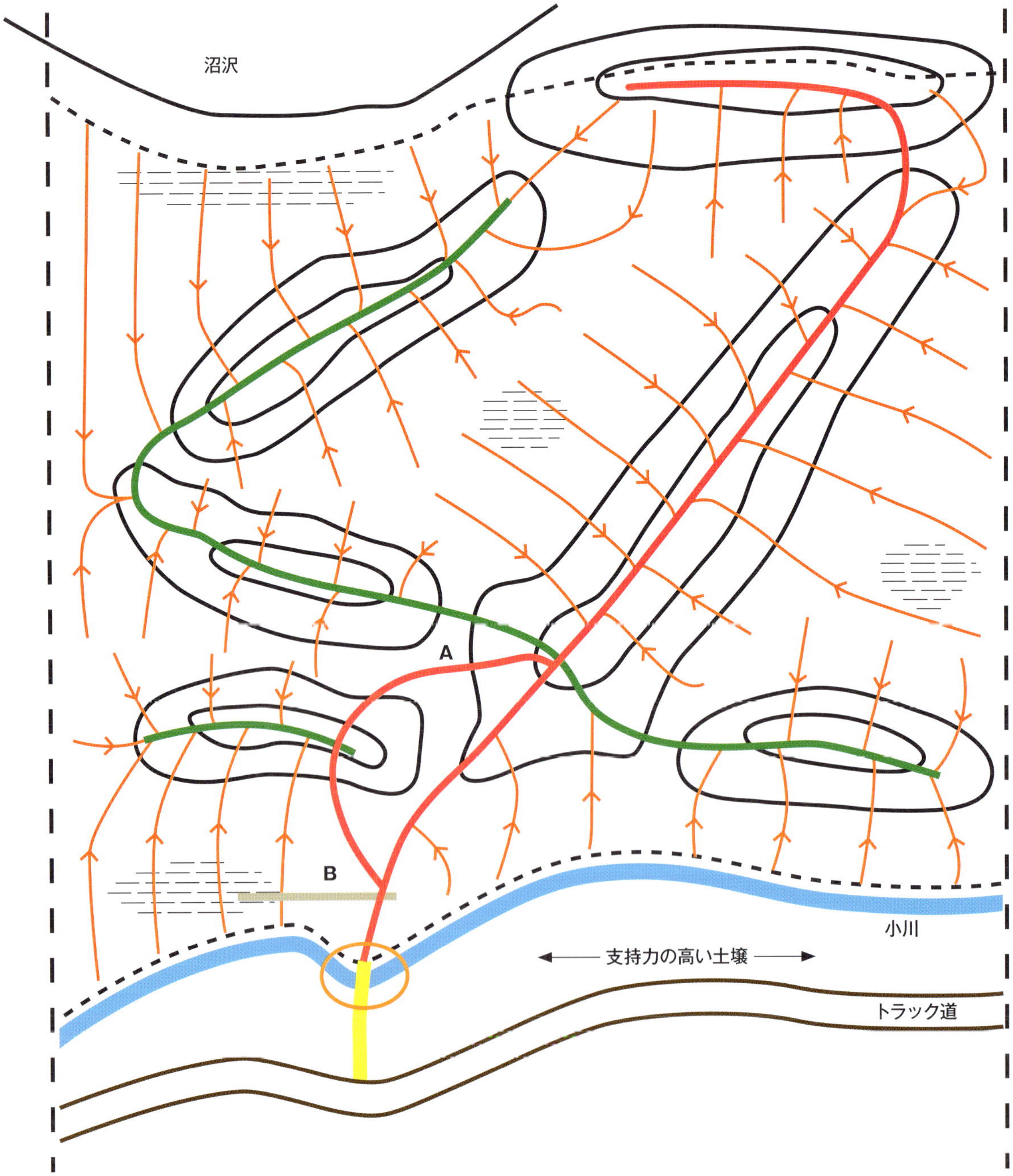

「レストラン方式」に従ったフォワーダの通行路の計画

以降では、土壌の支持力が高い場合の「レストラン方式」に関する指針を解説します。また、この方式は、支持力の高いエリアに丸太を集中させる目的で、他の方法の補足的手段として支持力の低い現場でも活用されることがあります。

この図12-9では、フォワーダが通行する路網のみを緑のラインで示しています。

図12-9　フォワーダ通行路の計画

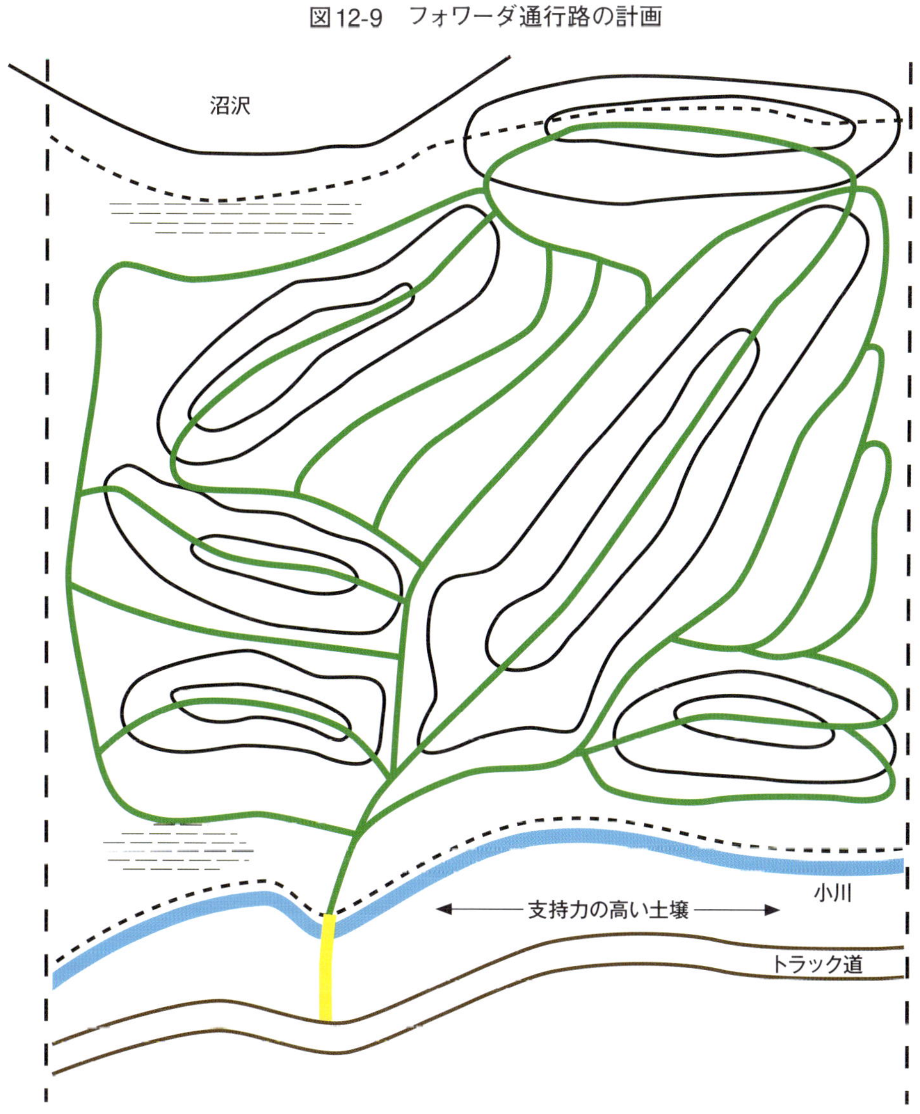

「レストラン方式」に従ったフォワーダの通行路と「突っ込み線」の計画

下の**図12-10**のオレンジのラインは突っ込み線で、ハーベスタのみが使用する道です。ハーベスタはこの突っ込み線から伐倒木を送材してフォワーダの通行路へ送ります。

これによって得られるメリットは、フォワーダの生産性の向上であり、以下に箇条書きで要約します。

- フォワーダの通行路に沿って丸太が固まって集積されます。
- 魚骨路は通常より長くなるため、フォワーダのオペレータは、荷を満載にするほど十分な丸太が集まっていない短い道を何本も走行する必要がなくなります。
- フォワーダは支持力の最も低いエリアを走行せずに済みます。
- フォワーダは最も急峻な箇所を走行せずに済み

図12-10　フォワーダ通行路の計画―突っ込み線

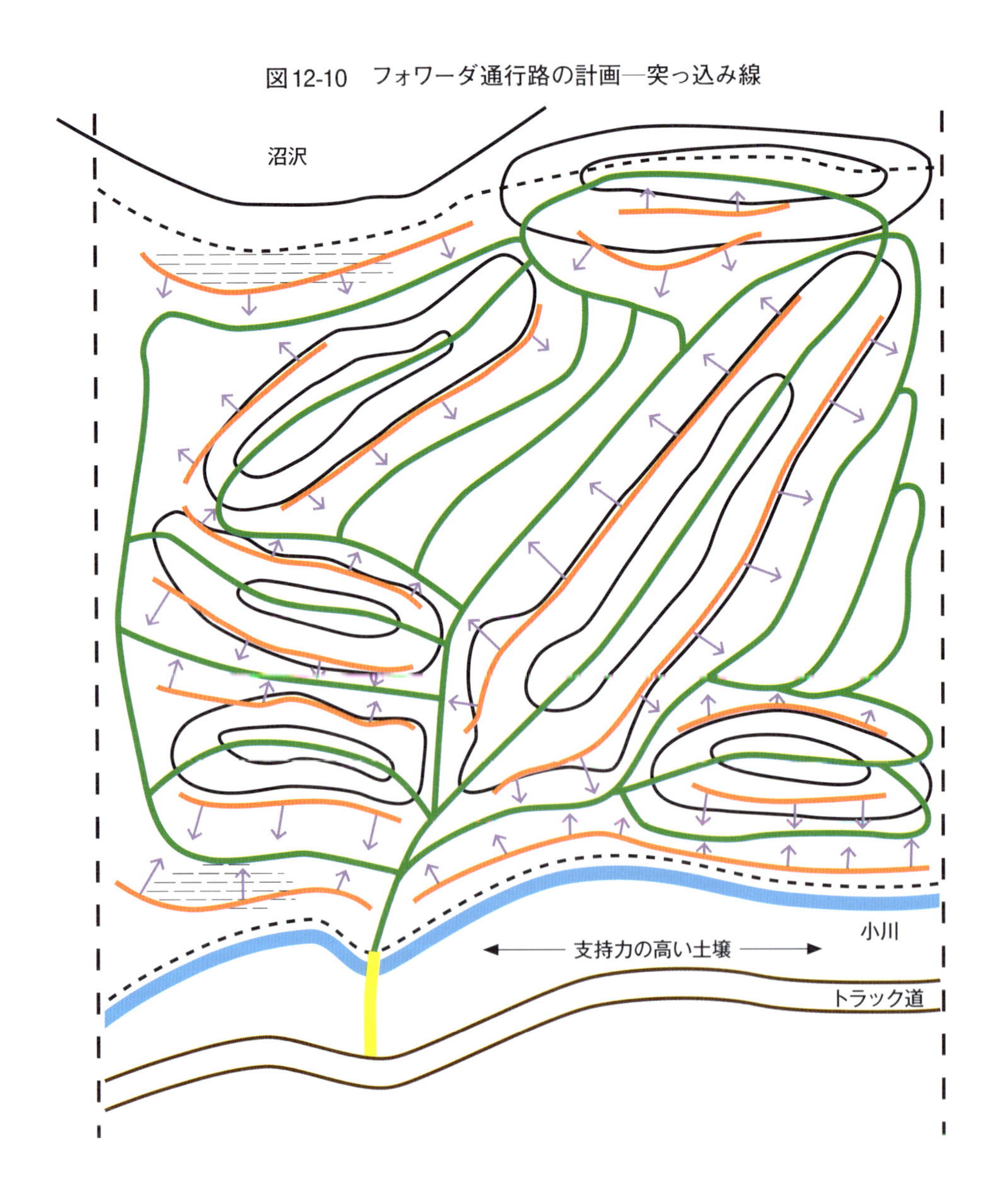

ます。

- 体系的な方法を崩さずに搬出作業を行うのがずっと容易になります。

これらすべての要素によって、フォワーダはより早く荷を積み込むことができます。

基準が異なればシステムも変わる

伐採作業を計画し、実行する際に適用すべき最適なシステムは土壌の支持力に左右され、そのため以下を含む様々な基準に影響を受けます。

支持力の変化に富む現場では、以下の方法を採用すべきでしょう（**図12-11**）。フォワーダの搬出作業は、常に空荷の状態で、最も支持力の低い箇

図12-11　土壌の支持力に合わせたフォワーダ積載荷重

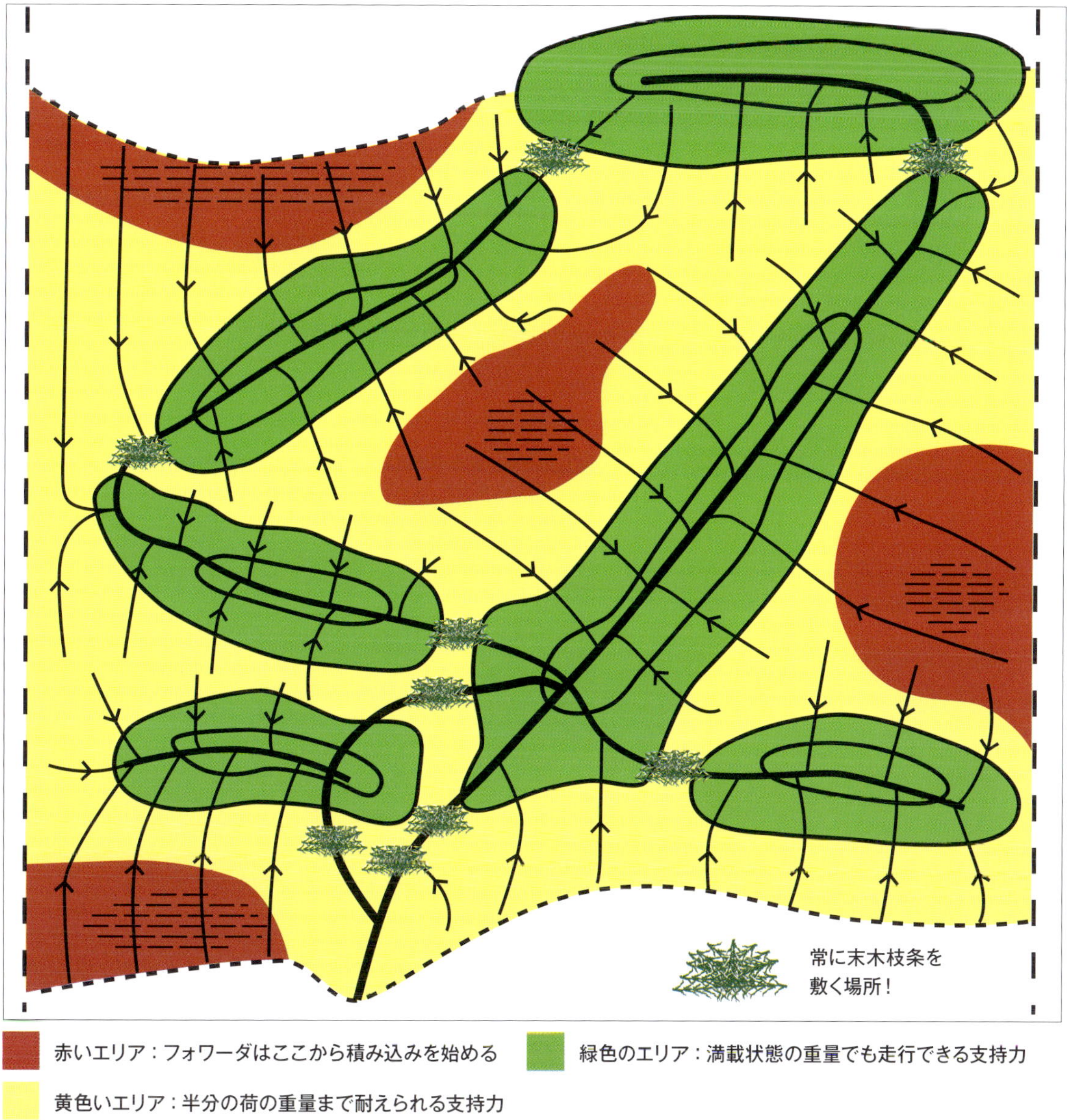

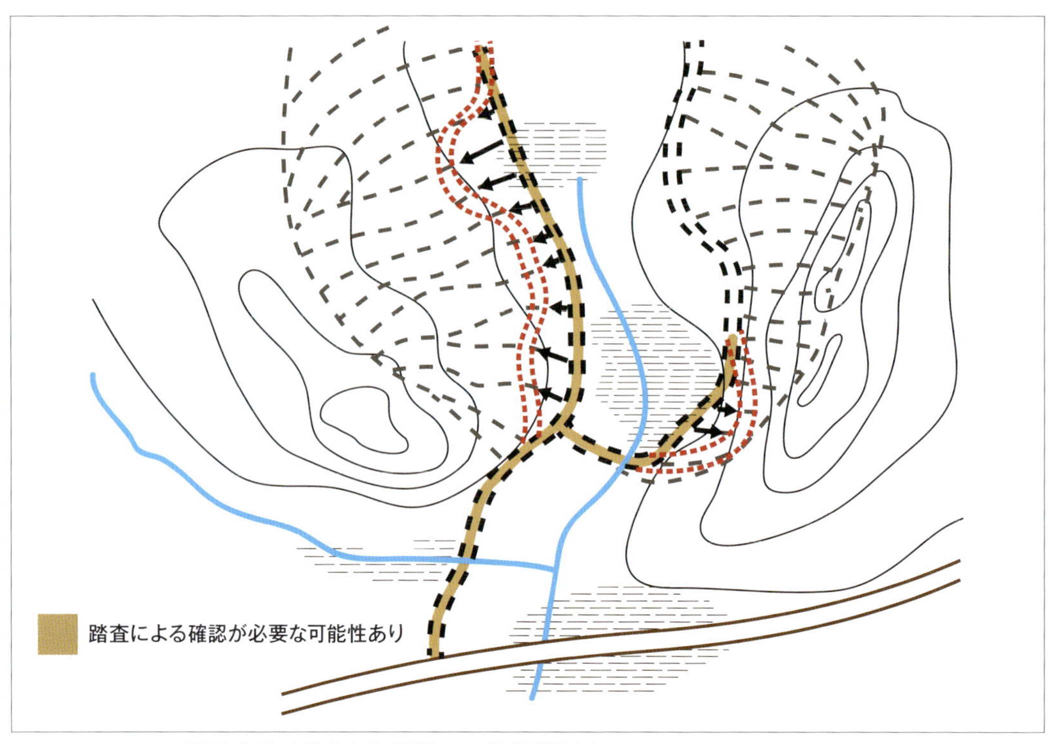

図 12-12　路面凍結が発生した現場での作業計画案
本図は、完全な路面凍結が起こっている現場での作業における、論理的方法を表している。その他の季節では、土壌と水系に損傷を起こしてしまう。代替案として、支持力がより高い赤色の破線に沿って路網を掘削する計画を立てることが考えられる。

写真 12-6　掘削により幹線路をより支持力の高い地面に移動させ、地表と地下水の間隔を広げることができる。

写真12-7　突っ込み線―レストラン方式の変形
写真ではレストラン方式の変形が用いられている。赤いドットのラインで示される道は突っ込み線である。加えて、ハーベスタのオペレータが魚骨路の片勾配を軽減するために列状に枝葉（赤い矢印）を敷いていることに留意。

所から始めるべきです。そして荷が増える（荷重が高まる）につれ、フォワーダは支持力の高いエリアを走行します。必要に応じて、周囲を適切に刈り払いしなければなりません。土壌への損傷を極力抑えるとともに、費用対効果を最大まで高めなければなりません。

一方そのためには、ハーベスタのオペレータによる良好な計画と、合理的で的確な作業が前もって行われている必要があります。

本章の冒頭では、アイヴァーサムセット教授（1918～2015）から画像を提供いただきました。サムセット教授は林学、なかでも計画分野に関して多大な貢献をされました。氏は甚大な理論的知識と確固たる実務経験をお持ちで、「仕事の経験という磨きをかけても光らないような理論上の知識は、全く使い物にならない」とおっしゃっていました。

氏にならい、われわれも現場で実践しましょう！

第13章

最適採材のための規格、品質のルール

木材の価値を最大化する採材は、ハーベスタオペレータの重要な仕事です。本章では、スウェーデンにおける丸太の計測規則と計測方法、価格を左右する材の品質の見方、最適採材のためのデータ処理、情報共有方法などを説明します。

なお、本章の後半では製材用材(sawlog)とパルプ材の計測規則について解説していますが、ここで言う製材用材は、日本のA材とB材をまとめたものを指しています(A材やB材という区分は、少なくともスウェーデンにはありません)。本書における「製材用材」と日本のA材が同義でない点に注意してください。また、伐採木の梢端部や枝葉の木質バイオマス利用については、第20章以降に記述しています。

訳注:日本では、丸太(素材)については、日本農林規格(JAS)で詳しく定められています。本章で記述される規格はスウェーデンでの法令・規格に基づいていますので、その点をご留意ください。

日本農林規格
最終確認:平成24年3月28日農林水産省告示第1037号
(適用の範囲)
第1条 この規格は、次の各号に掲げるものを除き、建築その他一般の用に供される素材(丸太及びそま角をいう。以下同じ。)及び電柱の用に供される丸太に適用する。
(1)銘木類
(2)形状が不定な素材で利用価値が極めて低いもの
(3)腐れその他の欠点により利用できない部分がその材積の50パーセント以上を占めるもの

原木の計測規則に関する基礎知識

伐採班における作業とは本来、立木を伐採し、林道まで丸太を搬出し、複数の種類の材に対して、1つの仕分け材につき1つの椪を集積するまでの工程で構成されています。これに関係して、計測規則とは、上記作業の中の特定部分に対して用いられるべき方法を規定したものです。そのため顧客には、オペレータが伐採・選別・椪積みを的確に行うためのルールの大部分に精通していることを要求する権利があります。

原木の計測―規則の概要

丸太を計測・報告することに関しては、厳格な枠組みがあります。この枠組みの構成要素について、以下に概略を示します。

訳注：以下はスウェーデンに関する記述です。日本については、前述した訳注の通り、日本農林規格で定められています。

計測は法によって規制されている

針葉樹の製材用材やパルプ材を含む原木は、素材としての価格決定を行う基礎とするために計測されるのが一般的です。スウェーデンでは、スウェーデン森林管理局の規制に基づいて行われます。そのような規制は、現在の原木の計測に関する法令の基礎となっています。最初のスウェーデン木材計測法は、1935年に施行されました。

製品としての丸太の価格を決定する基礎となる計測は、こうしてスウェーデンの法令によって規制されています。原木の計測に関する現行の法令は、1967年9月1日から有効となっています。

スウェーデン森林管理局は通達を発行し、計測活動を監督する

針葉樹の製材用材やパルプ材の価格を決定するために行われる計測に関するスウェーデンの法令によれば、原木はスウェーデン森林管理局が推奨する方法で計測されるのが一般的です。そのため、森林管理局は、原木の計測ならびに計測作業の管理に関する通達を発行するという重要な役割を担っています。直近に公表された通達はSKSFS1999(改正SKSFS 2001:1)です。

また、スウェーデン森林管理局には、実際の計測が通達に沿って行われているかを確認する義務があります。この精査は針葉樹の製材用材やパルプ材のすべての計測に及び、同様に計測協会(以下参照)やその他の団体で行われている計測活動が含まれています。

ほとんどの計測作業は計測協会によって実施されている

林業業界で生産されるほとんどすべての木材は、独立した計測協会によって計測されています。現在では3つの協会、VMF南部、VMF Qbera、VMF北部があり、いずれも非営利団体です。

これらの協会は計測に関する法令と、業界が法令に準拠しているかをチェックしています。また、協会は必要なトレーニングを主催するほか、原木の売買や、計測作業に影響する他の種類の情報の取り扱いをサポートする取り組みの開発にも参画しています。

さらには、在庫表の管理の請け負い、椪の検査、委託研究、原木の計測・処理に関するトレーニングの実施、原木の品質に関する問い合わせ対応も担っています。加えて、スウェーデンの林業分野のIT企業であるSDCとの提携により、林業専用のITシステムVIOLを用いた情報の取り扱いと情報提供も急速に進めています(SDCとVIOLは次頁参照)。

管理と団体

木材の計測団体は本来的に、木材計測法を遵守するとともに、木材の計測に関する枠組みの設計・監視という観点で政府が林業界へ委任しているミッションの実行のために組織されています。3つの計測協会の理事の半数は生産者が、もう半数は原木の購入者が務めています。その目的は、公平かつ独立した第三者機関として活動することです。

VMK(計測管理)とVMU(計測開発)

VMK(計測管理)とVMU(計測開発)はスウェーデンの林業界全体のために独立して活動するSDCの2部門です。これらは、以前のVMR(計測諮問団体)の後継です。VMKは3つの計測協会の活動を調整し、計測活動自体の追跡と管理、実

施されたすべての計測の報告を行っています。VMKが取り扱う原木の材積は、年間で樹皮を除いた立米換算で年間1億㎥近くになります。VMKはまた、より重要度の高い仕分け材に関する計測規則について開発を行っています。**VMK部門**は本来、計測企業に対して計測団体としての許認可証明を発行するとともに、計測活動が国内で一様に行われているかを確認することを主な事業としています。その権限は、計測協会を上回るものです。その主な目的の1つは原木が全国的に同一の方法で計測されていることを確認することですが、これは必ずしも可能ではなく、そのためこの取り組みの例外が生じる場合もあります。

他方、**VMU**は計測調査ならびに計測に関する重要な活動を標準化するための国内外の活動に参画しています。

VMKおよびVMUは、国内にある3つの公平な計測協会にとっての調整機関として、連帯して活動しています。

RMR（木材計測・報告協議会）

RMR（木材計測・報告協議会）は、SDCの理事会へ報告する3つある諮問グループのうちの1つです。他の2つは、ロジスティクスとITが関係しています。

RMRの主な目的は、国家規模における計測・報告に関する方法や指示内容、ITシステムの管理について開発・標準化・指導を行うことです。この諮問グループの目的は、SDCの理事会で関連する問題として検討すべき内容を報告書として作成することであり、時にはメンバーの専門分野の範囲内において意思決定までを行います。

SDC—林業界のIT企業

SDCは、計測結果を処理・報告する団体で、木製品（丸太、チップ、鋸びきの半製品、パルプ、木質バイオ燃料）の改良、もしくは取り扱いを行う経済団体です。この団体の目的は、原木や関連活動に関するデータ処理を通じて、会員の利益の増進を図ることです。この団体の会員には、すべての大規模森林所有団体と、林業会社が名を連ねています。

SDC—情報拠点

SDCは林業界のIT企業であり、丸太の生産・保管場所の変更・計測や輸送、バイオ燃料ビジネスに関する情報の中心地です。

SDCは木製品の価格決定のガイドラインを発行している

スウェーデンにおける大半の木製品の統計は、SDC事業協会から発行されています。SDCは丸太の価格決定に関する統計を作成するとともに、国内で取り引きされた木材製品やバイオ燃料の量・等級・価値に関するデータの収集・管理・配信を行っています。

目下の関心とデータ品質

林業界と工業地（需要先。訳注：製材工場等が集積するエリア、原木の出荷先、消費地）の間の情報の流れに関する重要性と、生データとその品質に対する需要はますます高まっています。SDCは、顧客に対して最高・最適・最も効率的な情報を提供しています。処理されたデータはすぐに利用できるパッケージタイプで構成されることもあります。

一方、他の例では、顧客が持つITシステムに統合する形の特別仕様として、情報処理がなされる場合もあります。

木材製品の情報処理システム—VIOLシステム

木材製品の情報は現在、VIOLシステムと呼ばれる、全国共通のシステムによって処理されています。データが収集されると、確認すべきデータの大半は関連団体によって地域レベルで作業が行われるため、迅速かつ正確な報告がなされています。

木材製品の特別オーダー

特別オーダー(wood product order)とは、計測情報と特定の椪の丸太に関する報告を要求することです。このオーダーは書面、もしくはコンピュータを介して利用することができます。特別オーダーには、椪(と関係者全員)に関する情報やロット計測(丸太の材積)の情報、木材の価格決定の基礎となる「計測明細書」を作成する会計システムの情報など、必要なものはすべて含まれています。特別オーダーには、椪の輸送を調整する仕組みである輸送オーダーも含まれています。

計測明細書

計測明細書は、椪の材積と丸太の価値に関する情報が記されています。

計画・監視・保管

VIOLシステムにある情報は、「原木の運営拠点」と呼ばれる様々な場所に置かれた原木の材積を計画・監視する目的で、林業・木材産業で利用されています。

計測規則の変更
—経過を追うのはオペレータの責務

計測規則は変更されることがあり、その度合いは様々です。これはつまり、様々な木材製品を生産・搬出するオペレータとしては、変更内容を認識し、学び、仕事に反映させることを怠ってはなりません。

計測規則は現行の条件に対応し続けられるように設計されるため、規則の変更は有益なものと捉えるべきでしょう。

オペレータは規則の変更に関して重要な役割を担っています。木材製品を生産または選別する際、実際の作業を行うのはオペレータであり、またその作業とは、原木の販売者が可能な限り高値で売れるように工夫すべきものです。そのようにして、木材産業(需要者)は現行の条件に適合した素材を受け取ることとなります。

計測規則の変更は、それぞれの計測協会のウェブサイトから閲覧することができます。VMF Qberaのサイトでは、B形式の回報で変更点を見ることができます。

計測規則—広範な専門知識の一部

木材製品を適切に生産するためには、養うべき能力や知識に関するポイントがいくつかあります。生産時に丸太の価値を最大化するのに必要な知識について、以下に簡潔にまとめます。

- 計測規則の理解
- コンピュータ処理による玉切りの最適化システムがどのように機能しているかを理解するのに十分な知識
- キーボード操作によってコンピュータの計算が大きく変化することに関する理解
- 選びうる選択肢によって、収益にも損失にもなるという結果の変動
- コンピュータが計算できない要素に関する知識

求められる総合的な知識に関して、本章を読んだ後に伐採班のメンバーや上司らと話し合いの機会を持つとよいでしょう！

訳注：本章で頻出する「受け取り拒否」や「除外」とは、伐採、椪積みされた丸太が需要先の求める規格に適合しないため、引き取り、または代金の支払いがなされないことを表しています。伐採作業が最終的にこのような結果とならないために、造材・選別・椪積みの正確性が、オペレータには要求され、とりわけ本章の内容は造材を担うハーベスタのオペレータの領域です。

計測規則に焦点を当てる

以下に計測規則について解説します。ここでの狙いは、写真と文章の組み合わせによって読者ができるだけ容易に計測規則について理解し、覚えられるようにすることです。ハーベスタのオペレータが効率的に作業するといった他の知識や見識は、ここでは取り上げません。

新旧の計測規則

VMRとの密接な協力関係によって、森林管理局は、スウェーデンの森林法(SKSFS 1991:1および改正SKST 2001:1)の関連条項に基づき、1999年に製材用材とパルプ材に関する規則(VMR 1:99)を発行しました。

木材市場の関係者はその後、新しいパルプ材の計測規則(VMR 1-06; 2006-08-01)、および類似した製材用材の計測規則(VMR 1-07)について同意しました。

VMF南部とVMF Qberaは2008年の1月1日付け、VMF北部は同年8月1日付けで該当地域で適用されました。

写真13-1　現行の計測規則では、死節や腐れ節等を、「その他の節」と称する。

簡素化されたVMR 1-07

VMF 1-07は、VMR 1-99の簡易版として記載されています。新しいルールでは計測を簡略化して実績を上げ、自動計測の基礎試料とすることが意図されています。

消えていく評価基準と確固たる定義

VMR 1-07が計測規則を簡略化することで、数多くの評価手法や関連した定義が消えてなくなることとなりました。ここで少しだけ触れておきましょう。ただ、そのような方法や定義は新しいシステムでは活用されなくなったため、詳細までは触れません。

いくつかのパラメーター(圧縮された材、樹脂の多い材、湿った材、芯割れ、成長によるねじれ)は、新しい計測規則では、もはや用いられることはありません。

オペレータは、枯れ枝、もしくは腐れのある枝がどのような外見かについて知る必要はなく、それらはまとめて「その他の節」と総称されます。ただし、オペレータにとって「生節」を目視で判別できる必要性は、変更前と変わりません。

計測の基本的定義

計測方法を理解するためには、使用される用語を理解しなければなりません。

必ず知っておかねばならないいくつかの専門用語について、以下に解説します。なお、以降の本文では、アカマツはPinus silvestris(ヨーロッパアカマツ)を、トウヒはPicea abies(ドイツトウヒ)を指します。

1.「その他の節」(写真13-1)

木材の欠点である、「死節」と「腐れ節」は現在、VMR 1-07において前項で触れた「その他の節」と総称されています。流れ節も、その大きさに一定の限界があるものの(最低区分を除けば)、

写真13-2　アニリン材（色の付いた材）。
十中八九、アニリン材の隣に腐れがある。アニリン材の内側の箇所は淡色の腐れと通称する。

同じく「その他の節」に区分けされます。

2．アニリン材（色の付いた材）（写真13-2）

成長初期段階の根腐れ（主に生きたトウヒがかかる）。この段階に菌が侵入した立木は、新鮮なものと堅さ・強度は変わりません。アニリン材は灰紫色になることがあり、通常アニリン材の隣に淡色の腐れが見られます。

アニリン材が製材用材の中で見つかると、腐れの入った立木と同等に扱われます。

アニリン材と淡色の腐れはパルプ材では許容範囲内であるため、問題とされることはないでしょう。

3．年輪の数

製材用材の木口を放射状に見た時に、平均値以下となる年輪の数、つまり最も年輪が少ない箇所における年輪の数。年輪の幅は、根張りや枝によって影響を受けることは決してありません。

検査する箇所の年輪の数は、丸太の品質評価における基礎的なパラメータとなります。

4．伐採に伴う丸太の損傷

伐採作業中に発生した丸太の損傷。現在のところ、スタッドダメージと伐倒割れ、造材割れのみが該当します（訳注：割れに関しては下巻第14章「伐採時の割れ」の項参照）。

5．入り皮（写真13-3）

幹の中で損傷を受けた部分や流れ節などにおいて、樹木の肥大成長に伴って部分的もしくは完全に樹皮で覆われた部分。

6．樹皮でくるまれた節

幹の中でできた樹皮によって完全もしくは部分的に囲まれた節（**写真13-3**）。

7．樹皮の損傷

樹皮の付いた丸太を取り扱っている最中に、樹皮がはがれてその中の幹部がむきだしになったもの。

8．丸太の中で評価する箇所

丸太の性質（「品質」）を評価するための、半径方向（丸太の長さ方向と垂直）の長さ、もしくは丸太の両方の木口（丸太の側面）。

以下の文章は、VMR 1-07の見出し「品質の判定」を大まかにまとめたものです：

原木品質の判定は丸太の側面、つまり両木口に基づいて行うべきです。コンベヤーに乗っていて丸太の位置を動かすことができない場合は、丸太の品質の判定は目視できる部分に限定することができます。

9．焼け跡（写真13-4）

幹の成長によって部分的、もしくは完全にふさがる表面の損傷。焼け跡は火が立木に触れるか、付近で燃えることによって生じます。焼け跡（または成長してふさがった跡）は通常、地表近くにあります。立木同士が寄り集まって成長することを理解していれば、焼け跡はすべて同じ方向に面していることを見ることができるでしょう。立木に焼け跡を発見した場合は通常、以前にあった森林火災の跡地から炭化した切り株も見つけることができるでしょう（**写真13-5**）。

この種の損傷が立木1本だけに対して起こるようなケースはめったにないため、立木に焼け跡のあるエリアはすべて切り離して、そこから生産される木材はすべて特別な椪として選別すべきです（**写真13-6**）。

焼け跡には、すすが含まれています。焼け跡のある丸太は、製材用材かパルプ材かにかかわらず、工業地へ輸送することはできません。

火災による損傷を受けた立木から出た丸太の供給は、丸太を受け取る工業地にとって生産活動の妨害と見なされます。

写真13-3　流れ節の縁に入り皮がある。

写真13-4　焼け跡

写真13-5　炭化した切り株

写真13-6　焼け跡は、地衣類が成長している土壌で生育している立木に見られることがある。何本かの立木に見られる損傷は同じ方向を向いており、その範囲に炭化した切り株が見つかることもある。成長して完全にふさがった焼け跡は、判別が難しい。

写真13-7　写真の焼け跡は成長に伴って、ほぼ完全にふさがっている。

10. 弓長径（図13-1）

幹の両木口を結んだ直線と、丸太のセンターライン（曲がり材であれば曲線）の間で最も幅が広くなる箇所の長さ。弓長径は、椪の中で計測（測定）される標準的な材長の丸太でのみ判定されます。

新しい計測規則では、弓長径の概念は「収量の損失」に置き換わっています。

図13-1

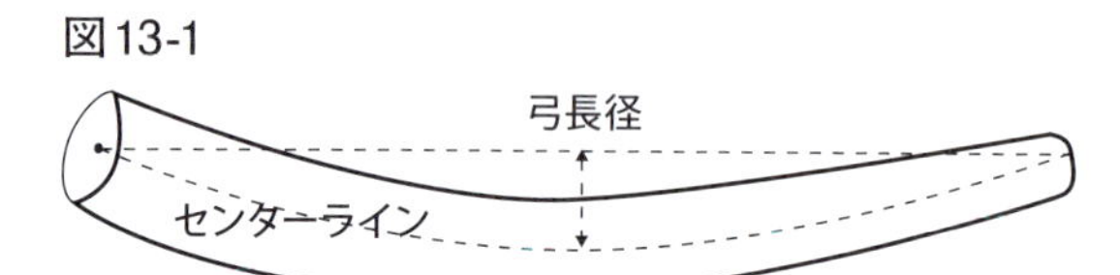

11. 半円柱（図13-2）

収量の損失を判定する際、加工円柱を2つの半円柱に割って、各々について収量の損失分を計算します。

図13-2　丸太における半円柱の模式図

12. 直径の減損

製材用材について損傷部分を補正するため、計測した直径から差し引くこと。これはアカマツ材（他の樹種にはない）のうち、カルスや樹皮でくるまれた傷跡や根鉢、スキッドダメージ、枝割れのほか、加工円柱に影響する鋸断部に対して適用されます。

13. スタッドダメージ（フィードローラーによる損傷）

ハーベスタヘッドが幹を送材するときに製材用材に与える損傷。送材ホイール（スタッド）が丸太に7㎜以上食い込むと、製材用材にスタッドダメージが付きます（計測ホイールでも同様のダメージが起こります）。詳細については後述する「アカマツとトウヒの、伐採に伴う損傷」の項（328頁）を参照ください。

14. 複芯

クローズドフォーク（**図13-5**）のある丸太で見られる2つの芯。製材用材では全体に樹皮が広がっている場合、その丸太は除外されます。ただし、木口の外周が完全な状態であれば受け入れられます（欠陥は許容されます）。条件を満たした複芯はどの樹種でも許容されます。後述する「完全な状態にある複芯の丸太はアカマツ・トウヒともに受け入れられる」の項（314頁）も参照ください。

15. 材積パーセント

椪全体の容積に対する丸太の全材積（樹皮込み、もしくは含めず）の割合を％で表したもの。

16. 虫害

昆虫、またはうじ虫、幼虫によってつくられた丸太の穴は、製材用材として受け入れられません。

17. 切断面が平らな製材用材

丸太の木口に凹凸がないか、ツルもしくは高さが揃っていない他の部分の高さが木口より10㎝以内である場合、丸太は平らとされます（**写真13-8**）。計測は、丸太の長軸（長さ方向）に沿って行われます。例えば、ハーベスタで伐倒された大径木の元口に、いくつかの鋸断面がある場合、幹から最も離れた（出っ張った）面の高さが計測されます（複数方向から鋸断面をつくって伐倒する方法を用いた場合）。ツルや、高さの揃っていない部分が10㎝以上の高さにある場合、丸太は除外されます。

チェーンソーで伐倒された立木から玉切られた丸太のうち、元玉の元口には受け口の斜め切りの跡が残りますが、通常は直径の半分を超えることはありえません（**写真13-10**）。

写真13-8　片側から1回ずつ切って倒された幹。2つの鋸断面にズレがあるからといって、丸太が除外されるわけではない。

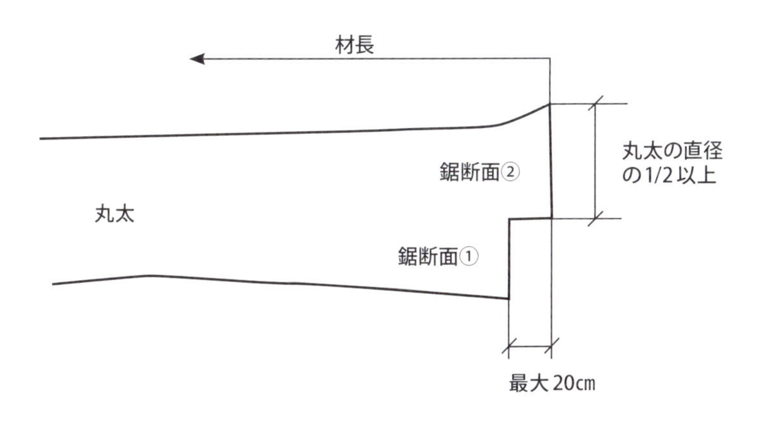

図13-3　高さ方向のズレが20cmまで許容される場合
片側から1回ずつ切って倒された幹の図。鋸断面②が①と等しいか大きい場合、高さ方向のズレは20cmまで許容される。ここでは、丸太の木口につき20cmのズレまで許容されることを意味しており、丸太の材長は、図で示すように（鋸断面②から）計測される。

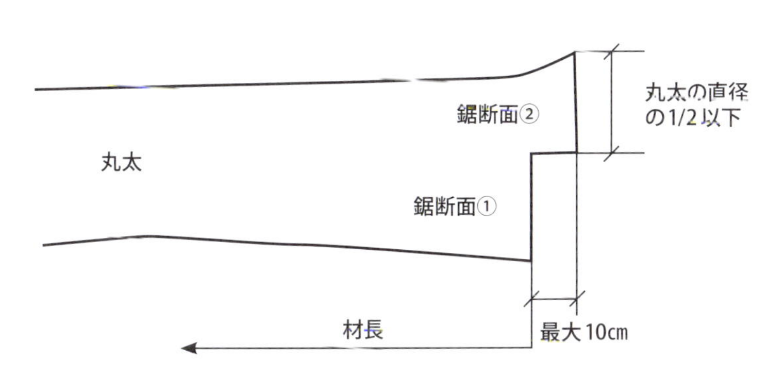

図13-4　高さ方向のズレが10cmまで許容される場合
片側から1回ずつ切って倒された幹の図。鋸断面②が①よりも小さい場合、認められる高さのズレは10cmまでとなる。丸太の材長は、図で示すように（鋸断面①から）計測される。

写真13-9　切り株側の外周の木繊維が折れずにそのまま引きちぎられた状態で元玉に残っている。計測規則では、高さ等すべての計測値が規準以上の場合、この丸太は除外される。一方、1つでも基準値以下であれば丸太の価値に影響は及ばない。

写真13-10　斜め切りでたっぷりと削っているが、丸太の価値には影響しない（直径の半分までは達していないため）。

18. 二股

二股（フォーク）とは幹が割れていることで、芯が共有された部分として定義されます。２本の幹（主幹と副幹）では、幹の直径が異なることがあります。共有された芯がある丸太を計測時に判定する場合、副幹の直径は主幹の1/3以上あるものとし（**図13-5、13-6**）、それよりも細い場合は枝と見なされます。

クローズドフォーク（図13-5）

主幹と副幹が固有の芯を持っている丸太において、お互いにごく接近している部分のことで、間に隙間がないもの。クローズフォークはパルプ材として受け取り可となっています。

図13-5　クローズドフォーク

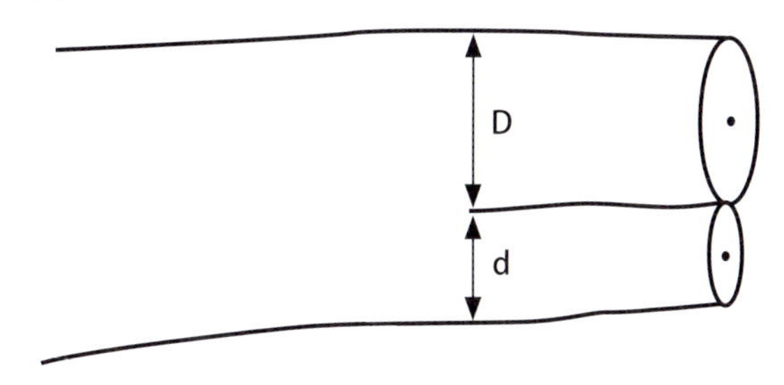

オープンフォーク（図13-6）

幹が主幹と副幹（１本もしくは数本）に割れていて、その間が開いているためＹ字型になっている部分。オープンフォークは、条件を満たせばパルプ材として許容されます。

図13-6　オープンフォーク

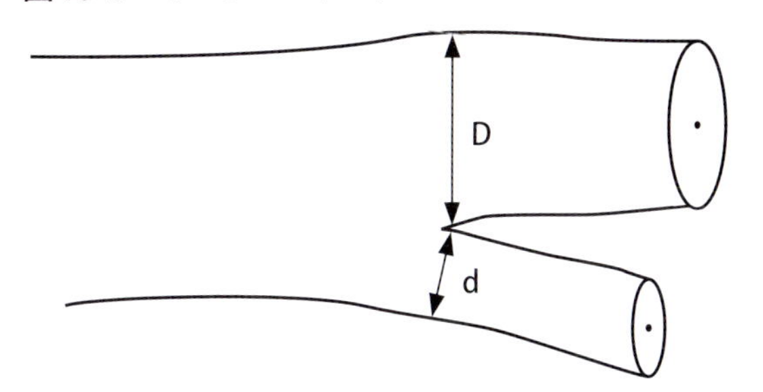

19. クロスキャリパー（図13-7）

直交する二直線による直径の計測。

図13-7　クロスキャリパー

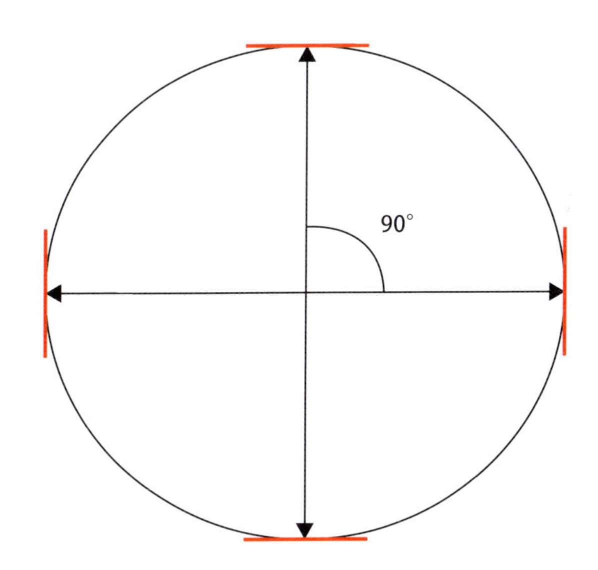

20. 曲がり

丸太の両木口の中心をつないだ直線と、丸太のセンターラインの差。

21. 品質

特定の造材方法もしくは用途における木材の適正性。

22. 枝の直径の計測方法

節の計測は、その直径が最も大きくなる向きで行うべきです。

樹皮でくるまれた傷跡（例：流れ節）に関して、成長に伴って丸太に入り込んだ樹皮は節の一部と見なされます。したがって、内部にある樹皮は枝の直径に含まれます。

生節の直径は、節の最も外側にある色の濃い年輪で計測します（**写真13-11**）。

23. 節のふくらみ（バルジ）

内部の成長や節によってできた丸太の表面のふくらみ（バルジ）。この種のふくらみは、丸太の品質に関して重要な指標となります（**写真13-12、13-13**）。樹皮を除いた丸太表面の高さが５㎜以上ある場合、重要な数値となります（「バルジメーター」で計測する）。

節のふくらみは、クラス１に区分されるアカマツ材でのみ考慮に入れます。クラス１のアカマツ材では、最大で５カ所のバルジまで許容されます。

写真13-11　生節

写真13-12　計測可能な状態の節のふくらみ（バルジ）

写真13-13　計測の結果、写真の節のふくらみ（バルジ）は数に加えるものではないと判断される。

24. 黒色材（写真13-14）

古いトウヒの幹において、湿った土壌の上に置かれ、水に浸って暗色を呈したもの（炭化している場合もある）。変色は通常、元口に限定されます。材の評価では、黒色材は腐れと同等に扱われ、黒色材はパルプ材として受け取り可となっています。

写真13-14　黒色材

25. 保管に伴う腐れ（写真13-15、写真13-16）

腐れは、その原因によって保管に伴うものと、樹木の成長に伴うものに区分されます。「保管に伴う腐れ」は、伐採後に保管されていた丸太もしくは枯損木に起こります。保管に伴う腐れの初期形成段階では、分散したパッチ状もしくは辺材の縞模様が観察されます。保管に伴う腐れのある材は、製材用材としての受け取りは認められません。

写真13-15 立ち枯れのアカマツにある保管に伴う腐れ。

写真13-16 トウヒにおける保管に伴う腐れ。

26.「生きている」立木

養分が師管を通って、直径の半分および樹高の半分以上に供給されている場合、立木は「生きている」と見なされます。この条件は一般的に、幹が腐れや青変被害を受けていないことを意味します(**写真13-17**)。

製材用材やパルプ材は、生きている立木から生産した丸太のみから構成されます。

写真13-17　写真のトウヒの幹は、「生きている幹」の条件に該当しない。

27. カルス

成長によって部分的もしくは完全にふさがる表面の損傷(傷口にできる癒傷組織)。

樹皮でくるまれた傷跡

樹脂が豊富な丸太において、幹表面を覆った縞状の樹皮として観察されることがある、成長によってふさがれたカルス(**写真13-18、13-19**)。

写真13-18　樹皮でくるまれた傷跡

写真13-19　元口から観察できる、樹皮でくるまれた傷跡。合わせて、元口に腐れが入っていないか確認するべきである。

オープンカルス（写真13-20）

成長とともに完全にもしくは部分的に覆われたカルス。

28. 幹の表面

両木口を除いた材の表面（樹皮込み、もしくは含めず）。

29. 最大寸法

丸太の計測に関する計測規則で定められた、許容される最大の材長ならびに直径。

30. 最小寸法

許容される丸太の最小の材長ならびに直径。トウヒとアカマツでは、欠陥に伴って最大120cmまで減損した上で、両方の半丸太が最低の材長を満たしていなければなりません。

VMF Qberaの管轄では、小径木に関して60cmの減損が認められています。

アカマツに関しては、直径を差し引いた後（1cm）、最小許容径以上でなければならないと規則で決められています。

31. 根張り

幹とつながった側根のうち地上にある部分。

32. 根張りの計測

根張りおよびパルプ材表面にあるその他の「突起」の測定における定義。測定では、元玉の元口から50cm、その他の丸太の元口からは10cmを差し引きます。

写真13-20　オープンカルス

33．根鉢（写真13-21、13-22）

根鉢は幹につながっている。

34．生節（写真13-11、13-23）

生節とは、外側面において節と周囲の木質部が一体化した（つながった）もの。

ただし、生節であるためには木質部と完全に一体化している必要はありません（訳注：写真を参照。日本の通例とは定義が異なるかもしれません）。節と周囲の木質部が一体化しただけの死節もありえます。

写真13-21　アカマツの根鉢（よくある）。

写真13-22　アカマツの根鉢（あまりない）。

写真13-23　生節。写真の例では、幹の表面と一体化した死節が一部ある。節の中でマーキングされた部分が、周囲の木質部と一体化している。

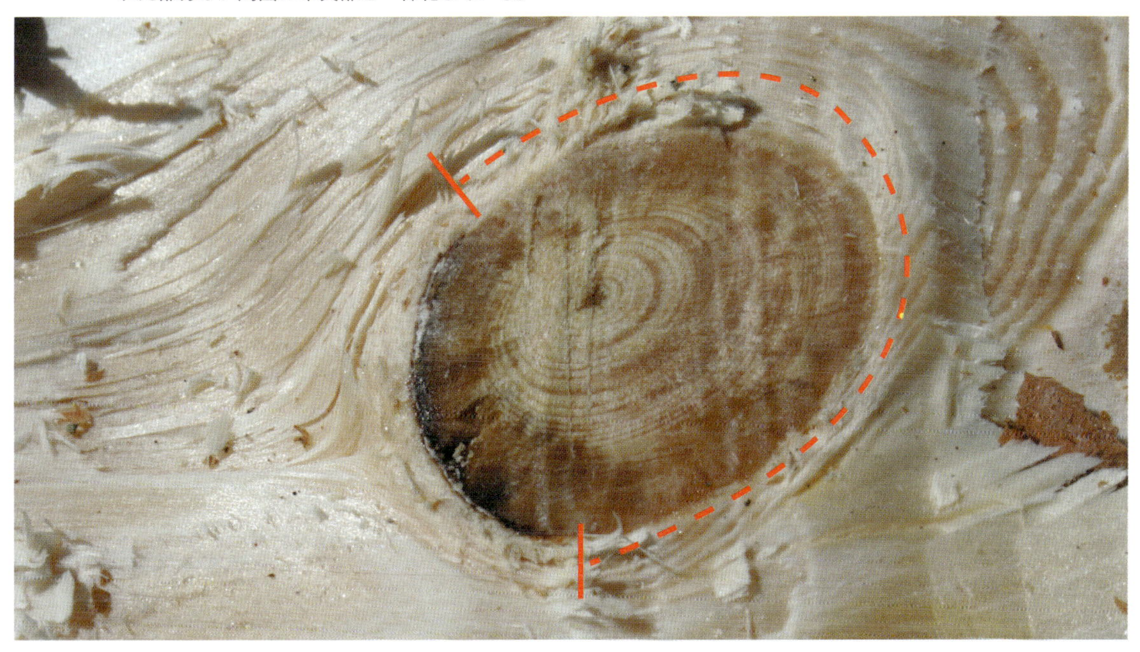

35. 腐れ

菌類やその他の微生物の作用によって組織が破壊された木材。

36. スキッドダメージ

幹の表面をローラー、もしくは類似の機械部品がなぞったことで生じる損傷。

写真13-24　スキッドダメージ

37. 立木の腐れ

生育している立木に見られる腐れ。立木の腐れには、木部組織の強度がある程度高いままの腐れと、強度が落ちて柔らかくなった腐れの両方が見られます。芯腐れによる空洞は、柔らかい腐れに含まれます。立木の腐れには淡い色（**写真13-25**）と濃い色（**写真13-26**）のいずれかに分けられ、製材用材・パルプ材において、わずかであれば受け入れられます。

濃い色の立木の腐れおよび空洞（**写真13-27**）はパルプ材で受け入れ可能ですが、その許容量は伐採された仕分け材の種類によって異なります。

淡色の立木の腐れはパルプ材で可、製材用材で不可とされます。

写真13-25　淡色の立木の腐れ。この程度であれば、トウヒのパルプ材（と針葉樹パルプ材）として何本でも受け入れ可能である。

写真13-26　濃い色の立木の腐れ。

写真13-27　芯腐れによる空洞は、柔らかい腐れの1形態。

38. 仕分け材

特定のクラス・用途に関する水準・要件を満たしている木材の集合。

39. 裂け (写真13-28)

裂けとは、丸太の木口に発生し、木口の端から端まで広がる5㎜以上の「伐採時の割れ」を指します。加工円柱の1/5よりも深い裂けがある丸太は受け取り拒否されます。裂けが見つかった丸太は、オープンカルスと同等の扱いとなります。

写真13-28 加工円柱に影響しない裂けであれば、丸太の価値を落とすことはない。

40．割れ

丸太の木口におけるかなり長い繊維の断裂。

伐採時の割れ

伐採作業中に発生する割れ。伐採時の割れには、伐倒割れと造材割れの2種類があります。伐倒割れは立木の伐倒時に、他方は造材時に起こります。詳細については、前述した「4．伐採に伴う丸太の損傷」の項(281頁)、下巻第14章「伐採時の割れ」の項(34頁)を参照ください。

芯割れ（写真13-29）

生育している立木の芯に起こる割れ。芯割れは高齢級のアカマツに見られ、製材用材としての受け入れは可能です。

写真13-29　芯割れは製材用材として受け取り可能となっている。

目まわり

年輪に沿って生じる割れ。製材用材としての受け入れは不可です。

成長に伴う目まわり（写真13-30）

細い年輪と大きな年輪の間に生じることがあり、製材用材としては認められません。

写真13-30　成長に伴う目まわりが見られる材は、製材用材としての受け取りは認められない。

41．木材に入り込んだ岩屑（がんせつ）（写真13-31）

岩屑が生きている立木の中に見つかることがあり、大抵は道路建設におけるダイナマイトの使用に由来します。ハーベスタのオペレータは、林道や古い砂利採取場のそばで作業を行う際には、このことを必ず考慮に入れなければなりません。

丸太に入り込んだ岩屑は、どんな条件でも受け入れ不可となります。道路資材の廃棄物混入のおそれのある幹を採材することは、(不純物の含まれない) 丸太の使用を前提としている工業地にとって、生産活動の妨害と見なされます。

写真13-31　ハーベスタのオペレータが、立木の幹に岩屑が混じっていると思ったら、燃料材としてすら使用することはできない。その場合は、ハイスタンプをつくる選択肢がある。古くにつくられた林道の林縁木には注意したい。

42．流れ枝（写真13-32、13-33）

上方に鋭角に突き出た枝の基部で、しばしば樹皮でくるまれている節。材の表面において、はっきりとした楕円形を呈しています。通常、流れ枝の節は、（垂直方向の）長さが幅の２倍となります。

43．標準材長

バラツキがなく、合意の得られた丸太の長さ（例：パルプ用の３ｍ材）。

写真13-32　トウヒの流れ枝

写真13-33　アカマツの流れ枝

44. 青変材（写真13-34）

丸太の木口から50㎜以上の深さ、もしくは、丸太の表面から5㎜以上の深さに達している青変（ブルーステイン）。青変被害が上述の深さまで達していない場合は、受け入れ可能と見なされます。ただし、製材用材における青変材は、アカマツでもトウヒでも「最低クラス」でのみ受け入れられます。また、青変材は、パルプ材としても受け入れ可能ですが、トウヒのパルプ材における樹皮の剥皮のしやすさなど、その他の品質基準があることにも留意しましょう。

写真13-34　青変材

45. 丸太の径級（末口側を測る）

丸太の末口から10㎝内側の直径を計測します。

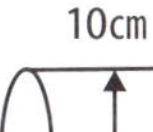

図13-8

46. 材長

丸太の両木口の中心をつないだ最短の直線距離。つまり、曲がりの強い丸太であっても、その材長は両木口の中心をつないだ直線として計測されます。

47. 丸太の種類

立木の幹は、次のように区分されます。

元玉（一番玉）

（伐倒した立木の）幹の元口を含んだ丸太。元玉と他の丸太は通常、丸太の形状や樹皮の種類、根張りや根鉢の有無によって判別することができます。他の丸太と混同されない程度に、元口から短い部分を切り落とすことがあります。ただし、必要以上に長く落とすべきではありません。

ミドルログ

元玉とトップログの中間にある幹の部分から採った丸太。

トップログ

（伐倒した立木の）幹の末口を含んだ丸太。

48. 半丸太（図13-9）

中心に沿って長軸方向に2等分した丸太の半分。

図13-9

49. 加工円柱（図13-10）

樹皮を除いた末口径から15㎜を引いた、末口径を基準とした直円筒。直径が㎝単位で計測される場合（最低クラス）、加工円柱は樹皮を除いた末口径から１㎝を引いた直径が基本となります（末口径は、末口から10㎝内側で計測された直径）。

図13-10

＊ ub＝樹皮を除く

50. パインコンク (Phellinus pini)

アカマツの心材で見られる腐れの一種。幹の外側にサルノコシカケ(コンク)の形態の担胞子体が見られることもあるほか、枯れ枝によってできた穴にできる場合もあります。腐れは丸太の木口にはほとんど見られないものの、幹の内部ではかなりの腐れが生じていることもあります(**写真13-35 ～ 13-38**参照)。

写真13-37　枯れ枝の周囲の幹を切り落としたところ。パインコンクは、こうした開口部から立木へ侵入する。

写真13-35　枝が枯れてできた穴にパインコンクがコロニーを形成し、立木を侵した状態。

写真13-38　幹から玉切られた4m材。この木口では、一般的な症状よりもずっと広範囲に、パインコンクが侵入している。

写真13-36　パインコンクにかかった丸太の木口の典型的症状。写真では、おそらく木口全体の5%以内に留まっている。パインコンクにかかった材は、製材用材としての受け取りは認められないことに留意すること。

51. 許容範囲（許容エラー）

必要な行動を取らずに受け入れられた材の欠点のことで、（伐採・選別作業で）考慮されなかった欠点と言い換えられるもの。丸太の材積や品質は減損されないため、丸太の価値に影響するものではありません。つまり、この範囲内の欠点・欠陥は受け入れられます。

52. 末口径（丸太の径級も併せて参照のこと）

末口径の計測の仕方は、製材所ごとに異なっています。ある大型の製材所では３次元フレームを使って丸太を計測し、その直径は十字目盛りで測った直径と同等と言うことができます。

他の製材所では、「丸太が差し込まれる通りに」計測しており、これはつまり十字目盛りの計測とは異なることを意味しています。

53. 強い屈曲

丸太に起こりうる曲がりの１種に、「膝（knee）」とも呼ばれる強い屈曲があります。これは、不規則な方向に出た芽や末口の折れによって起こることがあります。この曲がりは、丸太の表面には通常表れない流れ節に関連している場合もあります。

54. 引き抜け（写真13-39）

引き抜けとは、玉切り時に木口から材の一部が抜けてできた穴（凹部）を指します。丸太の木口から20cm以内の深さであれば、受け入れ可能です。ただし、それ以上となるか加工円柱に影響する場合、製材用材からは除外されます。

55. 曲がりによる収量の損失

曲がりが強すぎて完全な加工円柱を生産するこ

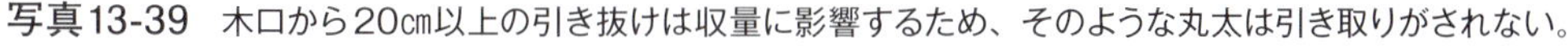

写真13-39　木口から20cm以上の引き抜けは収量に影響するため、そのような丸太は引き取りがされない。

写真13-40　強い屈曲が目視で確認できる。

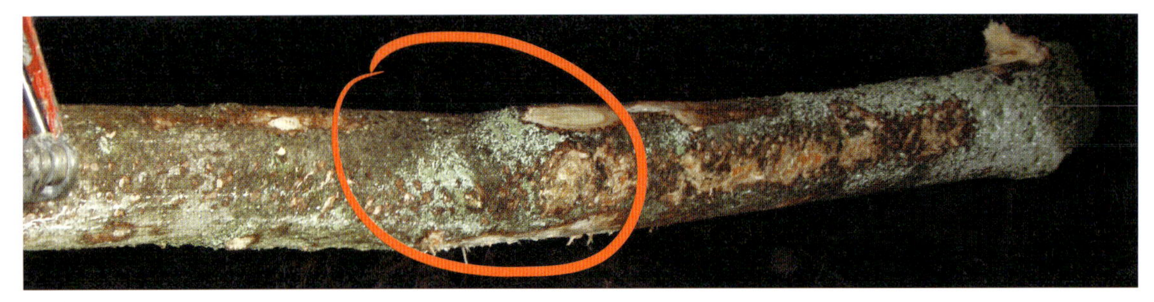

写真13-41　若干確認しづらいが、強い屈曲に区分される。

とができない幹（**写真13-40、13-41**）に対して、該当部分の材積を差し引くこと。この材積の減損を計算するには、加工円柱を2分割して、それぞれの半丸太を別々に評価します。全体の損失は、各々の半丸太における損失の合計となります。許容される全体の損失は、（1本の丸太につき）120cmが限度となります。片方の半丸太が加工円柱にすべて収まっていて、もう一方で加工円柱の外側に出た部分が50cmである場合、全体の損失は50cmとなります。

ある丸太において曲がりが強く、収量の損失（20cm以上）となる根拠が明らかな場合、その丸太は「最低クラス」として分類されます。このため、（計測記録上では）材積の訂正は記録されません。損失を最小化するために、加工円柱を移動することもあります。

56. 層積に対する材積パーセント

椪全体の容積（層積）に対する丸太の材積の割合をパーセントで表したもの。

57. 材積—m³ fub

「樹皮を除いた原木の立米材積」：樹皮を除いた1本の丸太の全体材積。

図13-11

58. 材積—m³ toub

「樹皮を除いた末口計測を基にした立米材積」：1本の丸太における、樹皮を除いた末口径と材長をベースとした円柱の材積。

図13-12

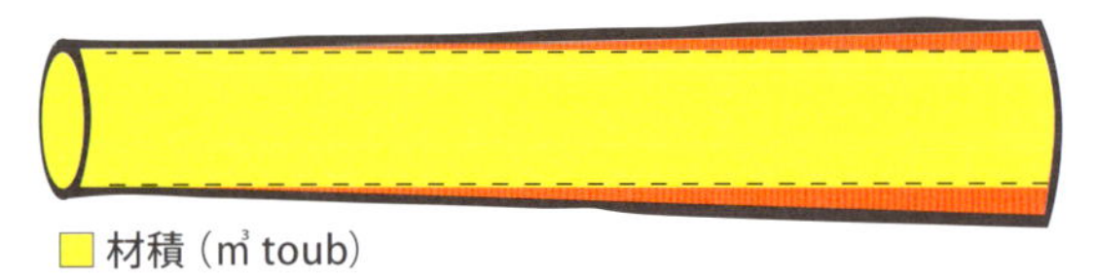

写真13-42　元口の収量損失（一般的）

写真13-43　末口の収量損失（一般的ではない）

59. つながった幹部

「つながった」幹は立木の地際から１ｍ以内にあるのがほとんどで、成長して立木となった細い幹のように見えます。つながった幹が主幹の1/3よりも細ければ枝と見なされ、原則として主幹の表面から切り離します。その作業を省いている丸太は除外されます。

60. 材積の減損

唯一許容される材積の減損とは、特定の欠陥のあるアカマツ材に適用される直径の減損で、１㎝単位で直径を減ずる方法で行われます。

61. 除外・受け取り拒否

仕分け材の品質基準に満たない丸太の受け取り拒否。除外とは、意図されるクラスの丸太としての価値よりも低いことを意味しています。そのような場合、除外された丸太の受け取りが需要側に認められたとしても、燃料材に劣る価値しかない製材規格材として判断されてしまうことさえ起こりえます。

また、材の欠陥が原因となって、工業地（製材工場）で製材した際に問題となるような場合、その丸太は除外されることがあります。

62. 表面の変色

前述「青変材」(301頁)の項を参照のこと。

63. 末口面

長さ方向と90°の向きで切断された、丸太の末口の表面。

アカマツとトウヒの両方に適用される計測規則

アカマツとトウヒでは計測のルールがある程度異なるものの、共通点もあります。アカマツまたはトウヒの製材用材に関するルールについて、以下の通り項を分けて解説します。

- 生きた幹部から採材されているべき
- チェーンソーで玉切られているべき
- 虫害があるべきではない
- 保管に伴う腐れがあるべきではない
- 幹部および樹皮に、炭やすす、礫、岩、金属、プラスチックが混入しているべきではない
- 15cm以上の幅の根張りが付いているべきではない
- 適度な通直性を備えているべき
- 材長・径級の条件に合致しているべき
- 幹割れや成長に伴う目まわりがあるべきではない
- 120mm以上の流れ枝による節があるべきではない
- 加工円柱の直径の1/5以上の深さのある特定の損傷がない
- 木口の腐れが５％以内(「根張り」を除く)と判断される

写真13-44　丸太はチェーンソーで玉切られなければならない。写真のように生産された製材用材は受け取り拒否となるが、パルプ材としては許容範囲内である。

生きた幹部から採材する

製材用材は必ず、生きた（枯れていない）幹部から採材されるものです。

チェーンソーで玉切られているべき

丸太はチェーンソー（ハーベスタを含む）で玉切られるべきです（**写真13-44**）。これは、木口の直径の80％以上がチェーンソーで鋸断されるべきことを意味しています。丸太に根張りが付いている場合、この割合（％）は丸太の木口から10cm先で計測されます。

虫害がある丸太

丸太は、虫害によって生じた穴があるべきではありません。もし見つかった場合、その丸太は除外されます。

保管に伴う腐れ

腐れには通常、樹木の成長によるもの、保管に伴うものの２種類に分類されます。製材用材には、保管に伴う腐れの痕跡があるべきではなく、もしあればその丸太は除外されます。

幹部および樹皮に、炭やすす、礫、岩、金属、プラスチックが混入した丸太

見出しに挙げられた物質は、幹部・樹皮にあってはなりません。この場合、礫は２㎜以上の粒径の鉱質土壌として定義されます。検知担当者が幹部や樹皮に上述の物質を発見した場合、計測作業自体が拒否されます（**写真13-45**）。

また、すべての丸太が計測され、検知担当者がコンベヤー上の丸太（の幹部や樹皮）に上述の物質の混入が見られたケースでは、全量が除外されます。

VMR 1-07では、椪は可能な限り異物の存在の確認を徹底するべきとされています。幹部に凍った鉱質土壌が付いている丸太は受け入れられず、見つかった場合は計測作業が拒否されます。

ある丸太が橋（丸太橋を含む）の材料として使用された形跡を検知担当者が認めた場合、（機械の通行によって）その丸太の樹皮か幹部に礫が押し込まれているものと推定されることもあります。そのような丸太が椪に含まれていると、計測作業が拒否されることもあります。計測中のコンベヤーでそのような丸太が見つかると、その丸太は除外

写真13-45　礫が丸太の表面に押し込まれているため、写真のような丸太は除外される。この丸太が椪の中で見つかれば、検知担当者は椪の全量を計測拒否することもある。

されます。

また、焼け跡にはすすが含まれていることがあります。製材用であれパルプ用であれ、焼け跡のある丸太は工業地では受け入れられません。

VMR 1-07によれば、沼地や泥炭から出た土ぼこり、つまり水分と混ざった腐植は問題を起こすように見えるものの、製材工程で（製材機に）特定の損傷を与えるものではないため受け入れ可能とされます。粉末もしくは水分との混合物とされる、細砂または微細な鉱物の混入があっても、受け入れ可能です。

混入（「丸太に付着した土ぼこり」）に関するルールが示唆する内容の1つに、ある丸太が橋の材料として用いられたか、機械のホイールが接触したか、鉱質土壌が他の何らかの方法で表面に押し込まれたかといった場合に対して、丸太の除外が適用されるという点があります。

15㎝以上の幅の根張りが付いている丸太

製材用材に付いた根張りに関するルールは、一見単純なように思えるかもしれませんが、実は厳格です。製材用材に15㎝以上の幅の根張りがあると、その丸太は除外されます。これは大抵、トウヒ材に起こります。

図13-13は、根張りの計測方法と許容範囲（ご覧の通り、それほど大きなものではありません！）を示したものです。

キャリパーは、丸太の長軸と平行の状態でなければならない点に注意しましょう。

適度な通直性が求められる

「最低クラス」よりも上のクラスに計測される丸太に関して、加工円柱に影響する曲がりがあってはなりません。このことはつまり、計測時に加工

図13-13　根張りの幅を確認するための方法

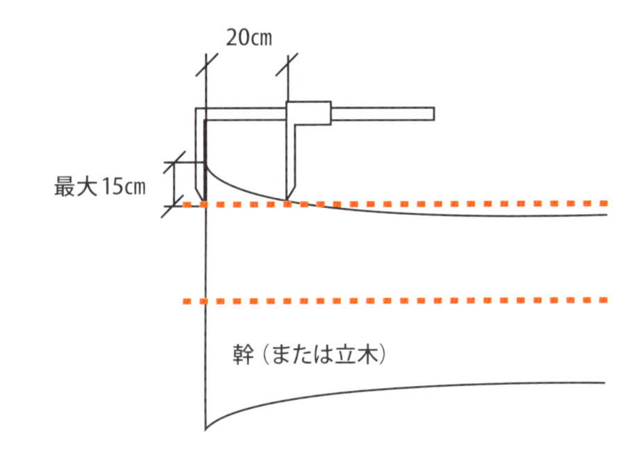

写真13-46　写真の破線で幹を切り直すか、さもなければ丸太が除外される可能性がある。もう1つの選択肢は、チェーンソーで幹に沿って（縦方向に）根張りを切り落とすことである。後者のほうがより材の価値を高める方法である。

円柱は丸太の表面からはみ出さずにその中に納まっていなければならないことを意味します。

ただしルール上、（1本の丸太につき）2つある半丸太のいずれか一方の片側と、加工円柱とのズレが20cm以内であれば、許容されます。この程度の曲がりであれば、「強い屈曲」とは見なされません。

「最低クラス」の製材用材では、加工円柱の一部が丸太の表面の外側にはみ出すほどに曲がっていても許容されます。収量の損失、つまり表面から出ている部分の加工円柱は最大で120cmとされています。それ以上となると、その丸太は除外されます。

材長・径級の条件に合致しているべき

製材用材は輸送規則で合意された寸法を満たしているべきです。輸送規則では、最大と最小の両方の寸法があります。丸太がこれに合わない場合は除外されます。「理論的に」収量が差し引かれた後であっても、製材用材はこの合意された最短の材長を満たさなければなりません。ルール上、計測時に理論的に最大120cmの減損を行うことがあり、これはすなわち最短の材長要件である340cmを満たすためには、丸太の実際の材長が460cmでなければならないことを意味しています。

なお、直径の減損によって材積が調整されたアカマツ材も同様に、要件とされる最小径を満たしていなければなりません。

幹割れや成長に伴う目まわりがあるべきではない

製材用材は、立木の生育に起因する、加工円柱に影響を及ぼす幹割れや目まわりがあってはなりません。他方、芯割れは受け入れられます。

伐採後の自然な乾燥によって製材用材に起こる割れは、乾燥割れと呼ばれます。割れはまた、オープンカルスにも発生しますが、それは受け入れられます。

120㎜以上の流れ枝による節がある丸太（写真13-47）

120㎜以上の直径を持つ流れ枝が付いた丸太は受け入れられません。

ただし、120㎜の流れ枝は、その位置が丸太の木口から20cm以内の場合は受け入れられます。

写真13-47 ハーベスタヘッドが通過した後の流れ枝。幹の表面において許容される最大の長さは、製材用材では120㎜である。

加工円柱の直径の1/5以上の深さの損傷

幹に付けられた特定の損傷は、加工円柱の1/5よりも深くない限りは、製材用材として認められます（**写真13-48**）。引き合いにされる損傷の種類としては、オープンカルス、スキッドダメージ、裂け、枝の引き抜け、その他です。

例えば、チェーンソーでの切り跡はオープンカルスとして取り扱われます（７㎝以上の長さがある場合）。

トウヒの根鉢は受け入れられます。アカマツ材に加工円柱の直径の1/5よりも深い根鉢がある場合、１㎝単位で直径が減損されるものの、丸太の除外はなされません。

７㎝よりも短い材の損傷はその深さに関わらず、無処置で許容されます（この場合、チェーンソーでの切り跡は許容範囲内とは見なされません）。

上記の欠陥のいくつかが、片方の木口から20㎝以内の範囲にある場合、これらの欠点は受け入れ可能と見なされます。

木口の腐れが５％以内（「根張り」を除く）と判断される

アカマツとトウヒの両方で、成長に伴う腐れは木口の５％までなら許容されます。こうした腐れには、淡色と暗色の両方があります。さらに、評価時には黒色材やアニリン材は成長に伴う腐れと同等とされます。腐れの量（割合）は、変色した木口を計測することで決められます。

元玉では、腐れの面積は木口から10㎝内側に入った鋸断面と比較して計測されます。これは、根張りの可能性やふくらんだ根の影響を避けるために行うものです。成長に伴う腐れが外縁、つまり鋸断面の外側にある場合、この腐れの部分は考慮されません。

５％以内の成長に伴う腐れが入っていると考えられるアカマツおよびトウヒ材は、最低クラスに分類されます。５％よりも高いと評価された丸太は除外されます。

アカマツ、トウヒにおいて、中心にある腐れが許容される最大径を計算する（表13-1）

許容される腐れの入った面積のサイズを計算す

写真13-48　加工円柱にその直径の1/5以上の深さまで侵入しない限りにおいて、オープンカルスは許容される。

る方法の１つは、木口（鋸断面）の直径に0.2を乗じるものです。この値は、許容される腐れの円の面積と一致し、そのために丸太が除外されることを回避することができます。

例：木口（鋸断面）が直径で30cmとすると、

「30 × 0.2 = 6」

表13-1で示された目安は、腐れの円の面積が6cm以内となることを示します（この場合、より正確な計算では「直径×0.22cm」となります）。

丸太の木口に円形の成長に伴う腐れがあり、腐れが半円よりも大きい場合、円全体が腐れと見なされます。円形の腐れが半円よりも小さければ、実際の腐れの部分（複数箇所にあればその間も含める）だけを腐れとして計測します。

表13-1　製材用材の腐れの割合を評価する目安（主に中心にある腐れ）

木口の直径（cm）	腐れの割合（%）	腐れの面積（cm²）	腐れの円の直径（cm）
15	5	9	4
20	5	17	5
25	5	26	6
30	5	37	7
35	5	49	8
40	5	64	9

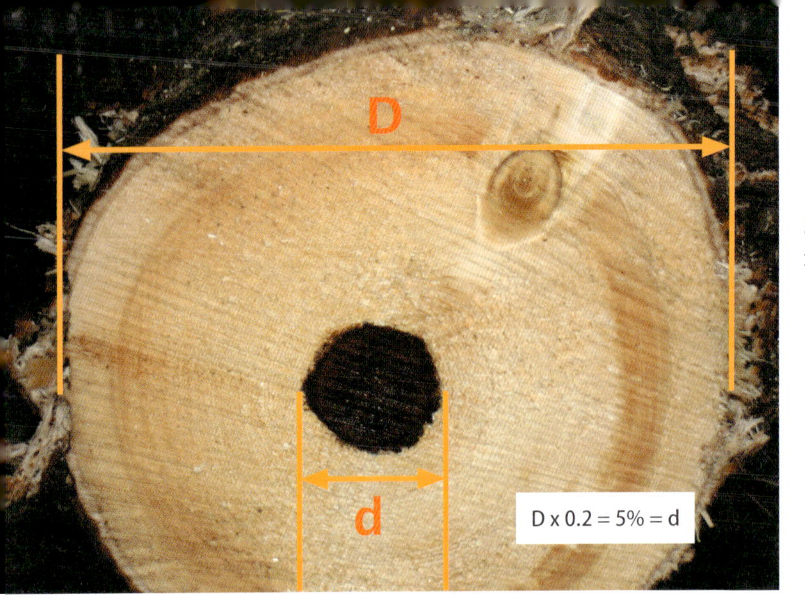

写真13-49　芯にある成長に伴う腐れ：5%
元玉ではない。

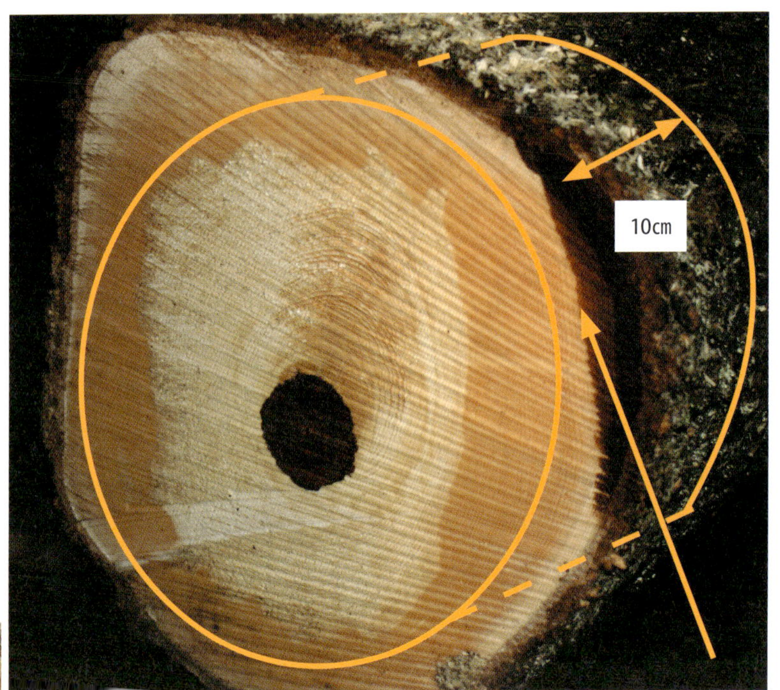

写真13-50　芯にある成長に伴う腐れ：5%
根張り部分にも腐れあり。加工円柱の外側にある腐れは受け入れられる（ないものとされる）。

写真13-51　アカマツに見られる、成長に伴う腐れ

写真13-52　追い口切り側の木口に入り皮が見られる。この場合、材質上の問題は（木口を含む）材の表面からは確認できず、許容範囲のルールではこの欠陥は材の価値に影響しないこととされる。このような特定のケースでは、丸太の腐れを確認するのが適切と判断される。

アカマツとトウヒの両方において、木口から20㎝以内が許容範囲とされる

許容範囲は、１本の丸太の片側の木口でのみ、木口から20㎝の範囲内とされます。この範囲内では、多くの種類の欠陥が（あっても）受け入れられ、欠陥とは節や節のふくらみ、根鉢、カルス、裂け、スキッドダメージ、チェーンソーでの切り跡、引き抜けを指します。

受け入れ可能となるには、欠陥全体が許容範囲内になければなりません。節のふくらみに関しては、最も高い箇所が許容範囲（20㎝以内）である必要があります。

片方の木口で確認できる場合のみ、流れ節は受け入れられます。

写真13-53　片方の木口にある流れ節は、受け入れ可能である。

アカマツとトウヒの両方において、ある程度の曲がりは許容される

「膝（強い屈曲）」でなければ、半丸太１本までの曲がりは20㎝以内の収量損失とともに受け入れられます。

完全な状態にある複芯の丸太はアカマツ・トウヒともに受け入れられる

複芯は、二股の丸太がクローズドフォークの部位で玉切られた場合に発生し、木口の外周が完全な状態（入り皮が木口の端に達していない）であれば受け入れられます（**写真13-54**）。

写真13-54　鋸断面の外周が完全な状態（本文参照）であれば、複芯は受け入れられる。この欠陥は、材の価値には影響しない。

アカマツ・トウヒともに受け入れられる欠陥の種類

アカマツとトウヒの双方において、以下の欠陥は受け入れられます：

根鉢、オープンカルス、入り皮、スキッドダメージ、７㎝より短い枝の引き抜け（材面の長径を計測）。

こうした欠陥は、幹にどれだけ深く侵入しているかにかかわらず「ないもの」と見なされます（**写真13-57**）。

入り皮が加工円柱にまで達していないことが確認された場合、その丸太は受け入れられますが、加工円柱内部まで達しているチェーンソーでの切り跡は、その限りではありません。そのような切り跡は７㎝以上のオープンカルスと見なされます（**写真13-56**）。

アカマツとトウヒの品質判定

丸太の品質クラスは材面と木口の全体的な外観から判定され、片方の木口（任意）から20㎝までは許容範囲とされます。

コンベヤーに乗っていて丸太の位置を動かすことができない場合は、丸太の品質の判定は目視できる部分に限定することが認められています。

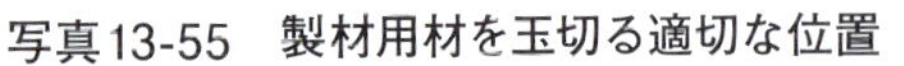

写真13-55　製材用材を玉切る適切な位置

写真13-56　二股の幹を玉切った元口の様子。このような欠陥が20㎝以上の長さで加工円柱に及んでいる場合、オープンカルスとして扱われる。

写真13-57　7㎝までのカルスであれば丸太は受け入れられ、材の価値には影響しない。

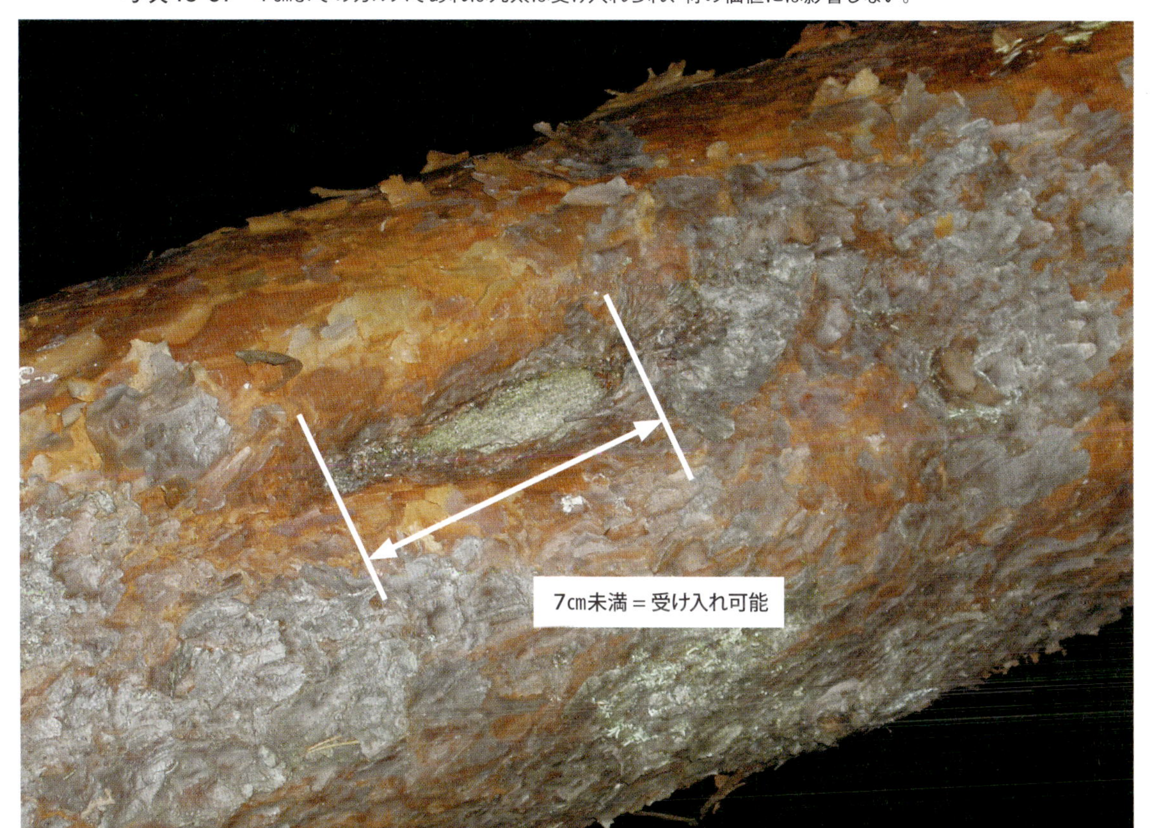

アカマツとトウヒでは追加的な材積の減損は行わない

材積の減損が行われるのは、一定条件（オープンカルス、入り皮、機械の接触による損傷、根鉢、加工円柱に影響するすべての欠陥）において、アカマツに適用される通常の直径の減損のみとされています。これは特に、曲がりに起因する収量の損失は丸太を最低クラスまで引き下げることを意味しており、曲がりがあることによる材積の減損は行われません。

アカマツとトウヒにおける「青変材」

「青変材」は「最低クラス」でのみ受け入れられます。

アカマツとトウヒにおける強い屈曲と末口部分の折れ

強い屈曲（または時間が経過した末口部分の折れ）は、最低クラスでのみ受け入れられます。

アカマツとトウヒにおいて、芯から２～８㎝の部位で年輪を数える

丸太の品質は、年輪がどれだけ密に入っているかによっても判定されます。年輪は、必ず芯から２～８㎝の部位で数えることとされています。

トウヒの元玉の品質判定においては、丸太の末口の芯から２～８㎝の部位の年輪が数えられます。元玉以外の丸太では常に、丸太の元口の芯から２～８㎝の部位で年輪が数えられます。

トウヒの最低クラスとアカマツのクラス２では、年輪の要件がない

アカマツとトウヒの「最低品質クラス」では、年輪の数に関する特定の要件はありません。

アカマツとトウヒの製材用材に求められる適切な枝払い（このルールは、双方の合意の下で省略可能である）（表 13-2）

１㎝未満の直径の枝は、受け入れられる

適切に枝払いされた製材用材において、１㎝未満の直径（樹皮を含めない）の枝は受け入れ可能です。そのような枝の数、および長さの制限はありません。

幹に付いている折れた枝

折れるか、幹付近で割れた状態で部分的に幹とつながった、１㎝の太さの枝よりも抵抗なく曲げられるような枝は、本数にかかわらず受け入れられます。

４㎝未満の残枝は受け入れられる

４㎝よりも低い（枝払いの）残枝は、太さや数によらず受け入れられます。

特定の大きさの枝は４本まで認められる

幹に付いている枝に関して、高さが４～８㎝かつ、樹皮を含めない直径が１～３㎝の枝が４本までなら、製材用材として受け入れられます。

残枝の高さと直径は次の**図 13-14** で示される方法で計測されます。この計測方法は、適切に枝払いされていると認められた丸太にのみ適用される点に留意すべきです。したがって、これは特定の丸太の他の品質要件とは無関係です。

表 13-2　適切に枝払いされた製材用材

<table>
<tr><td colspan="2">1㎝未満の直径の枝は、高さや数によらず、受け入れられる。4㎝未満の（枝払いの）残枝は、直径や数によらず受け入れられる</td></tr>
<tr><th>枝の直径（樹皮を含めない）</th><th>枝の高さ</th></tr>
<tr><td>1～3㎝</td><td>（4～）8㎝かつ4本まで</td></tr>
<tr><td>3㎝以上</td><td>4㎝未満</td></tr>
</table>

図 13-14　残枝の直径と高さの計測方法

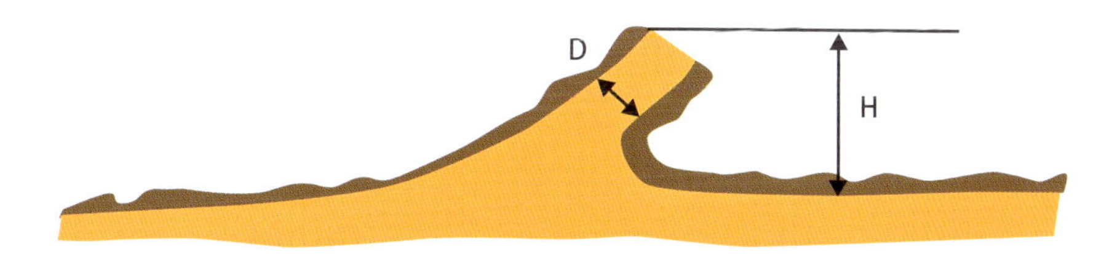

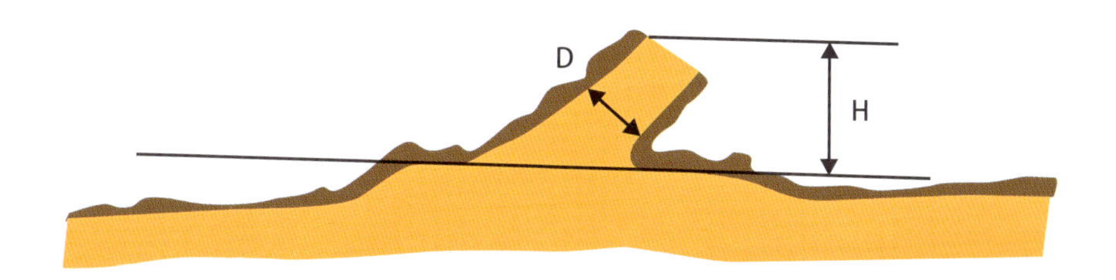

アカマツにのみ適用される計測規則

アカマツに固有の計測規則を以下に解説します。

アカマツ製材用材には、パインコンクによる成長に伴う腐れがあるべきではない

アカマツの製材用材には、パインコンクによる成長に伴う腐れがあってはなりません。もしあれば、丸太は除外されます。

アカマツ製材用材の直径の減損

オープンカルスやチェーンソーの切れ跡、スキッドダメージ、入り皮、根鉢のある製材用材では、計測された直径は1㎝単位で減損されます。

それらの欠陥が加工円柱の1/5よりも深くまで達している場合、丸太は基本的な計測要件で規定される通りに除外されます。ただし、加工円柱の直径の1/5以上の深さに影響している根鉢については、丸太の除外の原因とはされません。

また、元口から20㎝の範囲内または7㎝よりも短い欠陥については、ないものとされることがあります。

年輪の計測―アカマツの場合

年輪は常に、丸太の元口の芯から2～8㎝の部位で数えられます。

年輪の計測は、芯から放射状に最も数が少ない部位で行われます（**写真13-58**）。

写真13-58　アカマツの年輪数は常に元口で計測される。年輪数は、クラス1では20以上、クラス3では12以上なければならない。

クラス1―元玉のみ

アカマツのクラス1は元玉のみが対象とされます(元玉の定義も参照のこと)。

クラス1―生節とその他の種類の節

品質クラス1では、直径15mm以上の生節と、直径9mm以上のその他の種類の節の数が計測され、それよりも小さい節はないものとします。これはつまり、以下のことを表します。

- 生節は、その直径が15mm以上の場合に計測され、その最大許容径は20mmです。
- その他の種類の節は直径15mm以上の場合に計測され、その最大許容径は20mmです。
- 計測される節の数は、1本の丸太につき5つまでとされます。

写真13-59　代表的な品質クラス1のアカマツの下層部。

クラス2―生節と、明確に見える輪生枝（写真13-62、13-63）

品質クラス2の丸太に区分するためには、以下の基準のうち1つを満たさなければなりません。

- 元口から150㎝以内に1つ以上の生節があること。生節はその直径に関わらず計測されます。
- 元口から150㎝以内に2つ以上の明確に視認できる輪生枝（ring of branch　訳注：アカマツは幹から放射状に枝が伸びる）があること。
  つまり、それぞれの枝跡の高さにつき最低1本が確認できなければなりません。

明確に視認できる輪生枝の定義

直径15㎜以上の枝が2つ以上、輪生枝にならなければなりません（**写真13-60**）。

さらに、枝と枝の長軸方向の差（枝の表面から枝の表面まで）が、10㎝を超えてはなりません。

写真13-60　造材中にハーベスタヘッドで持ち上げられた状態のアカマツの幹。

写真13-61　クラス3
クラス3の丸太となる幹の元口。

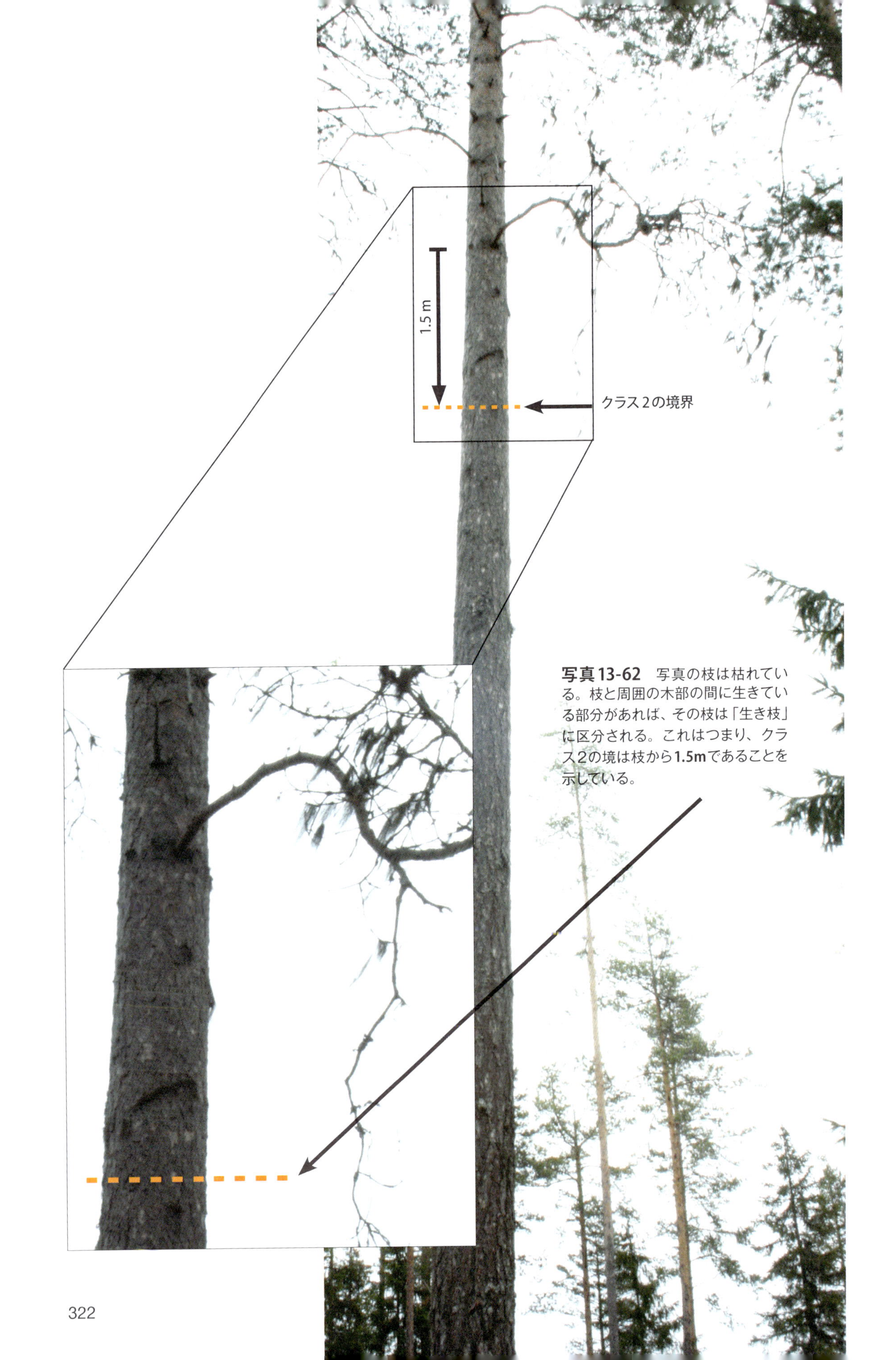

写真13-62　写真の枝は枯れている。枝と周囲の木部の間に生きている部分があれば、その枝は「生き枝」に区分される。これはつまり、クラス2の境は枝から**1.5m**であることを示している。

写真 13-63　写真の立木の元玉の分類は次の通り判断が難しい。クラス1の製材用材に分類できそうであるものの、樹皮についた枝の跡に節のふくらみがあるおそれがある。

写真13-64　流れ節は、この丸太がクラス4に区分されるか、もしくは除外されることを意味する。

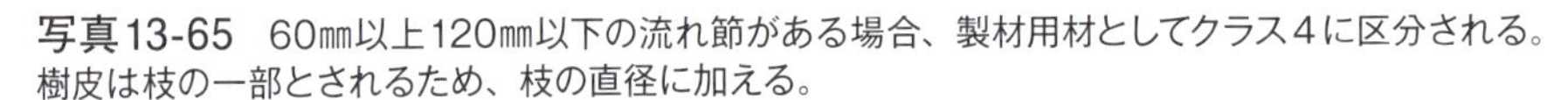

写真13-65　60㎜以上120㎜以下の流れ節がある場合、製材用材としてクラス４に区分される。
樹皮は枝の一部とされるため、枝の直径に加える。

表13-3　アカマツの品質クラス

	1	2	3	4
丸太の種類	元玉（一番玉）	元玉以外	種類問わず	種類問わず
節－丸太全体	枝の種類によらず最大20㎜。節の数は5つまで	生節は最大120㎜、その他の種類の節は最大60㎜	生節は最大120㎜、その他の種類の節は最大60㎜	流れ節は最大120㎜、その他の種類の節は最大60㎜無制限
元口から150㎝までの節	要件なし	2つ以上の輪生枝による節または1つ以上の生節	要件なし	
節のふくらみ－丸太全体	最大5つ	無制限		
判定範囲内の年輪数（元口の芯から2～8㎝）	20以上	要件なし	12以上	要件なし
通直性	最大20㎝の収量損失			最大120㎝の収量損失
強い屈曲／末口部分の折れ	受け入れ不可			受け入れ可
青変	受け入れ不可			受け入れ可
成長に伴う腐れ	受け入れ不可			木口の最大5％

トウヒにのみ適用される計測規則

加工円柱に影響するスキッドダメージとオープンカルスは、クラス1では受け入れ不可

加工円柱に影響するスキッドダメージとオープンカルス、枝の引き抜けは、トウヒのクラス1では受け入れられません(**表13-4**)。

年輪の計測─トウヒの場合

元玉の品質判定においては、末口側の芯から2～8㎝の区間に入っている年輪を数えなければなりません(**写真13-66**)。

他の種類の丸太では、年輪は常に、丸太の元口の芯から2～8㎝の区間が判定区間となります。

年輪の計測は、芯から放射状に最も数が少ない部位で行われます。

写真13-66　トウヒに関しては、元玉の末口およびその他の丸太の元口で年輪数を計測する。クラス1では12本以上が要件とされるが、クラス2では年輪数の規定はない。

表13-4　トウヒの品質クラス

	1	2
枝ー丸太全体	節の種類によらず最大60㎜	流れ節は最大120㎜、その他の種類の節では無制限
判定範囲内の年輪数 (元玉の末口の芯から2～8㎝、それ以外は元口の芯から2～8㎝)	12本以上	要件なし
通直性	最大20㎝の収量損失	最大120㎝の収量損失
強い屈曲／末口部分の折れ	受け入れ不可	受け入れ可
青変	受け入れ不可	受け入れ可
オープンカルス	加工円柱に影響するカルスは受け入れ不可	加工円柱の1/5の深さまで
カルスの影響を受けた樹皮	末口径の2倍の長さまで	受け入れ可
成長に伴う腐れ	受け入れ不可	木口の最大5%

写真13-67　流れ節が切り落とされ、幹の表面で長軸方向に計測された直径が60㎜以上であった場合、クラス2としての欠陥もしくは除外の原因とされる。

アカマツとトウヒの、伐採に伴う損傷

伐採に伴う損傷は、アカマツとトウヒで同じように等級分けされます。

これには、伐採時の割れ（伐倒割れ、造材割れ）またはスタッドダメージが含まれます。伐採に伴う損傷は、ロット単位で等級分けされます。

伐倒割れと造材割れ

基本事項：椪の目視点検において、１％以上の丸太（100本中１本）に伐倒割れまたは造材割れが見られた場合、椪全体が損傷を受けているものと見なされます。

伐倒割れ、もしくは造材割れといった割れを定義するため、以下について確認しなければなりません。

- 割れは、木口を横切って接線方向に伸びていなければならない（つまり、年輪と同じカーブを描くのではなく、年輪と接するラインとして伸びている状態）。
- 割れは、加工円柱に影響していなければならない。
- 割れは、材の表面に達していて、少なくとも一方の木口側の材面で視認できなければならない。

裂け―造材割れの一形態（写真13-68）

裂けとは、丸太の木口に発生し、木口の端から端まで全面に広がった幅5㎜以上の「伐採時の割れ」を指します。加工円柱の直径の1/5以上の深さに達した裂けのある丸太は、受け取り拒否されます。

上記の評価時には、加工円柱は常に丸太の木口の中心に位置取られます。

スタッドダメージ

送材ローラーや測長ホイールによって丸太に傷が入り、それが７㎜以上の深さである場合、その製材用材はスタッドダメージを受けたものとされます。スタッドダメージの深さは、末口径の範囲内で、樹皮直下の材面からの繊維の断裂の深さとして計測されます。

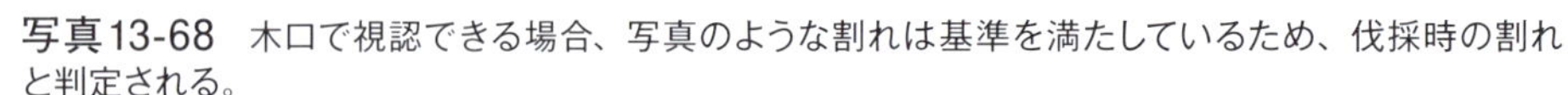

写真13-68　木口で視認できる場合、写真のような割れは基準を満たしているため、伐採時の割れと判定される。

丸太の５％以上（100本中５本）がこのような損傷を受けている場合、その椪はスタッドダメージを受けたものと見なされます。

伐採に伴う損傷のクラスを判定する新たな方法

伐採に伴う損傷のクラスを判定するため、新規格を導入する決定がなされました。この新規格は、VMF Qberaの地域では2009年５月に、他の地域（北と南）では同年８月に導入されました。

伐採に伴う損傷のクラスを判定する

伐採に伴う損傷を判定する際の単位はバッチ（batch：一束）となり、判定結果に基づいて、伐採に伴う損傷のクラスが決められます。その基準を以下の**表13-5**で示します。

価格の減額

伐採に伴う損傷が原因となる価格の引き下げは、関係者間で調整され、業態によって取り扱いが異なっています。

表13-5　丸太のバッチ全体における伐採に伴う損傷の判定

分類されるクラス（損傷を受けた丸太の本数）	スタッドダメージなし	スタッドダメージあり
伐倒割れと造材割れがない （伐倒割れ／造材割れが100本中1本まで）	1	2
伐倒割れと造材割れが２～４% （伐倒割れ／造材割れが100本中２～４本）	3	4
伐倒割れと造材割れが5%以上 （伐倒割れ／造材割れが100本中５本以上）	5	6

伐倒割れ・造材割れ・スタッドダメージによる材価値の低下

VMF Qberaの地域内の需要者は、伐倒割れ・造材割れ・スタッドダメージによる材の価値の引き下げに関して以下の**表13-6**を推奨することを決定しています。

表13-6　丸太のバッチ全体における伐採に伴う損傷の判定表

分類されるクラス（損傷を受けた丸太の本数）	スタッドダメージなし	スタッドダメージあり
伐倒割れと造材割れがない （伐倒割れ／造材割れが100本中1本まで）	1 = 価値の引き下げなし	2 = 価値の引き下げ10%
伐倒割れと造材割れが２～４% （伐倒割れ／造材割れが100本中２～４本）	3 = 価値の引き下げ0.5%	4 = 価値の引き下げ10.5%
伐倒割れと造材割れが5%以上 （伐倒割れ／造材割れが100本中５本以上）	5 = 価値の引き下げ1.5%	6 = 価値の引き下げ11.5%

スタッドダメージの判定方法
(写真13-69 ～ 13-73)

スタッドダメージの深さを測定するのには、「アックスメソッド」が主要な方法です。損傷を正しく計測するためには、丸太の一部を切り出すのに斧(アックス)を用います。

写真13-69　スタッドダメージの深さは、末口側の 1mに対して「アックスメソッド」を使って計測される。

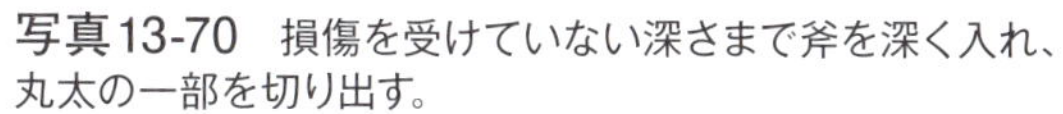

写真13-70　損傷を受けていない深さまで斧を深く入れ、丸太の一部を切り出す。

写真13-71
樹皮を剥がし……。

写真13-72　ちょうどスタッドダメージが最も深くまで達した箇所で、切り出した丸太の一部を割く。

写真13-73　断裂した繊維の深さのみを計測する。変形しているだけの繊維は、深さの計測には該当しない。

アカマツとトウヒの椪に関する計測規則

基本ルールは個々の丸太の計測と同様

椪の計測法を用いる場合、製材用材の椪は、1本1本の丸太を測定するのと同じ方法で取り扱われます。これはつまり、不規則であれ標準であれ、様々な材長の製材用材は、個々の丸太と同じ規則によって取り扱われることを意味します。

基本的な品質要件は、個々の丸太のアカマツ－クラス4、およびトウヒ－クラス2の計測規則に基づいています。新鮮で損傷がない丸太の要件はより上位のレベルへ変更され、腐れや黒色材、アニリン材、青変材は受け入れ不可とされます。

m³ fub（樹皮を除いた立米）での材積の計測

椪積みされた製材用材の材積はパルプ材の椪と同じ方法、つまり樹皮を除いた立米（スウェーデンではm³ fub）を単位として計測されます。

品質クラスは1つのみ

椪積みされた丸太は受け入れ・搬送が可能かどうかが判定されます。このことは、椪は1種類の品質クラスとして等級付けされることを意味しています。

アカマツの直径の減損は行わない

いずれの樹種においても、直径の減損はなされません。

標準的な材長の製材用材では1%までの弓長径

標準的な材長の製材用材では、最大1%までの弓長径が認められます。

VMF Qbera地域での通直性

製材用材の中でも短めの標準材長と小径の丸太については、弓長径の制限は以下のように解釈されます：

60cmまでの収量損失。

標準的な材長である3.05mと3.10mに関しては、30cmの収量損失までが認められます。

写真13-74　スウェーデンの林業機械部品メーカーFinnskogsvalsen製の送材ローラーは、材面から数㎜以上の深さに侵入することなく、最も効率的な送材力を引き出すよう設計されており、材の価値に影響する損傷を避けることができる。詳細はサイトを参照。http://www.finnskogsvalsen.com/

パルプ材の計測規則

原木価格表のルールに留意する

以下の解説は、VMF Qberaの地域のルールとVMR1-06に基づいています。パルプ材を採材・仕分けする際、オペレータは地域ごとの原木価格表に定められているルールを遵守しなければなりません。ルールの中には、正当な理由に基づいた例外がいくつかある場合もあります。

特徴

パルプ材とは、パルプ製造向けの原木と解釈されています。計画された丸太のエンドユース（最終用途）は、計測時に適用されるルールに影響します。

仕分け材

目的にかなうようにするため、パルプ材は4文字のコードで記載されます。3番目の位置にあるTコードは、樹種もしくは樹種群を定めています。パルプの仕分け材は、指定されたTコードと合わせて取り引きされます。様々な仕分け材の区分について、**表13-7**を参照ください。

パルプ材は、樹種もしくは樹種群ごとに仕分けされます。複数の樹種が認められている場合、当事者間で結ばれた契約書ではどのような樹種が該当するかを明記するべきです。なお、認められていない樹種の丸太は除外されます。

除外された丸太の材積の評価と、椪の価値の再計算

パルプ材は椪ごとに計測されており、大抵この作業はターミナルにて行われます。この時点で、丸太が合意された要件に十分に適合しているかの評価もなされています。この判定は丸太の除外を念頭になされており、検知担当者が椪を精査する際の確認事項に基づいています。

椪の価値の検算

検知担当者による評価とは別に、いくつかの椪が無作為に抽出され、丸太が1本ずつ子細に確認されます。こうしたランダムテストは、パルプ材に対して必ず行われる椪の価値の再計算の根拠とされます。これは、除外すべきすべての丸太を検

表13-7　仕分け材の区分とTコード

仕分け材	Tコード	区分に含まれる樹種
トウヒのパルプ材	2	ドイツトウヒ（*Picea abies*）とベイトウヒ（シトカスプルース）
針葉樹パルプ材	0	合意のない樹種を除いた、すべての針葉樹
シラカバのパルプ材	4	シラカバ
ヤマナラシのパルプ材	5	ヤマナラシ（アスペン）とポプラ
ブナのパルプ材	6	ヨーロッパブナ（*Fagus silvatica*）とカエデ、ナナカマド（mountain ash）、ホワイトビーム（Swedish white-beam; *Sorbus intermedia*）
ニレのパルプ材	7	アルダー（ハンノキ属）とまれに出る広葉樹（カシとニレを除く）
広葉樹パルプ材	3	カシとニレ、合意のない樹種を除いた、すべての広葉樹
混合パルプ材	9	合意の得られた樹種

知担当者が見つけ出すのは不可能であるため、(グロスの)材積エラーや(正味の)除外・減損エラーを補正する意図があります。このように計測されたすべてのパルプ材には、ごく一部の除外された丸太(検知担当者が目視で見つけられないもの)が含まれます。

生きた幹部

パルプ材は、生きた幹部から採材されなければなりません。この「生きた幹部」の定義は、製材用材と同じです。幹が生きた幹部の基準を満たさない限り、枯れた、もしくは乾燥した立木から採った丸太はパルプ材として認められません。

枝払い

丸太は適切に枝払いすべきであり、つまり材面に沿って平らに枝を払うことを意味します。

幹に残っている折れた枝は、残枝の長さには含まれません。16㎜以下の直径の折れていない枝と比べて、曲げの反発性が少ない枝は、折れたものと見なされます(**写真13-77**)。

写真13-75 青変材は針葉樹パルプ材として扱われる。ただし、類似のケースとして、木口が保管に伴う腐れとして評価されることもあることに留意すること。

写真13-76　大枝が（適切に枝払いされずに）付いたままのパルプ材。

写真13-77　この残枝は、樹皮を除いた直径が16㎜以下の折れていない枝よりも曲げの反発性が少ない。したがって、折れた枝と見なされる。折れた枝は、パルプ材として許容される。

写真13-78　この残枝は、樹皮を除いた直径が16㎜以下の折れていない枝よりも曲げの反発性が強い。したがって、この丸太はパルプ材としては除外される。

写真13-79　幹に枝が付いたままのパルプ材。何本かの枝葉が折れている。その他の幹に付いた枝は、樹皮を除いた直径が16㎜以下の折れていない枝よりも曲げの反発性が低い。こうした欠点は、パルプ材として許容される。

幹に付いている残枝を計測する方法を記載したルールは、製材用材と同じです。幹に付いた残枝に関して、許容される直径と長さ（高さ）の限度は以下（**表13-8**）の通りです。

表13-8　適切に枝払いされたパルプ材

折れた枝は、樹皮を除いた直径が16㎜以下の折れていない枝よりも曲げの反発性が低い。こうした欠点は、パルプ材として許容される。

節の直径（樹皮を含めない）	枝の高さ
15㎜以内	制限なし
16㎜以上の太さ、残枝の数に制限なし	トウヒのパルプ材では12㎝未満
	その他のパルプ材では16㎝未満

二股

複芯のある丸太を計測する際、副幹の直径が主幹の1/3以上ある場合に二股と見なされます。これに当たらない場合は、細いほうの幹は枝と見なされます。

クローズドフォーク（写真13-80）

クローズドフォークはパルプ材として受け取り可能です。下の写真でわかるように、破線の位置で幹を玉切った場合には、副幹と主幹の間には隙間がありません。

オープンフォーク（写真13-81）

オープンフォークは、副幹の幅（高さ）がトウヒのパルプ材で12cm、その他パルプ材で16cm未満の場合に受け入れられます。さらに、副幹を含めて垂直（長さ方向に直交するよう）に計測された丸太の直径は、樹皮を除いた状態で70cm未満でな

写真13-80　クローズドフォークはパルプ材として受け入れられる。

写真13-81　オープンフォークは、一定条件下でパルプ材として受け取り可能である（トウヒのパルプ材は最大12cm、その他は16cm）。

ければなりません。

根張りと、材面上のその他の凹凸

丸太の最大径(**図13-15、13-16**におけるAとB)は、70cmもしくは根回りの直径(Rd)+30cmを超えてはなりません。根回りの直径は、元玉の場合、元口から50cmの位置で測定されます。その他の丸太では、根回りの直径は元口から10cmの位置で計測されます。

根張りと、丸太の取り扱いを複雑にするその他の凹凸は切り落とすべきです。

丸太の最大径とは、例えば根張りや二股、材面にあるその他の凹凸(ただし、枝は含めない)を含んだ最も太い位置の直径を意味します。

図13-15　パルプ材の元玉における最大径の計測

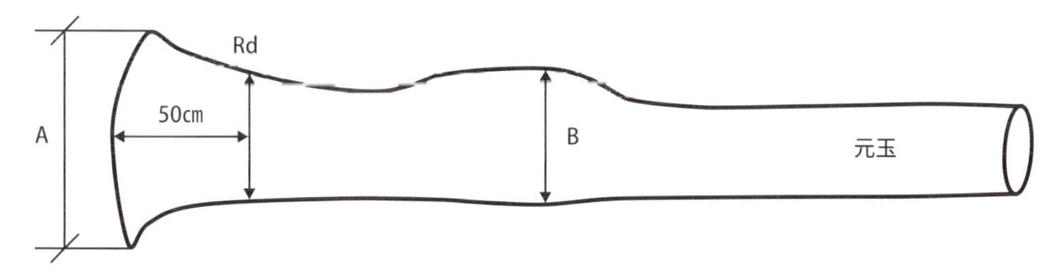

図13-16　元玉以外のパルプ材における最大径の計測

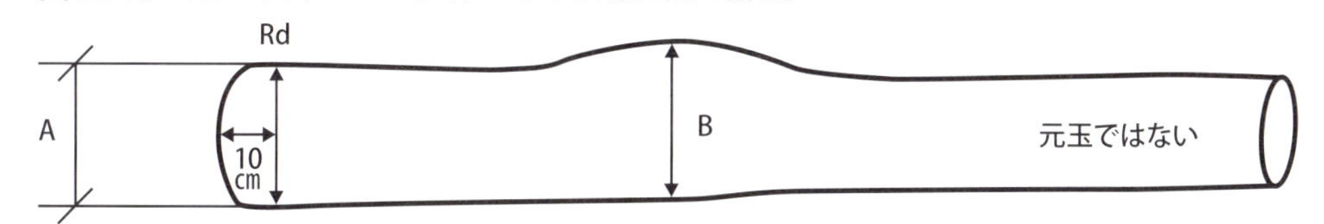

写真13-82　写真のパルプ材の椪にある大きな根張りを見れば、引き取りに来たトラック運転手は積み込みを拒否するであろう。このようなクオリティの低い作業は慎むべきである。

写真13-83

曲がりの大きさ

曲がりの大きさは、丸太の最大径70cm＋10cm、つまり80cmか、最大径＋30cmを超えてはなりません。「曲がりの大きさ」の概念図は以下の図13-17の通りです。

図13-17

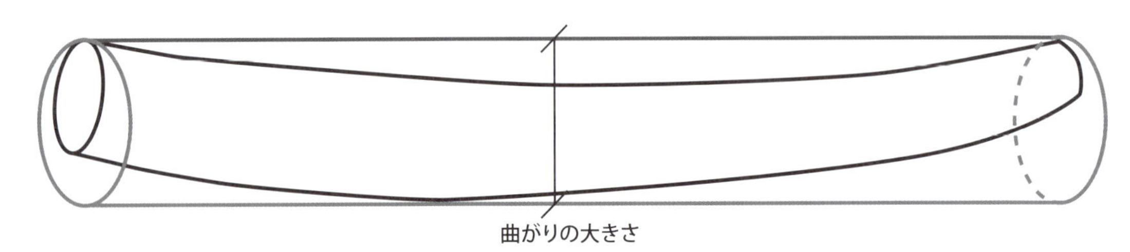

写真13-84　曲がりの大きさの許容範囲。

不適切な伐採に伴う受け取り拒否

丸太の欠点は直径5cmまで計測すべきです。伐採に伴う欠陥(例：不十分な枝払い、不適切な材長での玉切り、スキッドダメージ)はすべて除外の対象とされ、樹皮を除いた直径で5cm以上の幹部でそうした欠陥が見つかると、引き取り拒否となるでしょう。

寸法

すべての丸太の寸法は、最小および最大の間の寸法に収まっているべきです。

最小径：最短の材長の位置で、樹皮を含めない状態で5cm。

最大径：樹皮を含まない状態で70cm(複数の箇所で直径計測のうち最大のもの)。

直径は、樹皮を含めない状態で、無作為の位置をクロスキャリパーを用いて計測されます。既定の寸法に満たない材(最短の材長の位置で、樹皮を含めない状態で5cm未満)は除外すべきです。

最短の材長で5cmより太いものの、末口で5cmに満たないパルプ材は、5cmよりも細い幹の部分は報告されません(その部分の材積は、計測した材積に含まれない)。

最短の材長：標準材長の丸太において、標準材長−30cm。不均一な材長の丸太では270cm。

最長の材長：標準材長の丸太において、標準材長＋30cm。不均一な材長の丸太では579cm。

丸太の材長は、直径3cmの位置まで計測されます。

ただし、3mより長い標準材長の丸太の椪では、2.7mまでの長さの、まれにある(全体の本数の5%を超えない)折れた丸太は認められます。

材長の計測基準に適合しない丸太は、その丸太の材積すべて(部分的ではなく)が除外されます。1.5mの位置で5cm未満の丸太は伐採作業の残留物に等級分けされ、計測・報告もなされません。

折れた材は受け入れられる

パルプ材は必ずしも木口で玉切る必要がありません。丸太が折れている場合、パルプ材として認められるようにするために折れた木口をきちんと玉切ることは不要です。

パルプ材の鮮度要件

トウヒのパルプ材に適用される計測規則

トウヒのパルプ材は、新鮮でなければなりません。ここでの主要な要件として、丸太の樹皮が剥皮しやすく、指定された含水量がなければならない点があります。問題があれば丸太を点検すべきで、この点検には丸太の樹皮がどれだけ剥きやすいかの調査を含みます。

トウヒのパルプ材における理論的な要件

伐採から3週間以内に輸送された丸太は、剥皮が容易（新鮮）と見なされます。そして、ターミナルまたは顧客の敷地まで搬送され、計測された段階で、丸太は運ばれたものとされます。しかし、伐倒時期を確認しづらいため、このルールを適用するのが困難な理由がいくつかあります。

輸送時期に関するすべてのルールのうち、最重要のものは鮮度であって、パルプ材は剥皮ができなければなりません！

その他のパルプ材の鮮度要件

その他のパルプ材は、「**十分な鮮度を有する**」べきです。その要件については、関係者間で合意されます。トウヒのパルプ材と比較して、**その他の種類**のパルプ材に関する要件は「若干ファジー（不明瞭）」、かつ緩めになることがあります。

鮮度は、椪単位で確認されます。椪が新鮮または申し分なく新鮮であるとされるためには、材積の90％以上が新鮮または十分な鮮度を有すると評価されなければなりません。

成長に伴う腐れと、保管に伴う腐れ

成長に伴う腐れに関して暗色のものや軽度のもの、芯腐れによる空洞のみが判定されます。そのため、成長に伴う腐れのはしりである、淡色である程度の強度のある腐れやアニリン材は許容されます（判定には含まれません）。なお、黒色材はパルプ材として受け取り可能です。

成長に伴う腐れは、丸太の木口で評価される一方、保管に伴う腐れは木口から15cmの位置で玉

写真13-85　黒色材はトウヒおよび針葉樹のパルプ材で受け入れ可能（ただし、評価されない）である。

表13-9　受け入れられる丸太の要件

仕分け材	木口における成長に伴う腐れの許容割合（樹皮を除く）	木口から15㎝の位置で玉切った鋸断面における、保管に伴う腐れの許容割合（樹皮を除く）
トウヒのパルプ材	10%	0%
その他のパルプ材（針葉樹または広葉樹）	67%	10%

切った鋸断面で評価されます。

上記で示された面積（割合）を超える腐れのある材は除外されます。受け入れられた丸太で見られる成長に伴う腐れは、腐れのために除外された材とは別に登録されます。受け入れられた丸太表面における腐れの入った面積は、椪の表面積のパーセントとして推定されます（＊VMF Qberaでは、表面部分は材積の減損に変換され、椪のグロスの材積のパーセントとして報告される）。

トウヒのパルプ材を除いて、鋸断面における保管に伴う腐れが10～33%の丸太は、双方合意の下に保管に伴う腐れとして報告され、所定の仕分けコードによって記録されます。

椪の計測拒否

「異物」の混入

パルプ材における異物混入に関するルールは、基本的に製材用材と同じです。椪には炭やすす、プラスチック、ゴム、岩、金属が混入してはなりません。併せて、礫が刺さっている丸太が椪の中に含まれているケースも認められません。ここで言う礫とは、２～20㎜の粒子と定義されます。また、橋の材料として用いられた丸太が椪に混ざっている場合、椪自体が検知を拒否されるおそれがあります。

材の表面もしくは内部にプラスチックや岩が混入した材も受け入れられません。

鮮度

トウヒのパルプ材では、椪の90%以上が「新鮮な丸太」として評価されなければなりません。一方、その他のパルプ材では、椪の90%以上が「十分な鮮度を有する丸太」として評価されなければなりません。

除外パーセント

除外%は、個々の椪のグロス（全体）の材積の15%を超えてはなりません。これには、様々な理由から除外された材積を含みます。また、樹種の異なる材は最大５%までしか認められないことにも留意しましょう。

最短の材長での直径が５㎝であるものの、末口で５㎝に満たない丸太は報告されず、除外%には含まれません。

トウヒのパルプ材の椪では、一椪当たり10%までの**成長に伴う腐れ**による除外が認められます（分母は、除外された丸太も含めた材積）。

成長に伴う腐れのある丸太のうち、トラック搬送されてしまったものについては、丸太1本単位で報告されます。そのような腐れのある丸太は、上述のパーセンテージには算入されません。

パルプ材における中心に位置する腐れを評価するための経験則

パルプ材の腐れは、ある程度認められています。丸太1本ごとに認められる腐れの量（割合）は以下の通りです。

- トウヒのパルプ材：木口の腐れは最大で表面積の10%まで認められる。
- 針葉樹パルプ材：木口の腐れは最大で表面積の67%まで認められる。

このような条件下で腐れが中心（芯）にある場合、トウヒのパルプ材では以下の経験則が用いられます（**写真13-86**）。

- 木口の直径×0.3の値が、許容される腐れの円の直径の限度となります。例えば、木口の直径が10cmとすると、10cm×0.3 = 3cmとなり、最大の直径は3cmと求めることができます。
- 単純な経験則は、以下の通りです。木口の直径が15cmである針葉樹のパルプ材では、ショットグラス大の直径（4.5cm）の腐れまでが認められます。

写真13-86　トウヒのパルプ材の仕分けでは、1本ごとの丸太の木口において、10%の面積まで腐れが許容される。

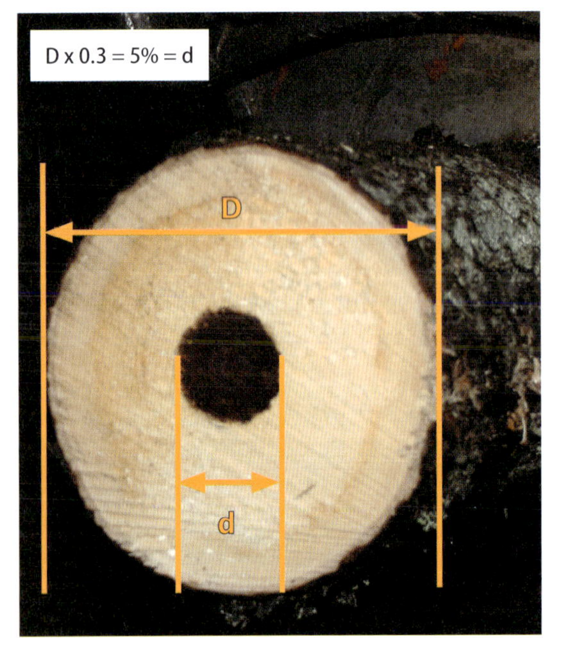

以下の経験則は、針葉樹パルプ材の中心にある腐れに対して用いることができます（**写真13-87**）。

- 木口の直径×0.8の値が、許容される腐れの円の直径の限度となります。例えば、木口の直径が10cmとすると、10cm×0.8 = 8cmとなり、最大8cmの直径の腐れまでが認められます（計算が適切であれば腐れの割合は64%となる）。

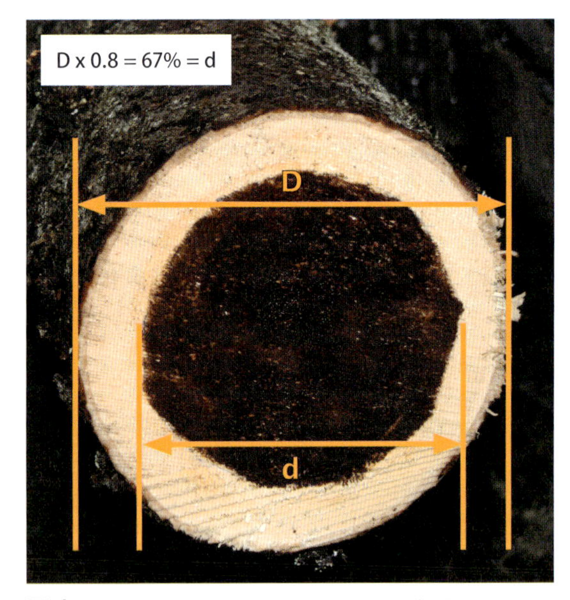

写真13-87　針葉樹のパルプ材では、1本ごとの丸太の木口において、67%の面積まで腐れが許容される。

保管に伴う腐れの評価

原則として、トウヒ以外のパルプ材では一定割合の保管に伴う腐れが認められています。木口からさらに15cmの位置を玉切った鋸断面について、その面積の10%を限度としています。

保管に伴う腐れは主に材面とその内側に発生するため、表面ではごくわずかな腐れであっても、

写真13-88 「レッドピップ(red pip)」によってできた色の濃い部分のあるシラカバの幹。レッドピップは、シラカバのパルプ材では認められる。

写真13-89 生育中の古いキズによって成長に伴う腐れとなったシラカバの幹。

丸太内部では広範囲かつかなりの割合にまで広がっている可能性もあります。

丸太価値の最大化に必要なスキル

製品としての丸太を立木から適切に採材する能力には、様々な分野の能力と知識を必要とします。以下に4つの項目に分けて解説します。

基本要素としての計測規則

ハーベスタのオペレータが計測規則を理解していることは必要不可欠です。この知識は、オペレータがハーベスタのコンピュータを最大限活用し、丸太価値を最大化する土台となります。

造材プログラムをいかに機能させるか

オペレータは、(丸太の価値を最大限引き出すよう設計された)ハーベスタのコンピュータをフル活用させるのに十分な知識を習得しなければなりません。そのためには、コンピュータが「外部(材長や直径の計測)」から受信する情報や、あるいは自身がコンピュータへ送信しなければならない情報(こちらのほうが重要性が高い)の両方について、明確なイメージを描けなければなりません。

ハーベスタのオペレータは(ボタンの入力によって)コンピュータへ各種情報(造材される幹の樹種や品質、何らかの曲がりがあるかどうかなど)を送らねばなりません。コンピュータがどのように機能するかに関する十分な知識があれば、評価情報のほとんどの形態を知ることもできます。

このような基礎情報があれば、オペレータは、正しい計算をさせるのに必要な全情報をコンピュータに送ることもできます。オペレータは、トップクオリティの作業を実行するため、(造材の)最適化プログラムがどのように「思考している」かということと、材をどう「評価している」かについて理解しなければなりません。

成功と失敗の間にあるもの—価格決定とはどんなものか?

造材において木材の価値を最大限高めることは、時に正確を要するとともに、単純な作業でもあります。ハーベスタオペレータの操作は、木材の価値の増減を伴って、伐採作業の経済性に大きく影響します。言うまでもなく、経済的収益性に最大の影響を及ぼす操作に対しては、とりわけ集中を要します。

ただし、丸太価値の最大化を追求しても収益性にはさほど影響がなく、立米当たりの材価がほんのわずかだけしか高まらないような現場もあることでしょう。加えて、受け取り拒否のリスクとの関係もあります。この点は、伐採作業中にも明確に理解しておくべきものです。

正しい決定を行うためには、ハーベスタのオペレータは材価に関する十分な知識を持っておくことが欠かせません。例えば、製材用材とパルプ材や、パルプ材と燃料材の価格差について把握しておくことは貴重な情報となります。

コンピュータが計算できない要素

ハーベスタのオペレータはまた、コンピュータがカバーできない要素、もしくは木材の欠点に関して深く理解しておかなければなりません。

- コンピュータは元口の腐れやその他の欠点を評価できません。
- コンピュータは木材の品質（クラス）を区別することができません。
- コンピュータは長い曲がりや膝（強い屈曲）を見つけることができません。
- コンピュータは流れ節や二股、その他の欠点の位置を定めることができません。

こうしたことは、チェーンソーによる造材を「余儀なくされる」原因にもなります。

（造材の）最適化プログラムは、特定の欠点を持ったアカマツ材（計測規則で定義されているのは材積の減損のみ）を計測する際に発生する減損を計算できるようには設計されていません。

コンピュータが演算によってカバーできないその他の欠点もあります。以上の観点からオペレータは、自身の計測規則に関する知識とコンピュータの性能に関する理解を総動員して、コンピュータを「サポート」しなければならないのです！

造材・採材の最適化を学習する

シングルグリップのハーベスタは、重量のある大径木の造材時でさえ約5 m/sもの送材速度で動きます。ハーベスタオペレータが持つべき能力として、林業機械の速度にかかわらず木材の価値を意図した通りに最大化できなくてはなりません。

オペレータは、様々な方法でこのスキルを学習することができます。この能力の土台となる計測規則については、本章の前半で解説しました。木材の価値の最大化と併せて、自身の機械をスピーディーに操作し続けるためには、卓越した能力が求められます。この専門性の高いスキルは通常、膨大な時間をハーベスタ操作に費やすことで得られるものです。

上巻の締め括りとして

伐採班の中で協力して仕事をするには、長年の経験が必要です。本書は、将来の林業機械オペレータにとっての確固たる基盤を提供しています。

下巻ではより「実用的」な内容で、実際の作業について詳細に解説しています。それによって、安全、かつ高いクオリティで作業を実行するのに必要な知識を備えることができます。いくつかの章ではまた、生産性を高め、より多くの出材量達成に役立つ内容にも触れることができるでしょう。

上巻に掲載されたすべての内容を学んだ方は、今すぐに下巻を手に取って、新たな知識の世界に旅立ちましょう！

索 引（上巻・下巻）

※上-○は上巻、
下-○は下巻の頁を指す

英字

あ行

か行

さ行

た行

著書紹介

ペル-エリック・ペルソン
Per-Erik Persson

現場技能者としてチェーンソーでの伐木作業に5年ほど従事、仕事のかたわら伐木競技会に出場、上々の結果を収める。その後、林業機械のオペレータとして伐採作業を行い、チームワークを生かした作業の進め方に目覚める。

2002年に大学を卒業（専門学校1年+大学3年）し、林業工学の学士を取得したことを契機に、林業関係学科の講師となる。初期の受け持ち科目は経済、造林、自然·文化保全、ハーベスタのコンピュータソフト、造材（立木の価値の最大化）などで、その後、伐採作業の科目も受け持つようになった折、少なくともスウェーデンとフィンランドにはよい教材がないことに気付く。講師になってから、教材を少しずつ作ってきたのが今回の2冊の本となった（初版は2008年）。

林業機械の実務に関する内容は、現場の優秀なオペレータ等からの聞き取りによるものも多い。書籍の制作は、「伐採作業とは、伐採班（チーム）として作業を行うことの目標が全員で共有されている状態で行うべきもの」、「（原著の副題である）作業環境（オペレータの安全・健康は作業環境に含まれる）・作業品質・生産とは、例外なく伐採作業をこの順序で評価すべき」というコンセプトから成る 。

原著（英語版）タイトル

「Working in Harvesting Teams
—work environment, quality, production」

Mora in Europe AB
http://mieab.se/en/

解説

酒井 秀夫
さかい ひでお

東京大学農学部林学科卒業、本州製紙株式会社、東京大学農学部助手、宇都宮大学農学部助教授、東京大学農学部助教授、東京大学大学院農学生命科学科教授を経て東京大学名誉教授。現在、(一社)日本木質バイオマスエネルギー協会会長。農学博士。

研究テーマ

「持続的森林経営における森林作業」を柱に、「森林機械化作業における最適作業システムと林内路網計画」、「森林の空間利用のための基盤整備」、「水土保全を考慮した間伐作業システムの構築」、「里山における森林バイオマス資源の収穫利用」「林業サプライチェーン・マネジメント」など

主な著書

「作業道ゼミナール－基本技術とプロの技」2009、「林業生産技術ゼミナール 伐出・路網からサプライチェーンまで」2012、「林地残材を集めるしくみ」(共著)2016、「世界の林道 上・下巻」(共著)2018、いずれも全国林業改良普及協会、「人と森の環境学」(共著)東京大学出版会、2004など多数

吉田 美佳
よしだ みか

東京大学農学部卒業、同大学院農学生命科学研究科博士課程修了。博士(農学)。筑波大学日本学術振興会特別研究員(PD)を経て、現在、秋田県立大学木材高度加工研究所、特任助教。

持続可能な森林管理を目指し、サプライチェーン・マネジメントについて研究。

主な著書

「世界の林道 上・下巻」(共著)2018、「林業改良普及双書No.191 丸太価値最大化を考える「もったいない」のビジネス化戦略」(共著)2019、いずれも全国林業改良普及協会

訳

本多 孝法
ほんだ たかのり

筑波大学大学院環境科学研究科修士課程修了、技術士(森林部門－林業)。2003年にワーキングホリデーでカナダへ渡航し、カナダ森林局の研究所に勤務。2004年に有限会社藤原造林(山梨県)で緑の研修生として就労。2006年より2016年まで全国森林組合連合会に勤務、森林施業プランナー研修の企画・運営や購買課業務、日本伐木チャンピオンシップ(JLC)の運営等に携わる。現在は、全国林業改良普及協会編集制作部に所属。

生産性倍増をめざす林業機械実践ガイド

世界水準のオペレータになるための22の法則　上

2019年10月30日　初版発行

著　者	ペル-エリック・ペルソン
解　説	酒井 秀夫　吉田 美佳
訳　者	本多 孝法
発行者	中山　聡
発行所	全国林業改良普及協会
	〒107-0052　東京都港区赤坂1-9-13三会堂ビル
	電話　03-3583-8461(販売担当)
	03-3583-8659(編集担当)
	FAX　03-3583-8465
	e-mail　zenrinkyou@ringyou.or.jp
	HP　http://www.ringyou.or.jp/
デザイン	野沢 清子
印刷・製本所	株式会社 シナノ

ISBN978-4-88138-379-7

一般社団法人全国林業改良普及協会（全林協）は、会員である都道府県の林業改良普及協会（一部山林協会等含む）と連携・協力して、出版をはじめとした森林・林業に関する情報発信および普及に取り組んでいます。
全林協の月刊「林業新知識」、月刊「現代林業」、単行本は、下記で紹介している協会からも購入いただけます。
http://www.ringyou.or.jp/about/organization.html
〈都道府県の林業改良普及協会（一部山林協会等含む）一覧〉